探検データサイエンス

Pythonで学ぶ
確率統計

尾畑伸明・荒木由布子

[著]

共立出版

刊行にあたって

　データが世界を動かす「データ駆動型社会」は，既に到来しているといえるだろう．情報通信技術や計測技術の発展により，社会のあらゆる領域でデータが収集・蓄積され，そこから得られる分析結果が瞬時に実世界へフィードバックされて，社会的価値を生み出している．インターネットで買い物をすれば，次に興味をもちそうな商品リストが提示されるといったサービスはもはや日常のものとなっているが，これらは膨大な顧客の行動履歴に基づく行動予測の理論と実装が大きく進歩したことで実現した．

　このように，大規模なデータ（ビッグデータ）から最適解を見つけるというデータ駆動型の手法は，日々の生活や娯楽はもとより，医療，製造，交通，教育，経営戦略，政策決定，科学研究などに至るまで，急速に浸透している．身の回りのものが常時ネットワークに接続され，社会全体のデジタル化が加速し，様々なデータが集積される現代において，データサイエンスや人工知能 (AI)，およびその基礎数理の素養は，情報の正しい利活用，社会課題の解決，ビジネスチャンスの拡大，新たなイノベーションの創出のために必須となることは明らかである．

　このような時代の要請に応えるべく，全国の大学ではデータサイエンス教育強化が進行している．本シリーズは，AI・数理・データサイエンス (AIMD) の基礎・応用・実践を，人文社会系・生命系・理工系を問わず現代を生きるすべての人々に提供することを目指して企画された．各分野で期待されるデータサイエンスのリテラシーとしての水準をカバーし，さらに少し先を展望する内容を含めることで，人文社会系や生命系の学部・大学院にも配慮された内容としている．データサイエンスは情報技術の発展を支える研究分野に違いないが，本来データサイエンスとは，データをめぐる様々な事象に対して，原因と結果を探し求め，その本質的な仕組みの解明を目的とするサイエンスであると

いう視点を本シリーズでは大事にする.

　データサイエンスはまだ若く,多様な領域にまたがった未踏の原野が遥かに広がっている.データサイエンスへの手掛かりをいろいろな切り口から提供する本シリーズをきっかけとして,読者の皆さんが未踏の領域に好奇心を抱き,まだ見ぬ原野に道を拓き,その探検者となることを期待している.

編集委員を代表して
尾畑伸明

まえがき

　確率と統計は多くの専門分野において必要となる基礎学問であり，現代社会を生きるための一般教養の1つである．実際，数学としての確率と応用科学としての統計を両輪とし，大学初年級で学ぶべき教科目として，長年にわたり伝統を築いてきたといえる．一方で，いわゆるデータ駆動型社会の到来に伴い，確率と統計をデータサイエンスの立場から扱うことがより重要になっている．近年の AI・数理・データサイエンス (AIMD) 教育強化の流れの中で，大学初年級で学ぶべき情報系科目も進化し，同時に確率と統計との親和性を高める試みが進んでいる．プログラミング演習の一環として扱われることの多い生データの統計処理は，確率と統計の理論的・数理的な基礎の理解を深めるうえでたいへん役に立つばかりでなく，いわゆる計算論的（数理的）思考を涵養することにもつながる．確率と統計の学びの中に計算機の利用を積極的に取り入れることは，伝統的な学びを大きく多様化させるチャンスになる．

　本書は，確率と統計の基本的な概念や理論を学び，Python（パイソン）によるプログラミングを体験しながら，実データ処理，可視化，乱数によるシミュレーションを実習するというスタイルをとっている．実際，文理を問わず大学初年級向けに開講された「確率・統計」科目において，Python による演習を取り入れた試行錯誤の筆者の授業体験がもとになっている．数あるプログラミング言語の中で Python は，データ解析，機械学習 (AI)，ウェブ・アプリケーション，ゲーム開発などの分野で広く使用されている大変人気の高い言語である．その高度な汎用性に加えて，初学者にとって学びやすいという特徴も併せもっているため，プログラミングの基本を学ぶという教育的視点からも有用である．その意味で，本書ではプログラミング未経験を前提として，Python のコードについて少しずつ慣れていけるように配慮している．さらに，Python によるデータ処理の結果を発表するときに役に立つようなヒントも含まれている．たとえば，グラフを描画する際のパラメータの説明などが

これにあたり，物真似から始めて自分のやりたいことが実現できるようになることを期待している．もちろん，本書の（幼児が言葉を覚えるような）アプローチでは Python プログラミングを体験したというレベルを越えるのは難しい．Python に関連する書物や解説記事はたくさんあるので，適宜，検索するなどして自らが学び考えることが大切である．そして，（大人が外国語を学ぶときは文法が有用であるように）より系統的な学びにつなげてほしい．

本書を通して，確率と統計の入門として必要な事項は概ね扱ってはいるが，文理を問わない初学者向けということと，紙数の制約から，数理的な記述は軽くなっている．不足する部分はより進んだ数理統計学や多変量解析の参考書（たとえば，巻末の参考文献）で補ってほしい．最終章の回帰分析では，基本的な事項に加えて，実際の研究データを用いた分析を行い，現実世界の現象が解明される様子を垣間見れるようになっている．それらは1つの適用事例にすぎないが，読者自らがデータ解析を試みるときの参考になるものと期待している．こうして，確率と統計，および Python プログラミングに興味をもつ読者が増えるならば筆者らにとって望外の喜びである．なお，本書で例として使ったデータは共立出版株式会社の本書紹介ページ (https://www.kyoritsu-pub.co.jp/book/b10033631.html) に掲載されている．

本書の執筆にあたり，鈴木顕氏と山田和範氏には専門的見地から貴重なコメントを寄せていただいた．また，共立出版株式会社編集部の山内千尋氏と天田友理氏には，原稿の準備から出版までさまざまにお世話になった．ここに深く感謝申し上げたい．

2023 年 9 月
尾畑 伸明
荒木 由布子

目　　次

—— 第1章 ——

データの準備

　一般に，目的をもって実施される実験や調査によって収集されるひとまとまりの観測結果をデータと称する．データは，観測方法に応じて数値，文字，画像，音声など様々な形式で取得されて記録されるが，本書で扱うものは主に数値データである．本章ではデータの種別から始めて，データファイルの形式（CSV ファイル）について述べる．さらに，有効数字と端数処理について注意しておく．

1.1　データの種類

例 1.1　次の表はあるスポーツクラブに所属する学生の身長 (cm)，体重 (kg)，血液型 (ABO) を調査した結果である．

ID	身長	体重	血液型
1	176	78	A
2	174	74	A
3	168	69	B
4	180	93	O
5	186	85	B
6	173	75	A
7	181	75	A
8	193	105	O
9	187	108	A
10	173	74	B
11	184	74	O
12	183	78	AB

ID	身長	体重	血液型
13	181	85	O
14	175	73	O
15	180	73	O
16	178	87	B
17	177	86	AB
18	174	82	A
19	186	87	A
20	185	82	A
21	183	83	B
22	180	79	A
23	180	96	A
24	180	74	A
25	178	85	O

収集されたデータは，このように調査対象に識別符号 (ID) を付けて，調査項目ごとに結果を列挙する形式が一般的である．

例 1.2　次の表はある試験を受けた学生の点数の一覧である．

68	42	86	74	38	59	84	85	95	62	78	86
64	40	80	36	58	90	59	81	50	63	54	52
45	58	60	55	24	65	28	36	37	64	56	65
67	53	64	79	90	30	72	58	45	65	75	70
65	64	68	60	59	45	64	70	64	31	75	52
100	61	72	70	83							

このように，調査結果を列挙しただけのものもある．

■ **量的データ**　個数を数えたり（計数），量を測る（計量）ことで得られる数値データを**量的データ**という．たとえば，世帯の人数，来客者数，事故件数などは前者の例であり，気温や湿度，身長や体重，血圧などは後者の例になる．

　個数を数えれば，得られる数値は $0, 1, 2, \ldots$ という整数であり，数直線上に離散的に分布するため，**離散型データ**となる．一方，何らかの量を測って得られるデータは，**連続型データ**として扱う．身長や体重は測定器の精度によって，0.1 cm 刻み，0.1 kg 刻みのような離散的な値が得られるが，本来は連続

量である．また，所得や人口は 1 円刻み，1 人刻みという意味では離散型デー
タではあるが，変動幅も有効桁数も大きいため連続型データとして扱う方が便
利である．

　量的データは，何らかの**尺度（ものさし）**を用いて，対象を測定した結果と
して得られる．尺度には，絶対的な原点をもつものと原点を任意に定めること
ができるものがある．前者を**比例尺度**といい，身長，体重，所得などがこれに
あたる．比例尺度ではデータ間の比が意味をもつところに注目しよう．一方，
摂氏温度，西暦，試験の点数などでは，原点はあるが，測定のために任意に固
定されたものである．このような尺度を**間隔尺度**という．間隔尺度では，デー
タ間の比には意味がなく，差だけが利用できる．たとえば，12°C と 36°C を
比較するときに，その差には意味があるが比には意味がない[1]．

■ **質的データ**　一般に，数量として測定されないデータを質的データと総称
する．実験や調査において得られる結果を属性によって分類して，ラベルを付
けることによって得られるデータを**カテゴリデータ**あるいは**名義データ**とい
う．性別，国籍，職業，血液型などが例になる．調査結果は，性別なら男女の
別，国籍であれば国名で与えられるが，男性なら 0，女性なら 1 とおくことが
できるし，国籍なら国名に通し番号を付けるなどして数値データとして扱うこ
ともできる．これによって，対象を一種の尺度で測定したとみなすことができ
る．このような尺度を**名義尺度**という．ただし，数値化されていたとしても，
あくまで分類上のラベルにすぎず，数値の大小やそれらの四則演算には一般に
は意味がない[2]．

　順位付けを表すようなデータを**順序データ**という．農産品の等級，資格や検
定の級，顧客満足度，震度などが例になる．たとえば，新メニューの美味しさ
を確認するために，美味しい・やや美味しい・ふつう・やや不味い・不味いの
5 段階評価でアンケート調査を行ったとしよう．データ分析のために，5 段階
評価を言葉ではなく，数値化して扱う方が便利である．これを一種の尺度とみ

---

[1]　絶対温度 (K) で測定した温度なら比にも意味がある．
[2]　ただし，例外もある．男性を 0，女性を 1 としてある集団の性別データを集めれば，そ
　の総和はその集団の女性の人数を与える．

なして**順序尺度**という．順序尺度では，数値の与え方に任意性があり，数値の大小に意味があるだけで，それらの四則演算には一般には意味がない．

■ **時系列データ** 時間とともに変化する現象に対して，各時点であらかじめ決められたいくつかの項目について観測して収集されたデータを**時系列データ**という．次の表は，ある都市の気象観測データをまとめた時系列データであり，最左端の欄が観測時点を表し，経時的な観測が行われたことがわかる．

年月日	最高気温	最低気温	降水量	平均風速	最多風向	平均湿度
2021/1/1	−1.5	−5.4	1	1.8	北	92
2021/1/2	1.9	−3.8	0	2.7	北西	80
2021/1/3	3	−4.8	0	2.1	西北西	77
2021/1/4	3.6	−3.5	0	2.4	北北西	85
2021/1/5	2.5	−2.4	4	3.2	北北西	82
2021/1/6	2.4	−3	0	3.1	北	73
2021/1/7	8.5	−2.7	0	4.2	西	69
2021/1/8	−0.7	−5.4	0	2.1	北北西	82
⋮						

時系列解析は，メカニズムが複雑で原理的な解明ができていない現象を理解し，予測や制御をするために特に重要である．手法としては，大規模なデータ解析と高度な確率統計モデルが使われる．

■ **変量** データは知りたい項目に対して何らかの観測や測定を繰り返して得られたものであり，その項目を**変量**または**変数**として扱う[3]．たとえば，例1.1において，身長，体重，血液型に対応して変量 h, w, b を導入すれば，ID を添え字にして，各学生のデータを $h_2 = 174, w_5 = 85, b_{12} = \text{AB}$ のように記述できる[4]．

---

[3] 統計データ処理などの文脈では「変量」と称することが多い．一方，「変数」はきわめて一般的な数学用語であり幅広く用いられる．どちらでもよいが，慣例的な使い分けはある．
[4] 変量を表す記号は，文脈に応じて使いやすいものを決めればよい．数学的な文脈であればローマ字1文字が使いやすいが，プログラミングでは内容が直にわかるように複数文字が使われることが多い．たとえば，点数を score としたり，血液型を btype などとおくことができる．

　一般に，調査対象の各個体について p 項目の調査や測定がなされれば，各個体ごとに p 個の数値データが対応する．このようなデータを p **変量データ**または p **次元データ**と呼び，$p \geq 2$ である p 変量データを総称して**多変量データ**と呼ぶ．たとえば，例 1.1 は各学生に対して身長，体重，血液型の 3 つの項目を調査したものなので 3 変量データになる．ここで，各学生を識別している ID はふつう変量とは呼ばない．例 1.2 は各学生に対して試験の点数という 1 つの量を測定して得られたデータであるから 1 変量データである．また，例 1.1 において特定の変量，たとえば身長だけを取り出したものは 1 変量データである．

■ **データマネジメント（データ管理）**　実際に研究やビジネスの現場で扱うデータは，法や指針に則って収集され，適切に管理されている必要がある．データの改竄や捏造は論外であるが，それを疑われないように，いつ，どうやって観測・測定・判断・収集・記録したデータなのかがわかるように適切に記録を残すことが基本である．また，個人情報保護のため関連する法や倫理規定を遵守することがますます重要になってきている．データマネジメントの実際については，関連する学協会や政府機関の定めるガイドラインなどを参照してほしい．

1.2　データファイル

　計算機で扱うデータは，適切な形式で電子的に記録された 1 つまたは複数のファイルとして準備する必要がある．紙面などに印刷されているデータは，適当な処理をして電子化する必要がある．データファイルの形式にはさまざまあるが，本書では CSV 形式[5]を扱う．これはデータをコンマ（,）と改行で区切った文字列として扱うもので，単純な構造のため広く普及している．
　例 1.1 のデータを CSV 形式で扱うと，

---

5)　CSV は comma-separated values の略称.

DataEx1.csv

```
ID, 身長, 体重, 血液型
1,176,78,A
2,174,74,A
3,168,69,B
（途中省略）
24,180,74,A
25,178,85,O
```

のようなテキストデータになる．1行目に4個の項目名，2行目から各項目に
対応するデータが並び，項目間はコンマ（,）で区切られ，行末で改行されて
いる．今後，これをファイル名 DataEx1.csv で引用する．また，例1.2のデー
タを CSV 形式で扱うと，

DataEx2.csv

```
68
42
86
（途中省略）
70
83
```

のような数値が縦一列に並んだ細長いテキストデータとなる．今後，これをフ
ァイル名 DataEx2.csv で引用する．

　一般に，CSV 形式のデータファイルは，それ自身がテキストファイルであ
るため，テキストエディタで編集したり，Excel などの表計算ソフトで扱うこ
とができる．また，項目名に先立って表題やコメントを書き込むこともできて
便利である．テキストファイルではさまざまな文字種を使うことができるが，
数値データには半角数字を用いることが推奨される．

■ **ファイルへのアクセス**　データファイルは，PC の内蔵ディスクや外付け
記憶媒体（SSD, USB, DVD など），あるいはクラウド上に保存する．ここで
は，ローカルにあるデータファイルを扱うこととして，インターネット上にあ

るデータはダウンロードして手元に用意する．

　まず，データファイルにアクセスするためにはファイルの**パス**が必要である．自分の PC の内蔵ディスクや PC につないだ外付けの記憶媒体には，通常，C, D, E, F, … のようなアルファベットで区別されるドライブ名が付けられる．各ドライブにはフォルダー（ディレクトリ）が階層的に作られていて，フォルダーを掘り下げることで目的のファイルに達するファイルの絶対パスが得られる．たとえば，目的のファイルが DataEx1.csv という名称であれば，そのパスは

　　　　C:\Users\AobaTaro\Documents\StatCourse\DataEx1.csv

のような形式で与えられる．この意味は，C ドライブの中には Users, AobaTaro, Documents, StatCourse という 4 つのフォルダーが階層的に作られていて，最後の StatCourse というフォルダーの中に目的とするファイル DataEx1.csv が保存されているということである．上記のパスの表記では，フォルダーの区切り文字として \ （バックスラッシュ）が使われているが，使用環境（OS など）によっては / （スラッシュ）や ¥ （半角の円記号，日本語キーボードではバックスラッシュの代わりに使われる）などが使われる．

1.3　有効数字と端数処理（丸め）

　数値データを扱ううえで，**有効数字**の考え方は重要である[6]．たとえば，次のような数値データが与えられているとしよう．

$$2105.43 \qquad 10.304 \qquad 0.00204$$

まず，ゼロ以外の数字とゼロ以外の数字の並びの途中のゼロは有効数字に含める．したがって，2105.43 の有効数字は 6 桁，10.304 の有効数字は 5 桁である．次に，小数の位取りに使われている連続するゼロは有効数字に含めない．たとえば，0.00204 では，初めの連続する 3 個のゼロは有効数字ではなく，そ

---

[6]　有効数字は慣用的な定義に加えて，日本産業規格 JIS K0211:2013 で「測定結果などを表す数字のうちで，位取りを示すだけのゼロを除いた意味のある数字」と規定されている．

れに続く 204 を有効数字とする．したがって，0.00204 の有効数字は 3 桁となる．

　一方，位取りを表すゼロではなく，精度に関係するゼロは有効数字に数える．たとえば，2つの数値データ

$$1.6 \qquad 1.600$$

において，1.6 の有効数字は 2 桁，1.600 の有効数字は 4 桁となる．一般に，数値データは何らかの観測や測定によって得られた数値を測定精度や目的に合わせて整形されたものである．通常，1.6 なら小数第2位を丸めて得られたものと理解されるので，真の値は 1.55 から 1.65 の範囲にあり，1.600 なら小数第4位を丸めて得られたものと理解されるので，真の値は 1.5995 から 1.6005 の範囲にある．つまり，数学で扱う小数として，1.6 と 1.600 は等価であるが，数値データとしてはゼロの有無が精度の違いを反映している．

　一方，整数データの有効数字は悩ましい．たとえば，2つの数値データ

$$1200 \qquad 245000$$

の有効数字は，それぞれ 4 桁，6 桁ということになるが，精度という観点からは扱いに注意を要する．単に 1200 が与えられただけでは，どの程度の精度で1200 といっているのかはほかに情報がなければ判断できない．つまり，1 の位を四捨五入して 10 の位まで表したものか，10 の位を四捨五入して 100 の位まで表したものか区別できない．たとえば，1163 を 10 の位で四捨五入すれば1200 になるが，1 の位で四捨五入すれば 1160 であり 1200 にはならない．このような曖昧さが許されない文脈では，

$$1.2 \times 10^3 \qquad 2.450 \times 10^5 \qquad 3.56 \times 10^{-4}$$

のような**指数表記**を用いる．こうすれば，有効数字は順に 2 桁，4 桁，3 桁であることが明確になる[7]．

■ **端数処理（丸め）**　ある数値を示すとき，表示すべき桁数をあらかじめ決め

---

[7]　計算機では，べき表示の 10 を E で表し，1.2E3, 2.450E5, 3.56E-4 のように表示される．大文字の E の代わりに小文字 e も使われる．

られた桁数に揃える必要がある．そのときに必要な操作が**端数処理（丸め）**である．良く知られた方法は次の3つである．例として，3.1415 を丸めて小数点以下2桁までの表示にしてみよう．

- **切り捨て**：必要な桁数に満たない部分をゼロに置き換える．

$$3.1415 \quad \rightarrow \quad 3.14$$

- **切り上げ**：必要な桁数に満たない部分がゼロでなければ，そこをゼロに置き換えて，必要な桁数の最下位に1を加える．

$$3.1415 \quad \rightarrow \quad 3.15$$

- **四捨五入**：必要な桁数に満たない部分の最初の数字が5以上であれば切り上げ，4以下であれば切り捨てる．

$$3.1415 \quad \rightarrow \quad 3.14$$

小数を丸めるときは有効数字に気を配る必要がある．たとえば，12.996 を四捨五入によって，小数点以下2桁で表せば13.00 となる．これを13 と書くと有効数字の観点から異なる意味をもつことになる．また，丸めの操作を段階的に適用すると誤差が蓄積されるため，もとの数値に1回だけ適用するのが原則である．たとえば，5.148 を四捨五入によって小数点以下1桁までの数値に丸めれば5.1 となる．しかし，四捨五入を2段階で行うと5.148 → 5.15 → 5.2 となってしまう．

上の3つの丸めは文脈や目的（たとえば，安全性のために大きめに見積るなど）によって使い分けられるが，一般には四捨五入が広く普及しており，断りがなければ四捨五入によるものと理解される．しかしながら，計算機による数値処理や統計処理の観点から，次に述べる**偶数丸め**が一般的になりつつある[8]．ちなみに，Python でもデフォルトの丸め関数 round() は偶数丸めである．

---

[8] 国際標準化機構の定める量と単位についての規格 ISO 80000-1:2009 やそれに基づく日本産業規格 JIS Z8401:2019 に規定がある．

■ **偶数丸め** 与えられた小数 a の小数点以下を丸めて整数で表示することを考えよう．たとえば，12.34 を丸めて整数表示にするためには，$12.34 = 12 + 0.34$ と表したときの端数 0.34 の処理が必要である．一般に，小数 a を

$$a = p + q, \qquad p \text{ は整数,} \quad 0 \leq q < 1,$$

のように表示すると[9]，q が処理すべき端数となる．四捨五入を a に適用すると，$0 \leq q < 0.5$ であれば切り捨てによって p に，$0.5 \leq q < 1$ であれば切り上げて $p+1$ に丸めることになる．ここで，端数 q の扱いが非対称であることに注意しよう．つまり，大量のデータに対して四捨五入による丸めを行うと，切り捨てより切り上げられるデータの方が多いことが想定され，たとえば平均値を大きめにずらすという効果を生む．このような効果を緩和するために，切り上げと切り捨ての境目に当たる $q = 0.5$ の扱いを次のように修正する：

(i) $0 \leq q < 0.5$ であれば切り捨てて p とする．

(ii) $0.5 < q < 1$ であれば切り上げて $p+1$ とする．

(iii) $q = 0.5$ であれば，p または $p+1$ のうち偶数の方とする．

これを**偶数丸め**という．たとえば，13.5 を整数表示にするとき，四捨五入によって 14 となり，これは偶数丸めでも同様である．しかし，14.5 に対しては，四捨五入であれば 15 となるが，偶数丸めでは 14 になる．

ここまでの説明では，簡明さのために，小数点以下の端数に対する偶数丸めを扱ったが，任意の桁における偶数丸めも同様である[10]．次の例は，偶数丸めで小数点以下 2 桁の表示にしたものである．

$$12.3651 \to 12.37 \qquad 12.365 \to 12.36 \qquad 12.355 \to 12.36$$

---

[9] 与えられた（負の数でもよい）実数 a に対して，a を越えない最大の整数を**シーリング**または**整数部分**といい，$[a]$ で表す．この記号を使えば，$p = [a]$ となる．

[10] ここで扱う丸めは，正の数に適用するものとする．負の数に対する丸めは，正の数と同様の大小順序を維持するか，あるいは絶対値に対して丸めを施すか，によって 2 通りの考え方がある．

■ 計算結果の桁数　加法や減法では，桁数がはっきり示されている小数点以下の共通の桁まで示す．言い換えれば，有効桁位の最も大きいものに合わせる．たとえば，

$$6.78 + 2.4 = 9.2 \quad (9.18 \text{ の小数第 2 位を四捨五入}).$$

このように，小数点以下の桁数が足りない部分はゼロとおいて計算して丸めを行えばよい．

乗法や除法では，普通に計算した結果に丸めを施して，有効数字の桁数の少ない方に合わせる．たとえば，

$$2.42 \times 5.736 = 13.9 \quad (13.88112 \text{ の小数第 2 位を四捨五入})$$

のように，有効数字の少ない 2.42 の有効数字 3 桁に合わせて答える．

四則演算の繰り返しが含まれる場合は，途中の計算では桁をそのまま計算して，最後に 1 回だけ有効数字を合わせるための丸めを行うのが一般的である．

── 第 2 章 ──

Python の導入

　Python は数あるプログラミング言語の 1 つであり，豊富なライブラリをもち，統計解析，機械学習 (AI)，ウェブ・アプリケーションをはじめ幅広い用途に対応する汎用性の高さに特徴がある．しかも，プログラムの可読性に優れ，初学者にとっても学びやすい言語の 1 つである．そのため，さまざまなレベルの書籍がたくさん出版されており，ウェブ記事なども合わせて，必要な情報が得やすいというメリットもある．

　Python はヴァンロッサム[1]によって開発され，1994 年に最初のバージョンがリリースされてから，大規模な改訂を経て今に至っている．現行の Python は 2008 年にリリースされた 3 系と呼ばれる Python 3 であり，最新（2023 年現在）の安定版は Python 3.11（2022 年 10 月リリース）である[2]．ちなみに，Python という名称の由来について，公式サイトによれば，イギリスのテレビ局 BBC が製作したコメディ番組 "Monty Python's Flying Circus" にちなむとある．

　本章では，Python を動かすための対話型の環境として Jupyter Notebook あるいは Google Colaboratory を導入して，手始めに簡単なコードによる入出力を確認する．また，浮動小数点数の扱いにも注意する．

---

1)　Guido van Rossum (1956-)．オランダ出身．オランダ国立情報工学・数学研究所 (CWI)，Google, Dropbox などで研究開発に従事した．

2)　Python の公式サイト https://www.python.org/

2.1　Jupyter Notebook の導入

　Python を読み書きするためには，適切な環境を計算機 (PC) 上に準備しなければならない．特徴のある多くの環境が開発されているが，本書では Web ブラウザ上で Python のコードを読み書きして実行できる統合開発環境である Jupyter Notebook を使用する[3]．Jupyter Notebook は対話型の開発環境なので，前の実行結果を確認しながら次の作業に進むことができ，さらにデータの可視化に適していることもあり，初学者にとって扱いやすい環境といえる．さらに，オープンソースで提供されている（無料で利用可能）こともあいまって，統計モデリングや機械学習などを含めてデータ解析の分野に広く普及している．そのため，コミュニティによる情報交換やアップデートが頻繁に行われていて便利である．

　Jupyter Notebook は，Anaconda の公式サイトからダウンロードして導入する[4]．そこには Windows, MacOS, Linux の各 OS 用にインストーラが用意されているので，指示通りに実行すればよい．Anaconda は良く使われるライブラリやツールを含む Python の開発環境を一気に導入することができる大変優秀なディストリビューションである[5]．

■ **Google Colaboratory (Google Colab)**　グーグル・コラボラトリー（グーグル・コラボ）と読む．Google Colab は Jupyter Notebook の環境をクラウドで利用できる無料のサービスである．つまり，自分の PC に特別なアプリケーションをインストールする必要はなく，すべての作業が自分の Web ブラウザを通してクラウド上で実行される．したがって，インターネットへの常時接続が必須である．Google Colab を利用するためには，その公式サイトに

---

3)　Jupyter Notebook は「ジュピターノートブック」あるいは「ジュパイターノートブック」と読む．名称の由来である Julia, Python, R をはじめ，数十のプログラミング言語の実行環境をサポートしている．

4)　Anaconda 公式サイト https://www.anaconda.com/

5)　実際，Anaconda をインストールすると Jupyter　Notebook のほか，IPython, Jupyter QtConsole, Spyder という環境も使えるようになる．さらに，統計分野で人気のある R 言語も含まれている．

アクセスして，Google account でログインすればよい[6]．

　Google Colab と Jupyter Notebook は外観上ほぼ同じで，Python の基本的な動作において気になる違いはないと思われるが，もちろん細かい操作性にはそれぞれの特性が現れる．特に，自分の PC で作業が完結する Jupyter Notebook とすべての作業がクラウドで実行され自分の PC は単なる端末としての機能しかもたない Google Colab では，データファイルへのアクセスの仕方に違いが出る．とはいえ，作法が違うだけで難しいことではないので，Google Colab に関しては公式サイトのマニュアルや Web 上の解説記事，関連書籍を参照されたい．

2.2　最初の一歩

　Jupyter Notebook を起動すると，画面に**セル**と呼ばれる入力用のスペースが現れる[7]．このセルに「print('Hello, world!')」と入力して実行すると，Python が応答して，入力したセルの直下に出力が現れる．本書では，この画面を模して次のように記す[8]．ただし，枠外の数字は引用のための行番号である．

```
1  print('Hello, world!')
     Hello, world!
```

セルには複数行書き込んでもよい．

```
1  a, b = 5, 8
2  print(a + b)
     13
```

このように，Jupyter Notebook ではセルごとに編集を行い，その都度，結果を確認して進めることができる．これが「対話型」と呼ばれる所以である．

　対話型のメリットとして，随時ヘルプページを参照することができる．たと

---

6)　Google Colab 公式サイト https://colab.research.google.com/
7)　Google Colab なら，公式サイトのトップページにある「ファイル」タブから「ノートブックを新規作成」を実行する．対話型の入力画面が現れるはずだ．
8)　紙面の節約のため，出力の一部を省略して記載することもある．

えば，print について意味や使い方を知りたければ，

```
help(print)
```

を実行すれば，print の働きや書式などの情報（ただし英語）が得られる．

なお，Python のコードは半角英数字と記号（=,+,-, _ など）に限るのがよい．もちろん，データ解析を行ううえで，日本語で書かれたデータを扱うことは必須であり，日本語（全角文字）を排除することはできない．実際，変数名やファイル名に日本語が含まれていても大概は大丈夫であるが，一方で，数字，記号，空白などは全角・半角の違いが見た目では判別しがたく，エラーの修正に無用な労力を割く羽目になりやすい．なお，文字コードについては第3.5 節も参照されたい．

■ **関数**　プログラムは，入力に対して何らかの処理をして出力するという動作の繰り返しからなる．よく使われる処理は**関数**として準備されている．上のコードに現れた print() や help() は関数の例である．関数は () を従えており，() 内に渡された引数に対して決められた処理を実行する．Python では，扱う数，文字列，変数，関数，データなどの対象物全般をオブジェクトと呼ぶので，「print() 関数」を「引数に渡したオブジェクト（の値）を画面に表示する関数」のように説明することができる．もちろん，関数は自分で定義することもできる．

■ **コードブロック**　次のプログラムを実行してみよう．

```
1  for a in range(5, 10):
2      x = a + 2
3      print(x)
4  print('end')
```

```
7
8
9
10
11
end
```

このプログラムは，**for 構文**と呼ばれるループ処理を含む.

> 1 行目：変数 a を 5 以上 10 未満の整数を走らせて，
>
> 2 行目：その a を走らせるたびに 2 を加えたものを x として，
>
> 3 行目：x を画面に表示する.
>
> 4 行目：上の一連の作業が終わったら end を画面に表示する.

プログラム 1 行目の変数 a がループ処理を司っており，**ループカウンター**と呼ばれる. 2 行目と 3 行目がループ処理になっている. そのような一塊の小さなプログラムを**コードブロック**と称し，Python では字下げ（インデント）で記述する. したがって，プログラムの各文の文頭の字下げには意味があり，字下げせずに

```
1  for a in range(5,10):
2  x = a + 2
3  print(x)
4  print('end')
```

を実行すると IndentationError が出力されエラーとなる. また，次のプログラムは異なる結果を出力するので確認しておこう.

```
1  for a in range(5, 10):
2      x = a + 2
3      print(x)
4      print('end')
```

　字下げ量はそろっていれば空白何文字でもタブ文字でも構わないが，空白 4 文字にすることが推奨されている. Jupyter Notebook では「for …:」をタイプして改行すると，コードブロックが続くことを自動的に予測して，次の行に移ったカーソルは空白 4 文字分字下げされた位置に来るので便利である.

　実は，Python ではプログラムの見た目の美しさと統一感にこだわりがあり，コードの書き方のガイドラインが定められている[9]. たとえば，上のプログラムに現れた x = a + 2 は x=a+2 と書いても動作上は同じなのだが，演算子の前後に空白を入れるのがマナーとされている. このようなマナーはプログ

---

9)　PEP8 (Python Enhancement Proposals 8) – Style Guide for Python Code にコーディングのマナーが例とともに記されている. https://peps.python.org/pep-0008/

ラムの共同作業や公開にあたって重要だが，学び始めの段階ではあまり気にせず，慣れるに従って少しずつ参照すればよいだろう．

■ **変数**　プログラミング言語において**変数**という概念は極めて基本的であるが，きちんと定義を述べるのは難しい．Python 初心者としては，プログラムにおいて，中身を入れ替えて使いまわしをするための入れ物に付けたラベルのことだと理解して進めよう．たとえば，

```
x = 8
```

は，x という名前の変数を準備して，そこに 8 を**代入**する（日常語なら格納するといったニュアンス）ことを意味する．次のプログラムを実行してみよう．

```
1  x = 8
2  x = x + 2
3  print(x)

   10
```

プログラム 1 行目はすでに説明した通り．2 行目では，まず右辺によって 1 行目で与えた x の値に 2 を加えて，その値を左辺にある変数 x に代入する．したがって，この段階で 1 行目で与えた変数 x の値は上書きされる．3 行目で，変数 x の値を画面に表示する．もちろん結果は 10 である．2 行目の等号の使い方に注意してほしい．数学の等式とは異なることがよくわかるだろう[10]．

変数には導入するたびに名前を付ける必要がある．変数名にはローマ字（大文字と小文字を区別する）と数字からなる 1 文字以上の文字列で，先頭が数字でないものを使う．ただし，プログラムの構文などに使う既存の文字列（たとえば，and, else, for, if, or, return, ...）は使えない．

■ **型**　変数に代入できる値はさまざまであり，型によって分類される．基本は整数，浮動小数点数，文字列の 3 つの型である．ほかには，さまざまな形式の配列などがある．変数の型は type() 関数で知ることができる．

---

10)　代入文 x = x + 2 は複合代入演算子+=を用いて x += 2 と簡略に書くこともできる．後の表に列挙した「数の二項演算」についても同様の表記ができる．

```
1  x = 5
2  type(x)
     int
```

これは，x が整数の型をもっていることを示す．

```
1  x = 5.0
2  type(x)
     float
```

これは x が浮動小数点数の型をもっていることを示す．

　文字列を扱うときは，シングル・クォーテーションマーク ' ' またはダブル・クォーテーションマーク " " で囲む．

```
1  x = '5.0'
2  type(x)
     str
```

これは，変数 x は文字列の型をもっていることを示す．見た目が数字であっても，文字列同士の四則演算はできない．

■ **数の演算**　整数と浮動小数点数は数として四則演算ができる．整数と浮動小数点数が混在していても問題はなく，演算結果は浮動小数点数になる．整数同士の加減法と乗法の結果は整数で与えられるが，除法では割り切れたとしても演算結果は浮動小数点数になる．数値データの統計解析においては，数値の整数型と浮動小数点数型の区別を特に気にする必要はない．

```
1  x = 5.0
2  y = 12
3  z = x + y
4  type(x), type(y), type(z), z
     (float, int, float, 17.0)
```

これを見ると，x，y，z の型は順に浮動小数点数型，整数型，浮動小数点数型になっていることがわかる．実際，z の値は 17 ではなく 17.0 になっている．ところで，上のプログラムの 4 行目は，4 個のオブジェクトをコンマで

区切って並記している。このようなオブジェクトの列を一般に**タプル**と呼ぶ。
出力では，対応する4個の値がカッコ () 付きで表されているが，これによっ
てタプルであることが明示的にわかる（第3.6節）。

なお，文字列と数値との四則演算はできない。たとえば，

```
1  x = '5.0'
2  y = 12
3  x + y
```

を実行すると，`TypeError` が返ってくる。

数に対する基本的な演算のコードを確認しておこう。負の数や小数に対して
どのように振舞うかは，さまざまな事例で確認しておくとよい。

数の二項演算	
a + b	a と b の和
a - b	a から b を引いた差
a * b	a と b の積
a / b	a を b で割った商
a // b	a を b で割った商の整数部分（小数点以下を切り捨て）
a % b	a を b で割ったときの余り
a ** b	a の b 乗

■ **コメント** Pythonは，プログラムの文に現れた#以降（行頭に置かれた場
合はその行全部，行の途中に置かれた場合は#のあと全部）をプログラムの実
行から外す。この部分を**コメント**という。たとえば，

```
1  # 足し算の確認
2  3 + 7
```

のように表題を付けたり，

```
1  help(print)              # print のヘルプを参照する
```

のように，コードの説明などを書き加えておくと便利である。また，コードの
一部を残したまま実行させたくないときなどにも利用する。

2.3 浮動小数点数

　整数の和，差，積に関して計算機は完璧であり，扱える桁数も計算機のもつ
メモリが許す限り無制限である．しかし，整数の比（除算）はもはや整数とは
限らず，さらに高度な演算を扱うためには整数だけでは全く不十分である．

　整数で閉じない演算をカバーするために使われる数の形式が**浮動小数点数**で
ある．浮動小数点数は，ふつうの 10 進法による小数と見かけ上違いはなく，
通常の統計的データ解析では違いを気にすることはほとんどない．しかしなが
ら，節々で妙な現象に気が付くかも知れないので，前もって注意を喚起してお
きたい．

　次のコードを実行して結果を観察しよう．

```
1  for x in range(11):
2      print(0.1 * x)
```

```
0.0
0.1
0.2
0.30000000000000004
0.4
0.5
0.6000000000000001
0.7000000000000001
0.8
0.9
1.0
```

プログラムの 1 行目の range(11) は range(0，11) と書いても同じであり，
x を 0 以上 11 未満の整数を走らせることを意味する．したがって，出力はそ
のような x に対して 0.1 倍を返している．一見，不審を抱かざるを得ない結果
であろう．この現象の裏には「計算機の内部では 2 進数が使われている」こ
とがある．

■ **10 進小数と 2 進小数**　まず，ふつうに使っている小数は 10 進小数であり，
しかもそれは有限小数である．たとえば，10 進法で表された小数 0.1 は有限
小数であり，厳密に 1/10 と等価である．一方，有限な 10 進小数にならない

数もたくさんある．たとえば $1/3$ や $\sqrt{2}$ のように，2 と 5 以外の素因数をもつ整数を分母とする有理数や無理数は有限な 10 進小数では扱えない．無限小数も使えば，すべての実数は 10 進小数で表されるのだが，有限な 10 進小数で扱おうとすれば，あくまで近似値で我慢するしかない．たとえば，有限な 10 進小数の範囲では，$1/10$ は 0.1 として厳密に扱えるが，$1/3$ は 0.333 のような近似値で扱うほかない．

さて，2 進法の小数は 0.10011 のように 0 と 1 のみを用いて表される．10 進法では小数第 1 位，第 2 位，$\cdots$ が $1/10 = 10^{-1}$，$1/100 = 10^{-2}, \ldots$ のような位取りになるのと同様に，2 進法では小数第 1 位，第 2 位，$\cdots$ が $1/2 = 2^{-1}$，$1/4 = 2^{-2}, \ldots$ のような位取りになる．したがって，

$$0.10011_{(2)} = 1 \times \frac{1}{2} + 0 \times \frac{1}{2^2} + 0 \times \frac{1}{2^3} + 1 \times \frac{1}{2^4} + 1 \times \frac{1}{2^5}$$

となる．左辺の添字 (2) は 2 進数表示であることを示す．無限小数を許せば，すべての実数は 2 進小数で表されることが証明できる．特に，$0 \leq x \leq 1$ であれば，

$$x = 0.\xi_1 \xi_2 \cdots_{(2)} = \sum_{n=1}^{\infty} \frac{\xi_n}{2^n}$$

を満たすような $\xi_1, \xi_2, \ldots$ を $0, 1$ から選ぶことができる[11)]．たとえば，

$$0.375 = \frac{3}{8} = \frac{1}{2^2} + \frac{1}{2^3} = 0.011_{(2)}$$

となり，有限な 2 進小数で表される．ところが，0.1 はそうはいかないのである．有限な 2 進小数は 10 進法では分母が 2 のべきになっている有理数に他ならないので，$0.1 = 1/10$ は有限な 2 進小数では表示できない．実際，

$$0.1 = 0.0001100110011\cdots_{(2)}$$

のように小数第 2 位以降は 0011 を繰り返す循環小数になることが証明できる．つまり，10 進小数の範囲では $1/3$ の扱いに困難があるのと同様に，2 進

---

11) 10 進小数では，$0.999\cdots = 1$ となるように，2 進小数では，$0.111\cdots_{(2)} = 1$ となる．

小数の範囲では 0.1 の扱いが困難になるのである.

計算機では無限小数を扱えないため,厳密値のつもりで入力した 0.1 は適当な精度の有限な 2 進小数による近似値で置き換えられる[12].ふつう Python はデフォルトで小数点以下 16 桁程度の精度を保っているため,先に示したような不審な結果が得られたのである.しかしながら,通常の統計処理で必要な精度は小数点以下数桁であるから,このような計算機の内部で生じている誤差が顕在化することはほとんどない.もちろん,小数点以下にゼロがたくさん続くようなデータを扱うときは,単位を変更するなどして処理する必要はある.

ついでに,Python では 0.1 がどのような浮動小数点数として扱われているかを確認しておこう.たとえば,小数点以下 60 桁まで表示させると,

```
1  print(f'{0.1:.60f}')
```
```
0.100000000000000005551115123125782702118158340454101562500000
```

このように,小数第 2 位以下 0 が並ぶため,小数点以下 16 桁の表示としては単に 0.1 が出力されていたのである.

■ **浮動小数点数による真偽判定**　厳密値として入力したつもりの 10 進小数が,計算機内部では浮動小数点数として近似値で置き換わっていることは真偽判定に影響を及ぼす.

```
1  0.1 * 2 == 0.2
```
```
True
```

```
1  0.1 * 3 == 0.3
```
```
False
```

ここで == は比較演算子の 1 つで,両辺が等しいときに True,両辺が等しくないときに False を返す.上の例からわかるように,真偽判定に浮動小数点数を使うときは特別な注意を要するので,整数を使うなどの工夫をして避ける方が安全である.

---

12) 本書では必要ないが,Python には 10 進小数を入力されたとおりに厳密に計算するための関数やライブラリが用意されている.関連するマニュアルや記事を参照されたい.

ついでに，比較演算子と論理演算子をまとめておこう．条件が満たされない
ときは False が返される．

比較演算子	
a == b	a と b が等しいときに True を返す
a != b	a と b が等しくないときに True を返す
a < b	a が b よりも小さいときに True を返す
a <= b	a が b 以下のときに True を返す
a > b	a が b よりも大きいときに True を返す
a >= b	a が b 以上のときに True を返す
論理演算子	
not a	a が False のとき True を返す
a and b	a と b がともに True のとき True を返す
a or b	a または b が True のとき True を返す

—— 第**3**章 ——

データの可視化

　本章では，データファイル（CSV ファイル）を Python で扱うための基本的操作を扱う．可視化の例として，1 変量データのヒストグラムと 2 変量データの散布図を示す．さらに，Python における配列の扱い方の基本を述べる．

3.1 データファイルの読み込み

■ **ライブラリの読み込み**　ライブラリとは，用途ごとに再利用しやすく集めたプログラムのパッケージのことである．それが単一のファイルであれば，特に，モジュールと呼ばれ，ファイルの集合体のときはライブラリと呼ばれる．統計的データ処理では，まず次の 3 つのライブラリが基本である[1]．

　　　NumPy：数値計算，特に行列計算
　　　pandas：データの読み込み，加工，分析処理
　　　Matplotlib：データの描画

そのほか，数学の関数 (math)，科学技術計算 (SciPy)，統計モデル (statsmodels) などのライブラリも利用するが，その都度紹介する．

---

1)　ライブラリには，Python 本体に組み込まれている標準ライブラリと，サードパーティによって開発された膨大な外部ライブラリがある．外部ライブラリは，一般には別途インストールする必要があるが，主要なものは Anaconda によってインストール済みである．

まず，プログラムの冒頭のセルに次の3行を入力して実行する[2].

```
1  import numpy as np
2  import pandas as pd
3  import matplotlib.pyplot as plt
```

特に出力は現れないが，それでよい．

■ **データファイルの読み込み** データはもっぱら CSV ファイルで準備されているものとする．CSV ファイルの読み込みには pd.read_csv() 関数を使う．以下，例 1.1 (DataEx1.csv) と例 1.2 (DataEx2.csv) のデータを用いて説明しよう．

データファイルが Jupyter Notebook の作業フォルダーにあれば，ファイル名をクォーテーションマークで囲んで引数に渡せばよい．たとえば，データファイル DataEx1.csv を読み込んで Data という変数名を付けたければ，

    Data = pd.read_csv('DataEx1.csv')

を実行する．

しかし，データファイルはふつう別のフォルダーに準備されているだろう．そのときは，パスを含めてクォーテーションマークで囲んだものを引数に渡す．書式は，たとえば，

    Data = pd.read_csv('D:/StatData/DataEx1.csv')

のようになる．ここでは絶対パスを用いたが，相対パスでもよい（その記述の仕方などは適当なマニュアルなどを参照してほしい）．また，フォルダーの区切り文字は / （スラッシュ）を用いることを推奨する．区切り文字を \ （バックスラッシュ）あるいは日本語キーボードの対応文字である ¥ （半角の円記号）とすると読み込めない場合がある．それは，\ が Python では特殊な役割（エスケープ文字）をもつからであり，

---

2) プログラムの内容によっては，3つのライブラリ全部を必要としないが，簡単のため，本書を通して，プログラムはいつもこの3行から始まっているものとすることが多い．

```
Data = pd.read_csv('D:\\StatData\\DataEx1.csv')
```

のようにバックスラッシュを 2 つ連続させる（日本語キーボードなら¥¥とする）ことによって避けられる.

■ **Google Colab の場合** 読み込むべき CSV ファイルをあらかじめ「マイドライブ」にアップロードしておけば，そこにアクセスすることができる. まず，プログラムの冒頭で，

```
1  from google.colab import drive
2  drive.mount('/content/drive')
```

の 2 行を実行して，Google Colab にマイドライブへのアクセスを許可する. あとは，読み込みたい CSV ファイルのファイル名をパスとともに pd.read_csv() 関数に渡せばよい. 書式は

```
Data = pd.read_csv('/content/drive/My Drive/DataEx1.csv')
```

のようになる.

ローカルにある CSV ファイルに直接アクセスすることもできる. まず，プログラムの冒頭で，

```
1  import io
2  from google.colab import files
```

の 2 行を実行しておく. 必要に応じて，

```
1  uploaded = files.upload()
```

を実行すると，「ファイルを選択」というボタンが現れるので，自分の PC でアップロードすべきファイルを指定すればよい. アップロードできたら，pd.read_csv() 関数で読み込む. たとえば，ファイル名が DataEx1.csv であれば，

```
io.BytesIO(uploaded['DataEx1.csv'])
```

を pd.read_csv() 関数に渡して，

```
Data = pd.read_csv(io.BytesIO(uploaded['DataEx1.csv']))
```

を実行すればよい．詳しくは，Google Colab のマニュアルや Web 上の解説記事を参照されたい．

■ **読み込んだデータの確認** 実際，ここまで実行しても目に見える出力は得られない．Data の中身を確認するためには，上のコードに続いて，または次の新しいセルに Data と入力して実行する．

```
1  Data = pd.read_csv('DataEx1.csv')
2  Data
```

	ID	身長	体重	血液型
0	1	176	78	A
1	2	174	74	A
2	3	168	69	B
		（途中省略）		
23	24	180	74	A
24	25	178	85	O

もとの CSV ファイルの 1 行目に 4 つの項目名が書かれていたことを思い出そう．それが出力の 1 行目に現れている．各項目にあたる列を**カラム**と呼ぶ．また，もとのファイルの 2 行目からがデータの本体であったが，CSV ファイルの体裁通りに整然と読み込まれている．

■ **DataFrame** 一般に，`pd.read_csv()` 関数によって読み込まれた CSV ファイルは DataFrame という形式で出力される．DataFrame はデータ処理に適した配列で汎用性が高い．上で見たように，1 行目にカラム名，2 行目以降は各カラムに対応するデータが並ぶ．また，最左端は自動で付けられた番号（0 番から始まる）であり，この列を**インデックス**と呼ぶ[3]．

　DataFrame のサイズは，

---

3) ここでは，インデックスは自動的に 0 番から番号が順に付くものとして説明した．実は，インデックスは各行を区別できるラベルであればよく，書き換えることができる．望めば，Data のカラムの 1 つである ID をそのままインデックスにすることもできる．また，時系列データを扱うときは，インデックスとして時刻をとることが多い．

```
1  Data.shape
   (25, 4)
```

によって，25行（レコード数25）4列（カラム数4）であることがわかる．

同様にして，DataEx2.csv を読み込もう．

```
1  Data2 = pd.read_csv('DataEx2.csv')
2  Data2
```

	68
0	42
1	86
2	74
（途中省略）	
62	70
63	83
64 rows × 1 columns	

いささかまずいことになっている．DataEx2.csv では，1行目からデータが
始まっているため，1行目のデータがカラム名として使われている．カラム名
を設定するため，pd.read_csv() 関数にオプションを指定する必要がある[4]．

```
1  Data2 = pd.read_csv('DataEx2.csv', names=['score'])
2  Data2
```

	score
0	68
1	42
2	86
（途中省略）	
63	70
64	83
65 rows × 1 columns	

こうして，単なる数値の羅列であった DataEx2.csv のデータは，score という
カラムに読み込まれた．最後の 65 rows × 1 columns は，この DataFrame
が65行（レコード数65）1列（カラム数1）からなることを示しており，表
示行数の制限にかかるときに明示される．

---

[4] 関数の本来の引数に追加された引数を**オプション**といい，コンマで区切って列挙する．

■ **DataFrame の表示行数** 上の例で Data や Data2 は DataFrame と呼ばれる形式になっており，単に変数名を実行すれば，その中身を見ることができた．デフォルトでは，60 行までのデータは全部表示され，60 行を超える場合は最初と最後の 5 行のみが表示されて途中は省略される．もし先頭の 5 行だけ見たければ，Data.head() が使える．さらに，() に表示させたい行数を渡すこともできる．

```
1  Data.head()
```

```
    ID  身長  体重  血液型
0   1   176   78      A
1   2   174   74      A
2   3   168   69      B
3   4   180   93      O
4   5   186   85      B
```

場合によってはデータを全部見たいこともある．そのためには，あらかじめ

```
pd.set_option('display.max_rows', None)
```

と書けば，表示すべき行数の最大値の制限が解除されて全行が表示される．

■ **カラム名の変更** 上で読み込んだデータ Data のカラム名は日本語になっている．今後，このカラム名を変数として使って演算を行うので，日本語を避けてわかりやすい半角英数字（大文字と小文字は区別される）を使った変数名に直そう．ただし，変数名の先頭に数字は使えない．

```
1  Data.rename(columns={'身長':'height'}, inplace=True)
2  Data.head()
```

```
    ID  height  体重  血液型
0   1   176     78      A
1   2   174     74      A
2   3   168     69      B
3   4   180     93      O
4   5   186     85      B
```

inplace=True が上書きを意味し，Data は新しく作り直される．もとの Data を保持したまま，カラムを書き換えた DataFrame も使いたければ，

```
Data_new = Data.rename(columns={'身長':'height'})
```

のようにすれば，Data と Data_new の両方が使える．

複数のカラム名を一斉に変更することもできる．

```
1  Data.rename(columns={'身長':'height', '体重':'weight',
2                        '血液型':'bloodtype'},
3              inplace=True)
4  Data.head()
```

	ID	height	weight	bloodtype
0	1	176	78	A
1	2	174	74	A
2	3	168	69	B
3	4	180	93	O
4	5	186	85	B

プログラム 1–3 行目はプログラムとしては 1 つの文である．長すぎて 1 行に収まらないときはコンマの後など見やすい位置で改行してよい．

ファイルの読み込みと同時にカラム名を変更することもできる．オプション skiprows を用いて CSV ファイルの最初の 1 行を飛ばしてカラム名を付ける．

```
1  Data = pd.read_csv('DataEx2.csv', skiprows=1,
2                      names=['ID', 'height', 'weight', 'bloodtype'])
3  Data.head()
```

	ID	height	weight	bloodtype
0	1	176	78	A
1	2	174	74	A
2	3	168	69	B
3	4	180	93	O
4	5	186	85	B

しばしば，データを収めたもとの CSV ファイルの最初の数行がコメントになっていることがある．そのときは，インデックスの 0 番からデータが並ぶように，skiprows を用いてコメント行を飛ばして読み込む．

■ カラムの削除　上で読み込んだ Data には，ID と名付けられたカラムがある．これを削除してみよう．

```
1  Data.drop('ID', axis=1, inplace=True)
2  Data.head()
```

	height	weight	bloodtype
0	176	78	A
1	174	74	A
2	168	69	B
3	180	93	O
4	186	85	B

プログラム1行目にあるように，DataFrame の行や列を削除するためには drop メソッド（下記）を用いる．削除すべきカラム名'ID' に続いて，オプション axis=1 はカラム（列）の削除を意味し，inplace=True はカラムを削除してできる新しい DataFrame でもとの Data を上書きすることを意味する．

複数のカラムを一斉に削除するためには

```
Data.drop(['ID', 'bloodtype'], axis=1, inplace=True)
```

のように書けばよい．なお，オプション axis を省略（または axis=0 を指定）すると行の削除になる．削除すべき行はインデックスで指定する．たとえば，

```
Data.drop([0, 2], inplace=True)
```

によって，インデックスが0の行と2の行が削除される．

■ **メソッド** 上に例示したプログラムでは，DataFrame として用意された Data に対して何らかの処理をするという場面がいくつかあった．たとえば，最初の5行の表示は Data.head()，カラム名の変更は Data.rename()，カラムの削除は Data.drop() という書式のコードを実行した．これらは，Data というオブジェクトに対して，ピリオドの右側の関数が定める処理を行うという形になっている．このような書式で，ピリオドの右側を**メソッド**という．個別には，head メソッド，rename メソッド，drop メソッドのように呼ぶ．

3.2 1変量データの可視化：ヒストグラム

■ **度数分布表** 1次元データを適当な階級を作って分類し，それぞれの階級に落ちるデータの個数（**度数**という）を数え上げて表にしたものが**度数分布表**である．階級の定め方に厳格な規則はないが，データのばらつきを良く反映できるように等間隔で幅を設定するのがふつうである．以下では，例1.2（`DataEx2.csv`）のデータを例にとって説明する．

例3.1 方法はさておき，例1.2のデータを10点刻みで数え上げれば，次のような度数分布表が得られる．

階級	階級値	度数	相対度数
20-30	25	2	0.03
30-40	35	6	0.09
40-50	45	5	0.08
50-60	55	13	0.20
60-70	65	18	0.28
70-80	75	10	0.15
80-90	85	7	0.11
90-100	95	4	0.06
合計		65	1.00

ここで，階級の20-30は20以上30未満を意味するが，最後の階級90-100だけは90以上100以下としている．点数のような整数値のデータであることと，点数の上限は100であることから，このような調整が必要になる．また，階級の中央値を**階級値**または**級中値**と呼び，その階級を代表する値として用いる．また，**相対度数**は各階級の度数と度数の総和（つまりデータの個数）との比である．相対度数は四捨五入の概数で示すので，その総和が1にならないこともある．

■ **ヒストグラム** 度数分布表に対して，横軸を階級で区切って各階級の上にそれに対応する度数または相対度数を縦の長さとする長方形を並べた図を**ヒストグラム**という．ヒストグラムは1変量データの分布状態を可視化するうえで最も基本的である．

■ **ヒストグラムの描画**　`plt.hist()` 関数の引数に DataFrame をカラム名付きで渡せばよい．前節で準備した Data2 を使って説明しよう．

```
1  plt.hist(Data2['score'])
```

```
(array([ 4., 4., 5., 5., 11., 15., 8., 6., 5., 2.]),
 array([ 24.  , 31.6, 39.2, 46.8, 54.4, 62.  , 69.6, 77.2,
        84.8, 92.4, 100.  ]),
 <BarContainer object of 10 artists>)
```

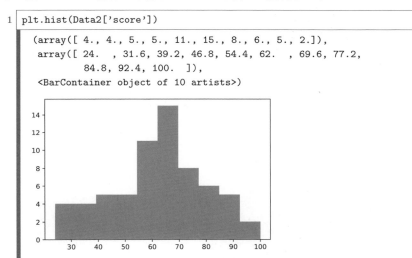

たった 1 行のコードでヒストグラムが自動生成された．出力の最初の数行は，このヒストグラムの元になる度数データである[5]．ヒストグラムの見映えを整える前に，自動生成のヒストグラムはいささかまずいことを注意しておきたい．

　ヒストグラムを描くためには，データ値を階級に分類する必要があるが，Python ではデータの範囲（最大値と最小値の差）とデータの個数から，ある公式[6]を用いて階級の個数を定めて，データの範囲をその個数で等分割する．上の例では，階級の個数を 10 個と定めて，データの最小値 24，最大値 100 の範囲を 10 等分している．この階級の定め方が整数値しかとらない点数を分類するのに不自然であることは当然であるが，さらに具合の悪い状況が起こる．たとえば，階級 31.6-39.2 の範囲には 8 個の整数が含まれるが，次の階級 39.2-46.8 の範囲には 7 個の整数しか含まれない．つまり，今扱っているデー

---

5)　一般の環境で画像を表示させるためには，プログラム 2 行目に `plt.show()` と書く必要がある．Jupyter Notebook ではそれを要さないが，プログラム 2 行目に `plt.show()` と書いておくと度数データが表示されず，図のみが表示される．また，1 つのセルの中で，複数の画像を作成してその都度 `plt.show()` を書けば，複数の画像が同時に表示される．

6)　スタージェスの公式に準拠しているようだ．この公式は，経験的な見やすさを基準にして階級の個数を与えるため，データの由来や分布の特性などは考慮されない．

タは整数値であることから，このような階級の定め方で各階級によって落ちうるデータ値に初めから偏りが生じてしまい，全体の分布状況を把握する妨げとなる．

　階級を望むように設定するために，`plt.hist()` 関数のオプションを指定する．今扱っているデータが 100 点満点の試験の点数であることを念頭に置けば，20-30 のような 10 点幅の階級を設けるのは 1 つの自然なまとめ方である[7]．

```
1  plt.hist(Data2['score'], range=(20, 100), bins=8)
```

```
(array([ 2., 6., 5., 13., 18., 10., 7., 4.]),
 array([ 20., 30., 40., 50., 60., 70., 80., 90., 100.]),
 <BarContainer object of 8 artists>)
```

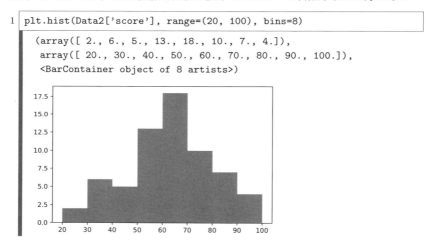

データの範囲を `range=(20, 100)` によって 20-100 と定めて，階級の個数を `bins=8` によって 8 個と定めている．したがって，階級幅は 10 となる．このようなオプションを付すことで，データ値を 20 以上 30 未満のような階級で分類して度数を数え上げることができる．ただし，最後の階級は特別で，自動的に 90 以上 100 以下の度数を数え上げるので注意しよう．

■ **ヒストグラムの整形**　出力されたヒストグラムの縦軸の目盛は自動的に設定される．縦軸は度数であるから，小数が現れるのは不自然であろう．これは `plt.yticks()` 関数によって修正できる．書式は，

---

7)　もちろん，階級の定め方には自由度がある．一般に，階級幅を狭くすれば，もとのデータが忠実に再現されるが，分布の概形を摑むのには適さない．逆に，階級幅を広くとりすぎると，もとのデータの情報が減ってしまい役に立たない．また，上で説明したように，整数値しかとらないデータに対して，中途半端な値で階級を区切るのは不適切である．

```
plt.yticks(np.arange(0, 25, 5))
```

のようになる．ここで np.arange(0, 25, 5) は，0 から始まり 25 未満の範囲の公差 5 の等差数列を意味する．同様に，横軸には plt.xticks() 関数を用いる．

```
1  plt.hist(Data2['score'], range=(20, 100), bins=8, ec='k')
2  plt.xticks(np.arange(0, 120, 20))
3  plt.yticks(np.arange(0, 25, 5))
```

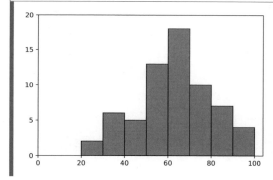

縦軸，横軸の目盛が修正されたことを確認しておこう[8]．さらに，plt.hist() 関数にはさまざまなオプションが用意されていて，気に入った形に整形することができる．ここでは，ヒストグラムの縁取り色の調整を行った．ヒストグラムそのものの色は color='green' のようにオプションを追加することで指定できる．ここで，便利なオプションをいくつか紹介しておこう．

---

[8] これ以降は紙面の節約のために，描画の出力として画像のみを表示することとして，同時に得られる付加情報は省略する．

オプション	効果	用例
color	ヒストグラムの棒の色	color='green'
alpha	その色の濃さ（透明度）	alpha=0.5（0〜1 の数値を指定）
ec	その枠線の色	ec='k'
rwidth	その幅の変更	rwidth=0.8（倍率を指定）
histtype	枠線のみ	histtype='step'
cumulative	累積度数のヒストグラム	cumulative='True'
orientation	横向きに変更	orientation='horizontal'

なお，Matplotlib で使える色としては，red（または r），blue（b），green（g），yellow（y），magenta（m），cyan（c），black（k），white（w）の基本色に加えて，100 色以上が用意されている[9]．さらに，RGB パラメータを直接指定する方法もある．実際，可視化にあたって配色の効果は大きいが，本書では印刷の制約があるため，特例を除いて，プログラムの中で色の指定はしていない[10]．

■ **画像の保存**　出力したヒストグラムを画像ファイル（形式としては png，jpeg，eps など）として保存することができる．たとえば，画像に Ex2_histogram.png という名前を付けて指定したフォルダーに保存したければ，

```
plt.savefig('D:/StatData/Ex2_histogram.png')
```

のようなコードをプログラムの最終行に追記すればよい．このとき，パスを指定せずファイル名だけを書くと，画像ファイルは作業フォルダーに保存される．

■ **等差数列**　まず，for 構文などに使う等差数列は range() 関数を使う．整数 a, b, c に対して range(a, b, c) は，a（start）を初項，c（step）を公差として，b（stop）の直前で終わる等差数列を与える．辻褄があっていれば，a, b, c は負の数でもよい．引数 a, c を省略すれば，デフォルトの $a = 0$, $c = 1$ が設

---

9)　matplotlib.colors.cnames で一覧表（色の名前とその RGB パラメータ）を見ることができる．
10)　したがって，グラフの描画などではデフォルトに従って配色されるのだが，紙面上にits色は再現されていない．

定され，`range(b)` は 0 から始まる等差数列 $0, 1, 2, \ldots, b-1$ を生成する．引数 c を省略した `range(a, b)` では，デフォルトの $c = 1$ が自動的に設定される．出力される等差数列に a は含まれるが，b は含まれないので注意しよう．

より高度な機能をもつ等差数列は `np.arange()` 関数を用いて ndarray（NumPy アレイ）と呼ばれる形式の配列で生成する．これはヒストグラムの整形においてすでに使った．書式は `np.arange(a, b, c)` であり，引数 a, b, c の意味は `range()` 関数と同じであるが，浮動小数点数も使える．

```
1  np.arange(10)
   array([0, 1, 2, 3, 4, 5, 6, 7, 8, 9])
```

```
1  np.arange(2.3, 10)
   array([2.3, 3.3, 4.3, 5.3, 6.3, 7.3, 8.3, 9.3])
```

```
1  np.arange(2.3, 10, 0.5)
   array([2.3, 2.8, 3.3, 3.8, 4.3, （途中省略） 8.8, 9.3, 9.8])
```

3.3　2変量データの可視化：散布図

■ **散布図**　2変量データ (x_i, y_i) を座標平面の点として，図示したものを散布図という．散布図は2変量の関係性を見るうえで最も基本的である．

以下では，例 1.1(`DataEx1.csv`) のデータを例にとって説明する．身長を x 軸，体重を y 軸にとって散布図を描こう．座標平面を設定して点を打つためには `plt.scatter()` 関数を使う．

```
1  plt.figure(figsize=(5, 5))
2  plt.scatter(Data['height'], Data['weight'])
```

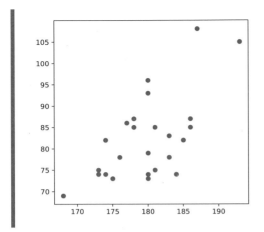

プログラム2行目で, Dataのカラム height をx座標（横座標）, weight をy座標（縦座標）として各データがxy座標平面に点として図示している. なお, 1行目で図の大きさを5×5に指定している. この指定を外せば, デフォルトの大きさ6×4が選ばれて, 横長の長方形で図示される. ここでは, 散布図ということを念頭に置いて正方形を指定した. 散布図の横軸, 縦軸の目盛, 点の大きさと色は自動で設定される.

■ **散布図の整形**　まず, データ点が設定された座標平面の端の方まで広がっているので, 座標軸の目盛を変更しよう. 座標軸の目盛の変更はヒストグラムの場合と同様にできる. さらに, 両軸に変数の名前を書き込もう.

```
1  plt.figure(figsize=(5, 5))
2  plt.scatter(Data['height'], Data['weight'])
3
4  plt.xticks(np.arange(160, 210, 10))
5  plt.yticks(np.arange(60, 130, 10))
6  plt.xlabel('Height')    # x軸のラベル
7  plt.ylabel('Weight')    # y軸のラベル
```

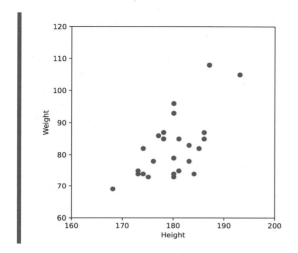

当然予想されることであるが，身長と体重の間には概ね直線的な右上がりの傾向が見られる．これを**正の相関**という．右下がりなら**負の相関**という．

3.4 グラフの描画

データ解析において可視化はたいへん有益である．すでにヒストグラムと散布図を描画したが，さらに Matplotlib の機能を少し紹介しておこう．ヒストグラムにせよ，散布図にせよ，要は 2 次元の座標平面に点や線を描くことが基本になっている．横軸を x 軸，縦軸を y 軸と呼ぶのはいつも通りである．

■ **点群**　座標平面に点を打つには，`plt.scatter()` 関数を使う．引数には点の (x, y) 座標を渡す．

```
plt.scatter(1, 2)
```

を実行すれば，座標平面が現れて，座標が $(1, 2)$ である 1 個の点が打たれているはずだ．ここで，描画領域の大きさと x 軸，y 軸の目盛は自動で設定される．
　次に，3 個の点 $(1, 2), (3, 4), (-1, 3)$ を打つときは，

```
plt.scatter([1, 3, -1], [2, 4, 3])
```

を実行する．一般に，複数の点 $(x_1, y_1), (x_2, y_2), \ldots, (x_n, y_n)$ を打ちたければ，x 座標と y 座標を分けて 2 つのリスト $[x_1, x_2, \ldots, x_n]$ と $[y_1, y_2, \ldots, y_n]$ を作り，それを plt.scatter() 関数に渡す．このとき，x 座標用のリストと，y 座標用のリストのサイズが違っているとエラーが出る．第 3.3 節の散布図は，DataFrame から 2 つのカラムを選んで，それぞれを x 座標のデータ，y 座標のデータとして plt.scatter() 関数に渡して描いたものである．

さらに，オプションを指定して，点の形 marker, 大きさ s, 色 color, 輪郭の色 ec などを変更することができる．たとえば，

```
plt.scatter([1, 3, -1], [2, 4, 3],
            marker='v', s=20, color='red', ec='k')
```

のような書式になる．点の形はさまざま選べるが，主なものは次の通りである．

marker	形	marker	形	marker	形
.	点（小）	v	下三角形	_	横線
o	点（大）	^	上三角形	|	縦線
*	星	<	左三角形	x	×印（小）
s	正方形	>	右三角形	X	×印（大）
p	五角形	+	十字形（小）	d	ダイヤモンド（小）
h	六角形	P	十字形（大）	D	ダイヤモンド（大）

■ **折れ線** 座標平面の点を順に線分で結ぶときは，plt.plot() 関数を使う．引数は plt.scatter() と同様に，サイズのそろった x 座標用のリストと y 座標用のリストを渡す．たとえば，

```
plt.plot([1, 3, -1], [2, 4, 3])
```

を実行すると $(1, 2)$, $(3, 4)$, $(-1, 3)$ が順に線で結ばれた折れ線が現れるはずだ．plt.scatter() で点を打つときは，打つべき点の座標を与えればよいが，plt.plot() では打つべき点の順序も大事である．x 座標用のリストが大小順

に整列していれば，できあがった折れ線はいわゆる折れ線グラフになる．

```
plt.plot([-1, 1, 3], [3, 2, 4])
```

を実行して比較してみよ．

さらに，オプションを追加することで，線の色 color，その太さ lw などを指定することができる．たとえば，

```
plt.plot([-1, 1, 3], [3, 2, 4], color='red', lw=3)
```

のような書式になる．

■ **関数のグラフ**　関数 $y = f(x)$ のグラフは上で述べた折れ線グラフの応用として描く．描きたいグラフの x 軸の範囲 $I = [a, b]$ を決めて，その範囲を分割して得られる x 座標を

$$a = x_0 < x < x_1 < \cdots < x_i < \cdots < x_n = b$$

とする．各 x_i に対して関数の値を $y_i = f(x_i)$ とおけば，点列 $(x_1, y_1), \ldots,$ (x_n, y_n) が得られる．これらの点を順に折れ線で結んで折れ線グラフを描けば，関数 $y = f(x)$ のグラフになる．実際，関数のグラフは曲線であるが，$I = [a, b]$ の分割を細かくとれば，描画の解像度との兼ね合いから折れ線グラフに現れる角は目立たなくなり，十分になめらかな曲線が得られる．

簡単な例として，$y = x^3 - 12x$ のグラフを描画する．

```
1 | x = np.arange(-4, 4, 0.1)
2 | y = x**3 - 12*x
3 | plt.plot(x, y, lw=2)
4 | plt.hlines(0, -4, 4, color='gray', linestyle=':')      # x軸
5 | plt.vlines(0, -20, 20, color='gray', linestyle=':')     # y軸
```

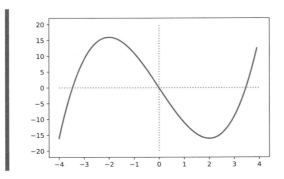

プログラム1行目は，-4 を初項，4未満，0.1 を公差とする等差数列を与える NumPy アレイであり，単に x と名付けた．これによって，区間 $[-4, 4]$ は 0.1 幅で細分されるが，厳密に対称性を保ちたければ，x = np.arange(-4, 4.1, 0.1) とする必要がある．2行目は，そのアレイに含まれる数値それぞれに対して $x^3 - 12x$ を計算するのだが，出力は自動的に NumPy アレイになる．ここでは，単に y と名付けた．3行目で折れ線グラフを出力している．実際は，x 軸の刻み幅が十分に小さいので，なめらかな曲線に見える．最後の2行で x 軸と y 軸を表示している．

■ **座標軸に平行な直線**　一般に，

    plt.hlines(c, a, b)

は，x 軸に平行な直線 $y = c$ を $a \leq x \leq b$ の範囲に描く．同様に，

    plt.vlines(c, a, b)

は，y 軸に平行な直線 $x = c$ を $a \leq y \leq b$ の範囲に描く．オプション linestyle によって，'-'（実線），':'（点線），'-'（鎖線），'-.'（一点鎖線）を指定して，線の形状を選ぶことができる．上の関数のグラフの例では点線が選ばれている．オプション指定がなければ，デフォルトの実線になる．

■ **棒グラフ**　座標平面の点 (x, y) に対して，x 軸上から高さ y の棒を立てる

ときは，`plt.bar()`関数を使う．描画領域の大きさ，x軸，y軸の目盛，棒の太さなどは自動で設定される．

```
1  plt.bar([1, 2, -1],[2, 4, 3])
```

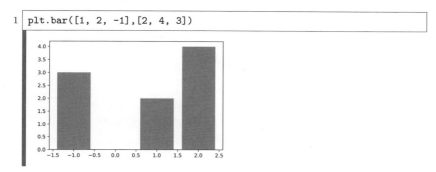

■ **多少の整形** 関数 $y = x^2$ $(-2 \leq x \leq 2)$ を例にして，棒グラフと折れ線グラフを重ねて描画してみよう．ここでは，x軸を幅 0.2 で細分している．

```
1  plt.figure(figsize = (6, 4))
2  x = np.arange(-2, 2.1, 0.2)
3  y = x**2
4  plt.bar(x, y, width=0.2, alpha=0.4, ec='k', label='approx')
5  plt.plot(x, y, color='blue', lw=2, label='exact')
6
7  plt.xticks(np.arange(-2, 2.1, 1))
8  plt.yticks(np.arange(0, 5, 1))
9  plt.xlabel('x-variable', fontsize=12)   # x軸のラベル
10 plt.ylabel('y-variable', fontsize=12)   # y軸のラベル
11 plt.title('Drawing Graghs', fontsize=16)  # タイトル
12 plt.legend()  # 凡例の表示
```

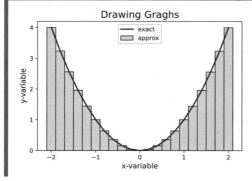

プログラム4行目で棒グラフが描画される．オプション `width` で棒の幅を x 軸の刻み幅と同じ 0.2 を指定しているので，棒の間に隙間ができず，ヒストグラム風に描画されている．オプション `label` で凡例に示す名前を付けている．プログラム5行目で折れ線グラフが描画される．x 軸の刻み幅が十分小さいので，なめらかな曲線に見えている．こうして，2つのグラフは重なって描画される．プログラムの7行目では，`np.arange(-2, 2.1, 1)` で出力される等差数列に従って，x 軸の目盛を付けている．8行目では，y 軸について同様の調整を行っている．プログラム 9-11 行目では，x 軸のラベル，y 軸のラベル，グラフのタイトルを指定している．オプション `fontsize` によってフォントサイズを指定しているが，省略すれば自動的に設定される．プログラム最終行によって，グラフに付けた名前が凡例として表示される[11]．

■ **数学の定数と関数**　NumPy には数学で使われる定数や関数が用意されている．初等的なものをいくつかリストしておこう．

定数	書式
円周率 3.141592...	np.pi
自然対数の底 2.718281...	np.e

関数	書式	通常の数式
絶対値	np.absolute()	$|x|$
平方根	np.sqrt()	$\sqrt{x}$
指数関数	np.exp()	$e^x = \exp(x)$
対数関数	np.log()	$\log x$（自然対数）
	np.log10()	$\log_{10}(x)$（常用対数）
三角関数	np.sin()	$\sin x$
	np.cos()	$\cos x$
	np.tan()	$\tan x$

---

11)　凡例の表示場所などの細かい調整もいろいろできる．興味があれば，マニュアルや関連する解説記事を検索するなどして試みてほしい．

3.5 DataFrame に関するヒント

■ **文字コード**　CSV ファイルを `pd.read_csv()` 関数で読み込むとき，厄介なことに，CSV ファイルが日本語を含んでいるときは，文字コードの不整合によって読み込みエラー `UnicodeDecodeError` が発生することがある．文字コードの問題は複雑であるが，オプションに

$$\text{encoding='shift-jis'} \qquad \text{あるいは} \qquad \text{encoding='cp932'}$$

を書き込むことで解決することが多い．このようなエラーを避けるためには，データが書かれている CSV ファイルが unicode (UTF-8) と呼ばれる文字コードで作られていることが望ましい．

■ **文字列としての数値**　次のような CSV ファイルを扱ってみよう．

DataEx1u.csv

```
ID, 身長, 体重, 血液型
1,176cm,78kg,A
2,174cm,74kg,A
3,168cm,69kg,B
（途中省略）
24,180cm,74kg,A
25,178cm,85kg,O
```

これは例 1.1 の `DataEx1.csv` と実質的に同じであるが，身長と体重のデータに単位（cm と kg）が付いている．いつも通り，DataFrame として読み込んで多少の整形を施す．ここでは，`Data1u` という名前を付けた．

```
1  Data1u = pd.read_csv('DataEx1u.csv', skiprows=1,
2              names=['ID', 'height', 'weight', 'bloodtype'])
3  Data1u.drop('ID', axis=1, inplace=True)
4  Data1u.head()
```

```
     height  weight  bloodtype
0    176cm    78kg           A
1    174cm    74kg           A
2    168cm    69kg           B
3    180cm    93kg           O
4    186cm    85kg           B
```

読み込まれた要素はそれぞれが整数 (int)，浮動小数点数 (float)，文字列 (str) などの型をもつが，DataFrame では列ごとに型をもち，`dtypes` メソッドで調べることができる．

```
1  Data1u.dtypes
```

```
height        object
weight        object
bloodtype     object
dtype:  object
```

数値計算のためには，整数型または浮動小数点数型である必要があるが，height カラム，weight カラムともにオブジェクト型になっている．一般に，文字列を要素に含んでいるカラムはオブジェクト型になり，整数のみのカラムは整数型，浮動小数点数のみのカラムは浮動小数点数型になる．DataFrame を作る段階で，整数と小数が混在しているカラムは自動で浮動小数点数型に揃えられる．

まず，height カラムのデータから単位を削除することにする．

```
1  Data1u['height'] = Data1u['height'].str.replace('cm', '')
2  Data1u.head()
```

```
     height  weight  bloodtype
0    176      78kg           A
1    174      74kg           A
2    168      69kg           B
3    180      93kg           O
4    186      85kg           B
```

プログラム 1 行目の右辺によって，height カラムにあるデータに含まれる cm を空列'' で置き換えて，左辺の `Data1u['height']` に代入している．その結果，`Data1u['height']` は上書きされている．こうして，height カラムに入っているデータは数字だけになったが，その型を調べると，

```
1 Data1u['height'].dtypes
```

```
dtype('O')
```

となり，相変わらずオブジェクト型 ('O') であることがわかる．見た目が数字であっても，文字列のままでは統計量を計算することができない．

そこで，型の変換（キャスト）を astype メソッドで行う．

```
1 Data1u['height'] = Data1u['height'].astype(int)
2 Data1u.head()
```

	height	weight	bloodtype
0	176	78kg	A
1	174	74kg	A
2	168	69kg	B
3	180	93kg	O
4	186	85kg	B

プログラム 1 行目の右辺によって，height カラムの文字列はすべて整数型に変換される．出力の見た目は何も変わっていないが，型を調べると，

```
1 Data1u['height'].dtypes
```

```
dtype('int32')
```

のように整数型になっていることがわかる[12]．こうして，height カラムに収められていた単位付きの数字はすべて整数型に変換され，数値としての計算ができるようになる．なお，astype (int) の代わりに astype (float) を使えば，浮動小数点数に変換され，やはり数値としての計算ができる．

なお，DataFrame の要素は iat メソッドで取り出すことができる．たとえば，2 行目（行番号はインデックスと一致）かつ 1 列目（weight カラム）の要素は iat[2, 1] のように指定する．その型を調べてみよう．

```
1 Data1u.iat[2, 1], type(Data1u.iat[2, 1])
```

```
('69kg', str)
```

要素の取り出しは，カラム名を用いて Data1u.loc[2, 'weight'] としてもよい．

---

[12] 整数型にもいくつかの種類があり，ここでは 32 ビットの符号付き整数であることが示されている．本書では整数型 (int) であること以上に細かい違いを気にする必要はない．

■ **欠損値**　もとより，生データには欠損値がつきものである．次のような
CSV ファイルが与えられたとする．

DataEx3.csv

```
ID, 身長, 体重, 血液型
1,168,-,A
2,,64, 不明
3,,,O
4,172,74,O
5,178,-,B
```

これは，サイズ 5 のデータであり，「-」と「不明」が記入されている欄および
空欄が欠損値である．いつも通り pd.read_csv() 関数で読み出そう．

```
Data3 = pd.read_csv('DataEx3.csv', skiprows=1,
           names=['ID', 'height', 'weight', 'bloodtype']))
Data3
```

```
   ID  height  weight  bloodtype
0   1   168.0       -          A
1   2     NaN      64         不明
2   3     NaN     NaN          O
3   4   172.0      74          O
4   5   178.0       -          B
```

もとのデータに記入されていた「-」と「不明」は計算機からすれば欠損では
なく，値としてそのまま DataFrame に取り込まれる．空欄になっていたデー
タが本当の欠損値であって，NaN(not a number) で自動的に埋められる．
　では，読み込まれたデータの型を調べよう．

```
Data3.dtypes
```

```
ID          int64
height      float64
weight      object
bloodtype   object
dtype:  object
```

ID は整数型である．身長のデータは整数であったが，欠損値を含んでいたため，height カラムは浮動小数点数型となっている．なお，NaN は浮動小数点数型をもつ．体重のデータには文字列である「-」が含まれているため，weight カラムはオブジェクト型となり，その要素はすべて文字列になっている．血液型のデータは元から文字列であった．これからわかるように，欠損データは空欄にしておくのがよい．日常語で欠損を意味する「-」や「不明」などは，それ自身立派なデータとして扱われるため，除外したり型を整えたりする際に厄介になる．

では，DataFrame に現れた「-」や「不明」を NaN で置き換えよう．書式は，

```
Data3.replace('-', np.nan, inplace=True)
```

となる．オプション inplace=True によって Data3 は上書きされる．複数の異なる文字列を一斉に NaN に変換することもできる．

```
1 Data3.replace(['-', '不明'], np.nan, inplace=True)
2 Data3
```

	ID	height	weight	bloodtype
0	1	168.0	NaN	A
1	2	NaN	64	NaN
2	3	NaN	NaN	O
3	4	172.0	74	O
4	5	178.0	NaN	B

なお，この段階では weight カラムの数字は相変わらず文字列のままである．統計解析に供するためには，

```
Data3['weight'] = Data3['weight'].astype(float)
```

によって，浮動小数点数に変換する必要がある（浮動小数点数型をもつ NaN を含むので整数型には変換できない）．このように DataFrame を準備すると，統計処理が大変やりやすくなる．それは，平均値の計算からは自動的に除外されるなど，NaN の扱いがあらかじめ決められているからである．

3.6　Python の配列

　プログラムには，複数のオブジェクトを並べた配列構造が頻繁に現れる．統計処理やデータ解析で扱うデータはもとより一定の規則で配列されており，それをプログラムに適合する形に整形して利用する．これまで色々な配列を扱ってきたが，ここで Python で扱う配列について簡単なまとめをしておこう．

■ **リストとタプル**　これらは Python で扱う配列の基本になる．**リスト**は [] で囲った中に，要素をカンマ区切りで並べたものである．たとえば，

```
alist = [23, 29, 31, 37]
```

は 1 変量データが 4 個並んだもの，また

```
blist = [[2, 3, 23], [5, 6, 29]]
```

は入れ子になったリストであり，3 変量データが 2 個並んだものである．
　タプルは () で囲った中に，要素をカンマ区切りで並べたものである．たとえば，

```
atuple = (23, 29, 31, 37)
```

は 4 個の数が並んだタプルである．紛らわしさがなければ () を省略して，

```
atuple = 23, 29, 31, 37
```

と書いても同じである．また，

```
btuple = ((2, 3, 23),(5, 6, 29))
```

は入れ子になったタプルである．
　リスト，タプルともに，そこに並べる要素の型や長さなどは全く自由であり，（上の例のように）揃っている必要はない．さらに，リストとタプルが互いに入れ子になっていてもよい．たとえば，

```
clist = [123,(3.14, 'number pi'), [[12, 0.56],(1, 2, 3)]]
```

のような配列もリストとして許される.

リストとタプルの違いは追々明らかになるが，データの配列にはとりあえずリストを使っておけばよい.

■ **NumPy アレイ**　これは NumPy ライブラリとともに使う配列であり，数値計算（特に行列演算）のための高度な機能を備えている. リストとは異なり，要素の型は揃っている必要がある. リストまたはタプルを np.array() 関数に渡せば，NumPy アレイに変換される.

```
1  array_alist = np.array(alist)
2  array_alist
```

```
   array([23, 29, 31, 37])
```

```
1  array_btuple = np.array(btuple)
2  array_btuple
```

```
   array([[ 2, 3, 23],
          [ 5, 6, 29]])
```

ただし，要素の型が揃っていないリストやタプルを np.array() 関数に渡すと自動で型の変形が行われたり，警告が発せられたりする.

■ **DataFrame**　pandas ライブラリとともに使う配列であり，スプレッドシートのような表示や表計算風の扱いができるため，データ処理や統計処理に便利である. すでに使ってきたが，CSV ファイルを pd.read_csv() 関数で読み込めば DataFrame の形式で出力される. また，リストまたはタプルをpd.DataFrame() 関数に渡せば，DataFrame に変換される.

```
1  df_atuple = pd.DataFrame(atuple)
2  df_atuple
```

```
        0
    0  23
    1  29
    2  31
    3  37
```

```
1  df_blist = pd.DataFrame(blist)
2  df_blist
```

```
       0  1   2
    0  2  3  23
    1  5  6  29
```

ここで，行番号と列（カラム）番号は自動で0番から振られる．

■ **要素へのアクセス**　リストの要素は何行目何列目にあるか（ともに0から数え始める）を示す「絶対番地」でアクセスできる．

```
1  alist = [23, 29, 31, 37]
2  alist[2]
```
```
   31
```

```
1  blist = [[2, 3, 23], [5, 6, 29]]
2  blist[1], blist[1][2]
```
```
   ([5, 6, 29], 29)
```

blist[1]はblistの1番目の要素である[5, 6, 29]を取り出している．これ自身リストである．さらに，blist[1][2]はblist[1]の2番目の要素である29を取り出している．なお，プログラム2行目の書式はタプルであり，出力ではそのことが()付きで明示されている．

　リストの右端から番地には$-1, -2, \ldots$ のように負の数も使える．

```
1  alist = [23, 29, 31, 37]
2  alist[-2]
```
```
   31
```

リストの一部を取り出す**スライス記法**は便利である．

```
1  dlist = [11, 13, 15, 17, 19, 21]
2  dlist[2:4]
```
   [15, 17]

```
1  dlist[2:]
```
   [15, 17, 19, 21]

```
1  dlist[:4]
```
   [11, 13, 15, 17]

すなわち，[a:b] とすると，番地が a 以上 b 未満の部分が取り出せる．もし，a を省略すれば最左端から，b を省略すれば最右端までとなる．

上に述べたリストの要素へのアクセスは，タプル，NumPy アレイでも共通の書式が使える．

■ **リストの要素の操作**　リストの要素は，絶対番地を指定して修正，つまり値の代入ができる．

```
1  alist = [23, 29, 31, 37]
2  alist[2] = 59
3  alist
```
   [23, 29, 59, 37]

さらに，リストでは要素の追加と削除ができる．

```
1  alist = [23, 29, 31, 37]
2  alist.insert(2, 78)  # 指定した場所に挿入
3  alist
```
   [23, 29, 78, 31, 37]

```
1  alist = [23, 29, 31, 37]
2  alist.pop(2)  # 指定した場所の要素を削除
3  alist
```
   [23, 29, 37]

リストの末尾に追加するときは，append メソッドも使える．

```
1 alist = [23, 29, 31, 37]
2 alist.append(78)  # 末尾に追加
3 alist
```

  [23, 29, 31, 37, 78]

これはリストの結合として

```
    alist + [78]
```

としても同じ結果になる．実は，+は3個以上のリストの結合にも使える．

```
1 alist = [23, 29, 31, 37]
2 alist + [13, 15] + [77]
```

  [23, 29, 31, 37, 13, 15, 77]

　しかし，タプルではこのような修正はできない．したがって，リストの方が用途が広いのだが，初期設定として全く変更せずに配列を保持したいときなどにタプルを使う．

■ **NumPy アレイの要素の操作**　リストと同様に，絶対番地を指定して値を代入することで修正できる．

```
1 alist = [23, 29, 31, 37]
2 array_alist = np.array(alist)
3 array_alist[2] = 56
4 array_alist
```

  array([23, 29, 56, 37])

　任意の位置に要素を挿入するためには np.insert() 関数を使う．

```
1 alist = [23, 29, 31, 37]
2 array_alist = np.array(alist)
3 np.insert(array_alist, 2, [11, 13])
```

  array([23, 29, 11, 13, 31, 37])

こうして，array_alist の2番目の位置に 11, 13 が挿入された．
　要素を削除するためには，np.delete() 関数を使う．

```
1  alist = [23, 29, 31, 37]
2  array_alist = np.array(alist)
3  np.delete(array_alist,1)
```

```
   array([23, 31, 37])
```

こうして，`array_alist` の 1 番目の位置にあった 29 が削除された．

要素を先頭または末尾に追加するときは，2 つの配列を結合する `np.append()` 関数も使える．

```
1  alist = [23, 29, 31, 37]
2  array_alist = np.array(alist)
3  np.append(array_alist, 77)
```

```
   array([23, 29, 31, 37, 77])
```

こうして，`array_alist` の末尾に 1 個の要素 77 を追加された．同様に，先頭に 2 つの要素 11, 13 を追加することができる．

```
1  alist = [23, 29, 31, 37]
2  array_alist = np.array(alist)
3  np.append([11, 13], array_alist)
```

```
   array([11, 13, 23, 29, 31, 37])
```

ここに述べた NumPy アレイの操作は最も初等的なものであり，使用した関数についてももっと高度な使い方が可能である．さらに必要な事柄については，Web 上の解説記事や関連書籍などを参照してほしい．

—— 第 **4** 章 ——

基本的な統計量

　一般に，一組のデータに対して，その特徴を表す数値あるいはそれを計算するための関数を**統計量**という．データ全体を代表させたり，データのばらつきを測ったり，データ間の関係性を数値化することなどがその役割である．本章では，1 変量データと 2 変量データの基本的な統計量を紹介する．

4.1　1 変量データの統計量

　以下では，1 変量データ $x_1, x_2, \ldots, x_n$ に関する基本的な統計量を列挙する．まず，そこに現れた数値の個数 n をデータの**サイズ**という[1]．

■ **順序統計量**　1 変量データ $x_1, x_2, \ldots, x_n$ に現れる最も小さい値を**最小値**といい，

$$\min = \min\{x_1, x_2, \ldots, x_n\}$$

と書く．同様に，最も大きい値を**最大値**といい，

$$\max = \max\{x_1, x_2, \ldots, x_n\}$$

---

1)　母集団から取り出した標本であれば，**サンプルサイズ**と呼ぶことが多い（第 9.1 節）．

と書く. 最大値と最小値との差

$$\text{range} = \text{max} - \text{min}$$

をデータの**範囲**という.

一般に, 1変量データ $x_1, x_2, \ldots, x_n$ は大きさの順に並んでいるとは限らない. それらを大きさの順番に並べ替えたものを

$$x_{(1)} \leq x_{(2)} \leq \cdots \leq x_{(n)} \tag{4.1}$$

とするとき, ちょうど k 番目に位置する値 $x_{(k)}$ を第 k **順序統計量**と呼ぶ. 定義によって, $\text{min} = x_{(1)}, \text{max} = x_{(n)}$ が成り立つ. さらに, 系列 (4.1) の丁度真ん中の値を**メディアン**または**中央値**という. 言い換えれば, データを大きさの順に並べて順位を付けたとき, 丁度真ん中の順位にくる値である. データのサイズ n が奇数であれば丁度真ん中の順位が存在するが, n が偶数のときは丁度真ん中の順位が一意に定まらないので, 前後2つのデータの平均値をもってメディアンとする. すなわち,

$$\text{med} = \begin{cases} x_{\left(\frac{n+1}{2}\right)}, & n \text{ が奇数のとき}, \\ \frac{1}{2}\left\{x_{\left(\frac{n}{2}\right)} + x_{\left(\frac{n}{2}+1\right)}\right\}, & n \text{ が偶数のとき}, \end{cases}$$

のように定義される.

■ **平均値・分散・標準偏差** 1変量データ $x_1, x_2, \ldots, x_n$ に対して,

$$\bar{x} = \frac{1}{n}\sum_{i=1}^{n} x_i \tag{4.2}$$

を**平均値**という. 記号として, μ または変量 x を明示した μ_x も使われる. 平均値は一組のデータを代表する1つの値であるが, 最小値, 最大値, メディアンとは異なり, すべてのデータ値を反映しているところに特徴がある.

この平均値から各データがどのくらい離れているかを差の2乗で測って平均したものが**分散**

$$s^2 = s_x^2 = \frac{1}{n} \sum_{i=1}^{n} (x_i - \bar{x})^2 \tag{4.3}$$

である．分散の正の平方根を**標準偏差**といい，$s = s_x$ で表す．つまり，

$$s_x = \sqrt{s_x^2} = \left\{ \frac{1}{n} \sum_{i=1}^{n} (x_i - \bar{x})^2 \right\}^{1/2} \tag{4.4}$$

となる．分散の定義 (4.3) の右辺を展開して計算すると，

$$s_x^2 = \frac{1}{n} \sum_{i=1}^{n} x_i^2 - \bar{x}^2 = \overline{x^2} - \bar{x}^2 \tag{4.5}$$

となり，分散はデータの 2 乗の平均値から平均値の 2 乗を引いたものに一致する．これは**分散公式**と呼ばれる有用な公式である．

■ **標準化（規準化）**　1 変量データ $x_1, x_2, \ldots, x_n$ の平均値を $\bar{x}$，分散を s_x^2，標準偏差を s_x とするとき，各データ x_i を

$$z_i = \frac{x_i - \bar{x}}{s_x}$$

のように変換したものを x_i の**標準化**または**規準化**という．標準化されたデータの平均値と分散は $\bar{z} = 0$, $s_z^2 = 1$ となる（公式に戻って直接確認できる）．

■ **度数データによる計算**　度数分布表は，階級と度数の一覧表である．階級値と相対度数が加えられることもあり，その外観は次のようなものである．

階級	階級値	度数	相対度数
I_1	a_1	f_1	p_1
⋮	⋮	⋮	⋮
I_j	a_j	f_j	p_j
⋮	⋮	⋮	⋮
I_k	a_k	f_k	p_k
合計		n	1

このような度数データだけからは，もとの数値データ（生データ）を復元することはできない．そこで，もとのデータの代わりにそれが属する階級の階級値を用いて統計量を計算する．まず，階級 I_j に属する f_j 個のデータの総和は階級値 a_j を用いて $a_j f_j$ となるから，データの総和は

$$\sum_{j=1}^{k} a_j f_j \tag{4.6}$$

となる．また，データのサイズは

$$n = \sum_{j=1}^{k} f_j$$

で与えられる．平均値 $\bar{x}$ は，総和 (4.6) をデータのサイズ n で割って，

$$\bar{x} = \frac{1}{n} \sum_{j=1}^{k} a_j f_j \tag{4.7}$$

となる．相対度数 $p_j = f_j/n$ を用いると，

$$\bar{x} = \frac{1}{n} \sum_{j=1}^{k} a_j f_j = \sum_{j=1}^{k} a_j \frac{f_j}{n} = \sum_{j=1}^{k} a_j p_j \tag{4.8}$$

が得られる．同様に，分散 s^2 は

$$s^2 = \frac{1}{n} \sum_{j=1}^{k} (a_j - \bar{x})^2 f_j = \sum_{j=1}^{k} (a_j - \bar{x})^2 p_j$$

となる．右辺を展開すれば，

$$s^2 = \frac{1}{n} \sum_{j=1}^{k} a_j^2 f_j - \bar{x}^2 = \sum_{j=1}^{k} a_j^2 p_j - \bar{x}^2 \tag{4.9}$$

が得られる．これは，度数データに分散公式 (4.5) を適用したものである．

度数データのメディアンは，各階級に属するデータ値はその階級値であると

みなして求めればよい[2]．また，度数データにおいては，最も度数が大きい階級の階級値を**モード**または**最頻値**といい，有用な代表値として使われる．ただし，モードは一意的に決まるとは限らない．平均値，メディアン，モードの間に一般的に成り立つ大小関係はない．

4.2　2変量データの基本的な統計量

2 変量データ $(x_1, y_1), (x_2, y_2), \ldots, (x_n, y_n)$ に対して，x 変量だけに着目すれば，1 変量データとして平均値，分散，標準偏差が計算される．それらを，

$$\bar{x} = \frac{1}{n} \sum x_i, \qquad s_x^2 = \frac{1}{n} \sum (x_i - \bar{x})^2, \qquad s_x = \sqrt{s_x^2}$$

とおく．ここで $\sum$ は $\sum_{i=1}^{n}$ の略記である．このように動かす添字が明らかなときは，しばしば添字に関する条件を省略する．同様に y 変量に関しては，

$$\bar{y} = \frac{1}{n} \sum y_i, \qquad s_y^2 = \frac{1}{n} \sum (y_i - \bar{y})^2, \qquad s_y = \sqrt{s_y^2}$$

となる．

■ **共分散・相関係数**　2 変量データ $(x_1, y_1), (x_2, y_2), \ldots, (x_n, y_n)$ の**共分散**が

$$s_{xy} = \frac{1}{n} \sum (x_i - \bar{x})(y_i - \bar{y}) \tag{4.10}$$

で定義される．これは 2 変量データの関係性を示す基本的な統計量である．(4.10) の右辺を展開すれば，

$$s_{xy} = \frac{1}{n} \sum x_i y_i - \bar{x} \cdot \bar{y}$$

となる．つまり，共分散は 2 変量の積の平均値から平均値の積を引いたものになる．共分散を 2 変量 x, y それぞれの標準偏差の積で割った

$$r_{xy} = \frac{s_{xy}}{s_x s_y} = \frac{1}{n} \sum \frac{x_i - \bar{x}}{s_x} \cdot \frac{y_i - \bar{y}}{s_y}$$

---

2)　各階級に属するデータ値はその階級に一様に分布しているとして計算する流儀もある．

を**相関係数**という．最後の式を見ると，x, y の相関係数は，それぞれを標準化した変数に対する共分散であることがわかる．

相関係数は $-1 \le r_{xy} \le 1$ を満たす[3]．一般に，$r_{xy} > 0$ のときは2変量の間には**正の相関**があるといい，$r_{xy} < 0$ のときは**負の相関**があるという．また，$|r_{xy}|$ が1に近いほど**強い相関**があるという．両極端 $r_{xy} = 1$ と $r_{xy} = -1$ は，それぞれ，散布図が右上がりまたは右下がりの一直線上に並ぶことを意味する．散布図が概ね直線的であれば，相関が強いほどデータ点が直線に集中していることを意味し，2変量の間には1次関数の関係が想定される．しかしながら，散布図が直線的でないとき，たとえばある曲線に沿って分布している場合などは，相関係数だけで分布の形状を述べることはできない（第 11.1 節）．

■ **分散共分散行列と相関行列** 共分散 s_{xy} の定義 (4.10) において $y = x$ とおくと，分散に帰着することがわかる．つまり，

$$s_{xx} = s_x^2$$

が成り立つ．そうすると，相関係数 r_{xy} の定義で $y = x$ とおくと，

$$r_{xx} = 1$$

となることがわかる．2変量 x, y の並べ方が4通りあることに対応して

$$\begin{bmatrix} s_{xx} & s_{xy} \\ s_{yx} & s_{yy} \end{bmatrix}, \quad \begin{bmatrix} r_{xx} & r_{xy} \\ r_{yx} & r_{yy} \end{bmatrix} = \begin{bmatrix} 1 & r_{xy} \\ r_{yx} & 1 \end{bmatrix}$$

をそれぞれ**分散共分散行列**，**相関行列**という．定義から $s_{xy} = s_{yx}$，$r_{xy} = r_{yx}$ に注意しておこう．つまり，分散共分散行列，相関行列ともに対称行列になる．一般の p 変量データに対しても分散共分散行列，相関行列が定義され，ともに $p \times p$ 対称行列になる．これらは多変量解析で最も基本的な統計量の1つとなる．

---

3) 後で述べる定理 5.18 の証明に準じて示すことができる．

4.3 Python による統計量の計算

前に約束したように，特に断りがなくともプログラムの冒頭は次の 3 行から始まっているものとする．

```
1  import numpy as np
2  import pandas as pd
3  import matplotlib.pyplot as plt
```

■ **生データ** 1 変量の生データの扱い方を例 1.1 のデータを使って説明しよう．繰り返しになるが，あらためて DataEx1.csv を読み込んで，多少の整形を施して Data という名前の DataFrame を用意するところから始める．

```
1  Data = pd.read_csv('DataEx1.csv',
2                     skiprows=1,
3                     names=['ID', 'height', 'weight', 'bloodtype'])
4  Data.drop(['ID', 'bloodtype'], axis=1, inplace=True)
5  Data.head()
```

	height	weight
0	176	78
1	174	74
2	168	69
3	180	93
4	186	85

ここでは，体重について統計量を計算しよう．weight カラムは Data ['weight'] によって指定する．まず，最大値と最小値は max() 関数と min() 関数を用いる．

```
1  max(Data['weight']), min(Data['weight'])
```
```
   (108, 69)
```

データのサイズ，すなわち Data['weight'] の行数は len() 関数で与えられる．

```
1  len(Data['weight'])
```
```
   25
```

データの総和を個数で割ったものが平均値であり，次のように直接計算できる．

```
1 | sum(Data['weight']) / len(Data['weight'])
```

```
82.4
```

　実際は，NumPy ライブラリにさまざまな統計量を計算する関数が準備されているので，それらを使おう．

```
1 | # 平均値
2 | np.mean(Data['weight'])
```

```
82.4
```

```
1 | # 分散
2 | np.var(Data['weight'])
```

```
93.52
```

```
1 | # 標準偏差
2 | np.std(Data['weight'])
```

```
9.670573922989266
```

先に注意したように，有効数字の観点からも計算機内部の 2 進小数近似の観点からも，出力された長大な小数をそのまま統計量として提示することはできない．ここでは，np.round() 関数を用いて小数第 2 位まで表示しよう[4]．

```
1 | np.round(np.std(Data['weight']), 2)
```

```
9.67
```

　同様に，身長についての統計量も計算してまとめておこう（試みよ）．

統計量	身長	体重
最大値	193	108
最小値	168	69
平均値	179.8	82.4
分散	28.88	93.52
標準偏差	5.37	9.67
データのサイズ		65

---

[4]　round() 関数でもよい．np.round() 関数は配列に対しても使える．なお，Python の丸めは**偶数丸め**である（第 1.3 節）．

■ **統計計算のための関数**　基本的な統計量を与える関数をまとめておこう.

統計量	関数	用例
データのサイズ	len()	len(Data)
最大値	max()	max(Data)
最小値	min()	min(Data)
平均値	np.mean()	np.mean(Data)
分散	np.var()	np.var(Data)
標準偏差	np.std()	np.std(Data)
不偏分散	np.var()	np.var(Data, ddof=1)
メディアン	np.median()	np.median(Data)
25% 点	np.percentile()	np.percentile(Data, 25)

分散には 2 通りあることに注意しよう(詳しくは第 9.2 節).記述統計で使う
のは式 (4.3) で定義される分散(標本分散とも呼ばれる)であるが,推測統
計で使う不偏分散と呼ばれる分散もある.これらは,np.var() のオプショ
ン ddof で区別される.不偏分散なら,ddof=1 を指定し,ふつうの分散なら
ddof=0 とするかまたは省略する.一般に,α% 点とは,データを小さい方か
ら順に並べたとき丁度 α% の位置にある数値である.したがって,メディア
ンは 50% 点となる.

■ **度数データ**　例 3.1 の度数分布表をもとに平均値・分散・標準偏差を求
めてみよう.度数分布表が CSV ファイルで用意されていれば,それを読み
込んで DataFrame を作ればよい.ここでは,度数データを直接打ち込んで
DataFrame を作るところから始めよう.

```
1  Ftuple = ((25, 2), (35, 6), (45, 5), (55, 13),
2            (65, 18), (75, 10), (85, 7), (95, 4))
3  FTable = pd.DataFrame(Ftuple)
4  FTable.rename(columns={0:'a', 1:'f'}, inplace=True)
5  FTable
```

```
       a    f

  0   25    2
  1   35    6
  2   45    5
    (途中省略)
  6   85    7
  7   95    4
```

プログラム 1 行目は，度数分布表の階級値 a_j と度数 f_j を組にして (a_j, f_j) の
データを順に並べたもの（タプル）に Ftuple という名前を付けている．3 行
目で，Ftuple を pd.DataFrame() 関数に渡すことで DataFrame が生成され
る．それに FTable という名前を付けた．カラムには自動的に 0,1 の番号が付
くので，4 行目で，階級値に a，度数に f という文字（変量）を割り当てて書
き直した．こうして，度数分布表が FTable という名前の DataFrame として
準備できた．

　この度数分布表をもとにして，定義通りの計算式で統計量を計算しよう．ま
ず，データのサイズは度数の総和であり，カラム FTable('f') を sum() 関数
に渡せばよい．あとで繰り返し使うので，変数 size を導入してデータのサイ
ズを表すことにする．

```
1  size = sum(FTable['f'])
2  size
```
```
   65
```

平均値 (4.7) のためにはデータ値の総和が，分散 (4.9) のためにはデータ値の
2 乗の総和が必要である．これらの計算の経過がわかるように，度数分布表を
拡大しよう．まず，度数分布表に階級ごとのデータ値の和を書き込もう．

```
FTable['af'] = FTable['a'] * FTable['f']
```

を実行すると，新しく af という名前のカラムが作られて，階級値と度数の積
で埋められる．データ値の 2 乗の和についても同様である．

```
1  FTable['af'] = FTable['a'] * FTable['f']
2  FTable['a^2f'] = FTable['a']**2 * FTable['f']
3  FTable
```

	a	f	af	a^2f
0	25	2	50	1250
1	35	6	210	7350
2	45	5	225	10125
3	55	13	715	39325
4	65	18	1170	76050
5	75	10	750	56250
6	85	7	595	50575
7	95	4	380	36100

平均値はカラム af の総和をサイズで割ったもの，データ値の2乗の平均値は
カラム a^2f の総和をサイズで割ったものである．

```
1  mean = sum(FTable['af']) / size
2  mean2 = sum(FTable['a^2f']) / size
3  mean, mean2
```

(63.0, 4261.923076923077)

分散は分散公式によって直接計算し，標準偏差は分散の平方根として求める．
最後に，無駄に長い小数表示を避けるために丸めを適用する．

```
1  var = mean2 - mean**2
2  std = np.sqrt(var)
3  np.round(var, 2), np.round(std, 2)
```

(292.92, 17.11)

■ **2変量データの統計量** 例 1.1(DataEx1.csv) から作った Data は height
と weight の2つのカラムをもつ2変量データであった．これらの分散共分散
行列は，2つのデータ系列 Data['height'] と Data['weight'] を np.cov()
関数に渡すことで，NumPy アレイとして得られる．

```
1  np.cov(Data['height'], Data['weight'], ddof=0)
```

array([[28.88, 33.12],
       [33.12, 93.52]])

なお，オプション ddof=0 は標本分散に基づく計算を指定している．これを省
略するとデフォルトの ddof=1 が採用されてしまい，不偏分散が与えられる．
上の出力から2変量データ Data['height'] と Data['weight'] の共分散は
33.12 であることがわかる．なお，28.88 と 93.52 はそれぞれの分散である．
共分散を数値として取り出したければ，0行1列成分を指定すればよい．

```
1  cov = np.cov(Data['height'], Data['weight'], ddof=0)[0, 1]
2  cov
```

33.12

同様に，相関行列は `np.corrcoef()` 関数で与えられる．

```
1  np.corrcoef(Data['height'], Data['weight'])
```

```
array([[1.    , 0.63729349],
       [0.63729349, 1.    ]])
```

こちらは `np.cov()` 関数とは異なり，オプション `ddof=0` は不要である．相関係数だけを数値として取り出して，ついでに丸めを適用しておく．

```
1  corr = np.corrcoef(Data['height'], Data['weight'])[0, 1]
2  np.round(corr, 3)
```

```
0.637
```

4.4 Python による度数分布表

1変量データの整理として度数分布表は基本的である．第3.2節ではPython を使ってヒストグラムの描画を行ったが，

```
plt.hist(Data2['score'], range=(20, 100), bins=8)
```

の出力を見てわかるように，ヒストグラムのもとになっている度数分布表がNumPy アレイとして同時に作られている．このアレイを抜き出して，少し加工すれば度数分布表が生成できる．

では，第3.2節で扱った DataFrame である `Data2` を使って説明する．まず，

```
f, x, _ = plt.hist(Data2['score'], range=(20, 100), bins=8)
```

によって，2つの NumPy アレイに f と x と名前を付けておく．そのままだと浮動小数点数のアレイになっているが，もとのデータの性格から整数型が相応しいので型を変換しておこう．

```
1  f, x, _ = plt.hist(Data2['score'], range=(20, 100), bins=8)
2  f = f.astype(int)
3  x = x.astype(int)
4  f, x
```

```
 (array([ 2,  6,  5, 13, 18, 10,  7,  4]),
 array([ 20, 30, 40, 50, 60, 70, 80, 90, 100]))
```

これを見ると，f が度数，x が階級の端点を並べた数列になっている．たとえば，階級 20 − 30（20 以上 30 未満）に落ちる度数が 2 であることがわかる[5].

　度数分布表の階級欄には 20 − 30 のような文字列を繰り返し表示することになる．そこで，f-string と呼ばれる書式 f' ' によって，変数を文字列に埋め込んでリストにして出力するのが便利である．

```
1 Class = [f'{x[i]} - {x[i+1]}' for i in range(8)]
2 Class
```

```
['20 - 30', '30 - 40', （途中省略） '80 - 90', '90 - 100']
```

次に，階級値のリストを準備しよう．階級の端点の平均値 (x[i]+x[i+1])/2 はそのままでは浮動小数点数になるので，これも整数型に変換しておこう．

```
1 ClassValue = [int((x[i]+x[i+1])/2) for i in range(8)]
2 ClassValue
```

```
[25, 35, 45, 55, 65, 75, 85, 95]
```

これらのリストをまとめて，DataFrame を作ることができる．

```
1 FT = pd.DataFrame({'階級':Class, '階級値':ClassValue, '度数':f})
2 FT
```

	階級	階級値	度数
0	20 - 30	25	2
1	30 - 40	35	6
2	40 - 50	45	5
3	50 - 60	55	13
4	60 - 70	65	18
5	70 - 80	75	10
6	80 - 90	85	7
7	90 - 100	95	4

こうして，度数分布表が完成した．

---

[5]　最後の階級 90 − 100 では自動的に 90 以上 100 以下となるデータ数がカウントされている．

章末問題

4.1　標準化された 1 変量データ $z_1, z_2, \ldots, z_n$ について，$\bar{z} = 0$ と $s_z^2 = 1$ を示せ．

4.2　生データの平均値と，生データから度数分布表を作って得られる度数データから計算した平均値との差は，階級幅の 1/2 を越えないことを示せ．

4.3　平均値，メディアン，モードの間には一般に成り立つ大小関係がないことを具体例で確認せよ．

4.4　2 変量のデータ $(x_1, y_1), (x_2, y_2), \ldots, (x_n, y_n)$ は $s_x > 0, s_y > 0$ を満たすものとする．
 (1) すべての i に対して $y_i = ax_i + b$ が成り立つような定数 $a > 0$ と b が存在するとき，相関係数は $r_{xy} = 1$ となることを証明せよ．
 (2) 逆に，相関係数が $r_{xy} = 1$ を満たすとき，すべての i に対して $y_i = ax_i + b$ が成り立つような定数 $a > 0$ と b が存在することを示し，a と b を求めよ．

4.5　次の表はある試験結果（100 点満点）の生データである．

34	78	16	36	54	42	75	78	100	41	64	38	73	81	24
22	52	58	38	94	28	43	66	54	14	8	73	18	32	36
16	49	65	37	73	36	100	60	22	58	73	84	77	65	68
66	81	56	75	66	69	28	64	38	46	38	76	55	81	69
54	46	36	87	80	63	49	85	26	48	56				

 (1) データのサイズ，最大値，最小値，メディアンを求めよ．
 (2) 平均値と標準偏差を求めよ．
 (3) 適当な階級を設定して，度数分布表とヒストグラムを示せ．
 (4) 度数分布表をもとにして，平均値と標準偏差を求めよ．

4.6　次の表はあるコースの受講者の中間試験と期末試験の結果である．

中間試験	44	68	32	63	82	88	37	51	65	60	45	78	50
期末試験	53	76	56	68	86	79	64	61	71	56	68	64	42

 (1) 散布図を描け．
 (2) 中間試験，期末試験それぞれの平均値と標準偏差を求めよ．
 (3) 中間試験と期末試験の相関係数を求めよ．

—— 第5章 ——

確率モデル

　確率は統計を扱ううえで数学的基礎となる．本章ではその基礎概念として，事象の確率，確率変数とその分布，その平均値と分散について述べる．

5.1　事象と確率

　偶然の効果を伴う現象を**偶然現象**または**ランダム現象**という．たとえば，コイン投げの結果は表裏のいずれかであり，サイコロ振りでは 1 から 6 のいずれかの目が出るが，それらの出方は偶然による．毎日の株価の変動を上がったか下がったかの 2 通りで捉えれば，明日の株価は上がるか下がるかであるが，どちらが起こるかは偶然に左右されるといえる[1]．統計調査における標本抽出も偶然に左右される．たとえば，1 万人の学生から無作為に選んだ 100 人の身長を測定して得られる 100 個のデータは，100 人の選び方に依存する偶然の産物である．

　偶然現象において観察される事柄でその生起が明確に識別されるものを**事象**

---

[1]　株価の上下とコイン投げの表裏を同じ偶然現象であるというのは乱暴すぎるように感じるかもしれない．コイン投げでは今回の結果が次のコイン投げに影響しないが，株価では今日の変動が明日の変動に影響するという点で大きな違いがある．しかしながら，株価を決定する要因をすべて知ったうえで，明日の株価の変動を確定的に予測することは困難である．そこで，把握できない要因からくる効果を「偶然の効果」と一括してしまって，株価の変動も「偶然現象」の 1 つとみなすのである．このアプローチはさまざまな複雑現象に対して有効であり，今日に至るまで確率モデルの大きな成果を支えている．

といい，事象が起こる可能性の度合いを 0 以上 1 以下の数値で与えたものが確率である．たとえば，コイン投げで「表が出る」こと，サイコロ振りで「偶数の目が出る」ことなどは事象である．また，1 万人の学生から 100 人を無作為に選んで身長を測定するとき，「選ばれた 100 人の平均身長が 170 cm を超える」ことは事象になり，これらは確率計算の対象になる．しかし，サイコロ振りで「小さな目が出る」ことや身長の測定の例で「選ばれた 100 人の最高身長がそれほど高くない」ことはその事柄の生起の基準が曖昧なので事象ではなく，確率計算の対象にならない．

　さらに，事象を細かく見ていこう．サイコロ振りで「偶数の目が出る」ことは確かに事象であるが，その事象が起こったかどうかは，出た目が 2, 4, 6 のいずれかであることをもって知るのである．したがって，「偶数の目が出る」事象は，「2 の目が出る」「4 の目が出る」「6 の目が出る」という 3 個の事象に細分して捉えるのがむしろ自然である．しかも，これら 3 個の事象は，これ以上細かい事象に細分できないという意味で最も基本的な事象といえる．

■ **標本空間と事象**　一般に，偶然現象において観測されうる結果の最小単位を**標本点**という．標本点を全部集めると 1 つの集合ができるが，これを**標本空間**という．標本空間は Ω（オメガ）で表すことが多い．標本点ということばを用いると，事象はある条件を満たす標本点の集まり，すなわち，標本空間の部分集合と捉えることができる．そこで，一般の事象 A を表すのに，集合の記号を用いて $A = \{\cdots\}$ のように中括弧を用いて表す．ここで，「$\cdots$」は A の要素を構成する標本点を列挙したり，A を規定する条件を書く．確率は事象に対して与えるものであり，事象 A が起こる確率を $P(A)$ と書く．

　標本空間そのもの Ω も事象であり，これを**全事象**という．全事象は必ず起こるので $P(\Omega) = 1$ である．標本点を 1 つも含まない事象を $\emptyset$ で表し，**空事象**という．空事象は起こりえないので $P(\emptyset) = 0$ となる．標本点 ω ただ 1 つからなる事象 $\{\omega\}$ を**根元事象**という．確率はあくまで事象に対して与えるので，根元事象 $\{\omega\}$ の起こる確率は $P(\{\omega\})$ と書くのが正式であるが，かっこが重なって煩わしいので $P(\omega)$ とも略記する．

例 5.1（コイン投げとベルヌーイ試行） コイン投げにおいては，観測されうる結果は「表が出る」「裏が出る」の2通りであり，慣例に従って，「表が出る」ことを数値 1 で，「裏が出る」ことを数値 0 で表す．コイン投げに限らず，観測される結果が2通りの試行であれば，観測される結果を2つの数値 0, 1 で記して区別する．これらが標本点であり，標本空間は $\Omega = \{0, 1\}$ となる．事象は Ω の部分集合であるから，全部で4個あり，それらは $\emptyset, \{0\}, \{1\}$, $\Omega = \{0, 1\}$ である．ここで，$\{1\}$ は観測結果が 1 となる事象であり，根元事象の1つである．その確率を p とおけば，

$$P(\emptyset) = 0, \qquad P(\{1\}) = p, \qquad P(\{0\}) = 1 - p, \qquad P(\Omega) = 1$$

となる．このような試行を成功確率 p の**ベルヌーイ試行**という．公平なコイン投げは，成功確率 $p = 1/2$ のベルヌーイ試行となる．

例 5.2（サイコロ振り） サイコロ振りでは，どの目が出たかを観測するので，標本点としては目の数そのものをとればよい．したがって，標本空間は $\Omega = \{1, 2, 3, 4, 5, 6\}$ となり，標本点の1つ1つが根元事象を与える．公平なサイコロでは6個ある根元事象は等確率で起こるので，

$$P(\{1\}) = P(\{2\}) = P(\{3\}) = P(\{4\}) = P(\{5\}) = P(\{6\}) = \frac{1}{6}$$

となる．一般の事象は Ω の部分集合である．すべての事象を列挙して確率を与えるのではなく，確率計算の一般法則を与える方が重要であり発展性がある．一般の事象 A の確率は，そこに属する標本点の個数を $|A|$ として，

$$P(A) = \frac{|A|}{|\Omega|} = \frac{|A|}{6}$$

で与えられる．たとえば，奇数が出る事象 $A = \{1, 3, 5\}$ に対しては，

$$P(A) = P(\{1, 3, 5\}) = \frac{|\{1, 3, 5\}|}{6} = \frac{3}{6} = \frac{1}{2}$$

となる．これは，A が3個の根元事象に分割されることからもわかる．

■ **組合せ確率** 公平なコイン投げ（例 5.1）やサイコロ振り（例 5.2）の共通点は，根元事象が有限個あり，それらが等確率で起こることにある．一般に，標本空間 Ω が有限個の標本点からなり，すべての根元事象が等確率で起こるのであれば，各根元事象の起こる確率は $1/|\Omega|$ となる．したがって，一般の事象 A の起こる確率は，その $|A|$ 倍であり，

$$P(A) = \frac{|A|}{|\Omega|} \tag{5.1}$$

が成り立つ．つまり，標本点の個数の比によって確率が導入されるのである．

例題 5.3　袋に赤玉 9 個，白玉 7 個，青玉 4 個が入っている．ランダムに 3 個取り出すとき，3 個とも赤玉になる事象を A とし，赤玉，白玉，青玉が 1 個ずつになる事象を B とする．事象 A, B の起こる確率をそれぞれ求めよ．

解説　題意から，袋の中に入っている玉はいずれも等確率で取り出される．全部で 20 個の玉から 3 個取り出す場合の数は

$$\binom{20}{3} = \frac{20 \cdot 19 \cdot 18}{3 \cdot 2 \cdot 1} = 1140.$$

取り出した 3 個がすべて赤となる場合の数は

$$\binom{9}{3} = \frac{9 \cdot 8 \cdot 7}{3 \cdot 2 \cdot 1} = 84$$

であるから，求める確率は

$$P(A) = \frac{84}{1140} = \frac{7}{95}.$$

取り出した 3 個が赤 1 個，白 1 個，青 1 個となる場合の数は

$$\binom{9}{1}\binom{7}{1}\binom{4}{1} = 9 \cdot 7 \cdot 4 = 252$$

であるから，求める確率は

$$P(B) = \frac{252}{1140} = \frac{21}{95}$$

となる．組合せ確率の難しさは事象に属する標本点の個数を数え上げるところにあり，確率計算そのものは個数の比をとるだけである．　　　　□

■ **幾何学的確率** 図 5.1（左）は円板を中心角が等しい 6 個の扇形に分割して，それぞれの扇形に 1 から 6 の番号を振った標的である．ランダムに矢を射ったとき，1 番の扇形に命中する確率を考えよう．直感的には，6 個の扇形はすべて同等であり，そのうちの 1 つであることから，確率は 1/6 となる．

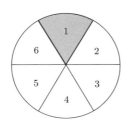 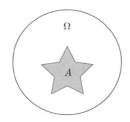

図 5.1 幾何学的確率

この問題をきちんと標本空間から考えて，直感が正しいことを確認しておくことは重要であり発展性がある．まず，この試行において観測することは，標的のどの点に矢が命中したかである．したがって，標本点は円板の各点であり，それらを集めた標本空間 Ω は円板そのものである．ランダムに矢を射った結果として円板から点が選ばれると考えれば，問題は「円板 Ω からランダムに 1 点を選んだとき，その点が 1 番の扇形に属する確率」を求めることである．一般に，円板の中に標的となる領域 A を決めたとき（図 5.1 右），円板からランダムに選ばれた 1 点が A に属している確率は面積比

$$P(A) = \frac{|A|}{|\Omega|} \tag{5.2}$$

で与えられる．これは，円板のどの点も選ばれる確率が同等であることを念頭に置いた確率の与え方になっている．実際，標的 A の面積が 2 倍になれば確率も 2 倍になり，面積が同じであれば，A の位置や形状によらずに確率は同じである．そうすれば，円板からランダムに 1 点を選ぶとき，その点が 1 番の扇形に属している確率は公式 (5.2) によって 1/6 となり，初めの直感に一致する．

ここで，(5.2) は組合せ確率の公式 (5.1) と形式的には同じであることに注目しておこう．組合せ確率の公式では個数の比をとり，今の問題では面積比をとるところに違いがあるが，いずれにせよ，標本点を確率的に区別せず同等に

扱っていることは同じである．このように考えると，1 次元の図形（線分や曲線），平面図形，立体図形のいかんによらず，図形 Ω からランダムに 1 点を選ぶときの確率の与え方は，公式 (5.2) を長さの比，面積の比，体積の比に読み替えて使えばよいことがわかる．これが幾何学的確率の基本的な考え方である．

例題 5.4　（線分のランダム分割）　長さ L の線分をランダムに 2 分割したとき，長い方の長さが短い方の 2 倍以下になる確率を求めよ．

解説　長さ L の線分を数直線（x 軸）の区間 $[0, L]$ とし[2]，分割のために選ばれた分点を標本点とする．標本空間は分点として選ばれうる点の集合，つまり $[0, L]$ そのものであり，$\Omega = [0, L]$ となる[3]．標本点の座標を x とすれば，図形的な考察によって，$L/3 \le x \le 2L/3$ となるとき，分割でできる長い方の長さが短い方の 2 倍以下になる（図 5.2）．したがって，考えるべき事象は

$$A = \left[\frac{1}{3}L, \frac{2}{3}L\right]$$

となり，A の確率は長さの比

$$P(A) = \frac{|A|}{|\Omega|} = \frac{L/3}{L} = \frac{1}{3}$$

で与えられる．　　　　　　　　　　　　　　　　　　　　　　　　　　　□

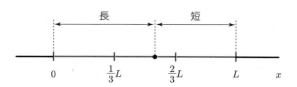

図 5.2　区間 $[0, L]$ のランダム 2 分割

注意 5.5　幾何学的確率でも組合せ確率と同様に，すべての標本点が確率的に同等であることが念頭にある．しかしながら，幾何学的確率では Ω の標本点がすべて等確率で選ばれることを文字通り議論の出発点にしても，一般の事象の計算には役に立たない．このこと

---

[2]　$[0, L]$ は $0 \le x \le L$ を満たす実数の集合を表す．両端を含むので**閉区間**と呼ばれる．

[3]　分点として区間の端の点が選ばれたときは，線分は長さ 0 と L の線分に分割されたとみなす．これを避けたければ $\Omega = (0, L)$ のように**開区間**をとり，両端を除外すればよい．Ω の決め方はどちらでもよく，求める確率は一致する．

を見ておこう．仮に，ある標本点が選ばれる確率を p とすれば，当然，$0 \leq p \leq 1$ である．一方，Ω は無限集合であるから，任意個数の異なる標本点 $x_1, \ldots, x_n$ が存在する．これらはいずれも確率 p で選ばれるので，ランダムに選ばれた 1 点が $x_1, \ldots, x_n$ のいずれかになる確率は np となり，これも当然，$0 \leq np \leq 1$ を満たす．ここで，n はいくらでも大きくとれることを考えると，$p = 0$ 以外はありえない．つまり，ある特定の標本点が選ばれる確率は 0 となる．言い換えると，すべての根元事象の確率は 0 であり，これをもとにして一般の事象の確率を計算することはできない．

5.2 事象の演算

事象は標本空間の部分集合なので，複数の事象の組合わせを表現するために集合の演算記号や用語を流用する．

■ **和事象** 2 つの事象 A, B に対して，A または B が起こるという事象を A と B の**和事象**といい，$A \cup B$ と書く．これは，A に属する標本点と B に属する標本点とを合わせた事象である．

■ **積事象** 2 つの事象 A, B に対して，A と B の両方が同時に起こるという事象を A と B の**積事象**といい，$A \cap B$ と書く．これは，A と B の両方に含まれる標本点からなる事象である．

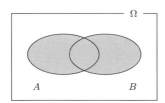 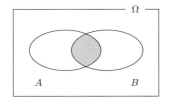

図 5.3 　和事象 $A \cup B$，積事象 $A \cap B$

多数の事象の和事象や積事象も同様である．事象 $A_1, A_2, \ldots, A_n$ の和事象は，いずれか少なくとも 1 つの A_k に含まれる標本点の集合であり，

$$A_1 \cup A_2 \cup \cdots \cup A_n = \bigcup_{k=1}^{n} A_k$$

のように表し，積事象はすべての A_k に共通に含まれる標本点の集合であり，

$$A_1 \cap A_2 \cap \cdots \cap A_n = \bigcap_{k=1}^{n} A_k$$

のように表す．事象の無限列 $A_1, A_2, \ldots, A_n, \ldots$ に対しても同様で，

$$A_1 \cup A_2 \cup \cdots \cup A_n \cup \cdots = \bigcup_{n=1}^{\infty} A_n, \tag{5.3}$$

$$A_1 \cap A_2 \cap \cdots \cap A_n \cap \cdots = \bigcap_{n=1}^{\infty} A_n \tag{5.4}$$

のように書く．

例 5.6 コインを投げ続ける試行において，A_n を n 回目のコイン投げで表が出る事象とする．このとき，(5.3) は表が 1 回以上出る事象，(5.4) は表だけが出続ける事象となる．前者の確率は 1, 後者の確率は 0 となることが証明される．

■ **排反事象** 2 つの事象 A, B が $A \cap B = \emptyset$ を満たすとき，A と B は互いに**排反**であるという．これは，A, B が同時に起こりえないことを意味する．排反な事象 A, B に対して，

$$P(A \cup B) = P(A) + P(B) \tag{5.5}$$

が成り立つ．事象列 $A_1, A_2, \ldots, A_n$ が**互いに排反**であるとは，それらのうちのどの 2 つも排反であるときにいう．このときは，(5.5) を繰り返して適用して，

$$P\left(\bigcup_{k=1}^{n} A_k\right) = \sum_{k=1}^{n} P(A_k) \tag{5.6}$$

が成り立つ．この公式は，事象の無限列 $A_1, A_2, \ldots,$ に対しても成り立つ[4]．

■ **余事象** 事象 A に対して，A が起こらないことも 1 つの事象になる．これを A の**余事象**といい，A^c で表す[5]．A^c は Ω における A の補集合に他ならない．定義から，

---

[4] このことは，(5.5) からは証明できない．実は，確率の公理（確率の満たすべき性質）として理論の前提となる．

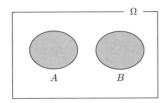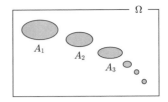

図5.4 排反事象 $A \cap B = \emptyset$ と排反事象の列

$$A \cup A^c = \Omega, \quad A \cap A^c = \emptyset, \quad A \cup \emptyset = A \cap \Omega = A, \quad (A^c)^c = A$$

が成り立つ．したがって，余事象の確率は次で与えられる．

$$P(A^c) = 1 - P(A).$$

なお，Ω と $\emptyset$ は互いに余事象になっていることにも注意しておこう．

■ **差事象** 2つの事象 A, B に対して，**差事象**が

$$A \backslash B = A \cap B^c$$

で定義される．これは A が起こり B が起こらない事象である．言葉に引きずられて，$P(A \backslash B) = P(A) - P(B)$ としてはならない．正しくは，

$$P(A \backslash B) = P(A) - P(A \cap B)$$

である．

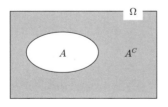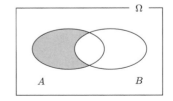

図5.5 余事象 A^c と差事象 $A \backslash B$

5）文献によっては，A の余事象を $\bar{A}$ と書いている．

■ **部分事象** 事象 A が起きているときは事象 B も起きるという関係があるとき，A は B の**部分事象**であるといい，$A \subset B$ と書く．言い換えると，A に属するすべての標本点が B に属することであり，標本点の集合として A は B の部分集合であることに他ならない[6]．A が B の部分事象であれば，$P(A) \leq P(B)$ が成り立つ．

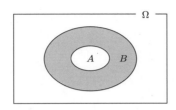

図5.6 部分事象 $A \subset B$

5.3 確率変数

偶然現象を認識するためには，観測という行為が欠かせない．ここでは，観測結果は数値化するものとする．観測結果として得られる数値はいつも一定とはいかず，偶然の影響を受けてある範囲を確率的な傾向を伴って動く．このような変数を**確率変数**という．偶然現象の記述において確率変数は本質的であり，そこに現れる偶然の効果を分析することで，偶然現象の仕組みを捉え，予測や制御につなげることができるのである．

本書では，確率変数には大文字 $X, Y, Z, T, \ldots$ を使うことを基本とするが，文脈によっては必ずしも徹底できないので注意してほしい．

■ **確率変数の定める事象** 一般に，確率変数のとりうる値の１つ１つを確率変数の**実現値**と呼んで，確率変数そのものとは区別する．確率変数 X が値 a をとる事象を $\{X = a\}$ と書き，その確率を $P(X = a)$ と書く．同様に，X が a 以上 b 以下の値をとる事象を $\{a \leq X \leq b\}$ と書き，その確率を $P(a \leq X \leq$

---

[6] 記号 $A \subset B$ は $A = B$ も許すので，$A \subset A$ が成り立つ．不等号 $a < b$ の使い方とは違うので注意せよ．

b) と書く[7]. 以下, 同様の記法は断りなく自由に用いることにする.

確率変数に対して, 実現値の確率を網羅したものを**確率分布**または単に**分布**という. 確率分布の記述の仕方はいくつかある.

例 5.7 コインを 2 枚投げたときの表の枚数を X とおくと, X は $0, 1, 2$ の値をとる確率変数になる. とりうる値に対して, その確率を列挙して,

$$P(X = 0) = \frac{1}{4}, \qquad P(X = 1) = \frac{2}{4} = \frac{1}{2}, \qquad P(X = 3) = \frac{1}{4}$$

として, X の確率分布を表すことができる. 同じことだが,

x	0	1	2	合計
$P(X = x)$	1/4	1/2	1/4	1

のように, 表にすると見やすいことも多い. また,

$$P(X = k) = \binom{2}{k} \left(\frac{1}{2} \right)^2, \qquad k = 0, 1, 2,$$

のように閉じた公式で表すこともできる.

しかしながら, 注意 5.5 で触れたように, 一般には, 確率変数の分布は確率 $P(X = a)$ を与えるだけでは捉えきれない. たとえば, 数直線上の区間 $[0, L]$ からランダムに 1 点を選ぶ試行を考えよう. 選ばれた点の座標を X とすると, X は $[0, L]$ に値をとる確率変数であり, すべての a に対して $P(X = a) = 0$ となってしまう. そこで次の定義が重要になる.

■ 分布関数 確率変数 X が実数 x 以下の値をとる確率を

$$F_X(x) = P(X \leq x) \tag{5.7}$$

---

7) 正式には $P(\{X = x\})$, $P(\{a \leq X \leq b\})$ と書くべきところではあるが, かっこが重なって煩わしいので中括弧 $\{\}$ を省略している.

とおくと，$F_X(x)$ は x を変数とする関数になる[8]．これを X の**分布関数**という．

例 5.8（例 5.7 の続き） 確率変数 X の分布関数 $F_X(x)$ を求めよう．まず，$x < 0$ のとき，$X \leq x$ は起こりえないから，

$$F_X(x) = P(X \leq x) = 0, \qquad x < 0. \tag{5.8}$$

また，$x \geq 2$ のとき，$X \leq x$ は必ず起こるから，

$$F_X(x) = P(X \leq x) = 1, \qquad x \geq 2. \tag{5.9}$$

$0 \leq x < 1$ のとき，$X \leq x$ は表が 0 枚出たことを意味するから，

$$F_X(x) = P(X \leq x) = P(X = 0) = \frac{1}{4}, \qquad 0 \leq x < 1. \tag{5.10}$$

$1 \leq x < 2$ なら，$X \leq x$ は表が 0 枚または 1 枚出たことを意味するから，

$$F_X(x) = P(X \leq x)$$
$$= P(X = 0) + P(X = 1) = \frac{1}{4} + \frac{1}{2} = \frac{3}{4}, \qquad 1 \leq x < 2. \tag{5.11}$$

こうして，$F_X(x)$ は 4 つの場合 (5.8)-(5.11) に分けて記述され，ジャンプのみで増加する階段関数になることがわかる（図 5.7）．

例 5.9 数直線上の区間 $[0, L]$ からランダム選ばれた点の座標を X とすると，X は $[0, L]$ に値をとる確率変数である．X の分布関数を求めよう．まず，$x < 0$ ならば $X \leq x$ は起こりえないので，

$$F_X(x) = P(X \leq x) = 0, \qquad x < 0. \tag{5.12}$$

また，$x \geq L$ のときは，$X \leq x$ は必ず起こるので，

$$F_X(x) = P(X \leq x) = 1, \qquad x \geq L. \tag{5.13}$$

---

[8] 確率を与える対象は事象に限るので，(5.7) の右辺が意味をもつためには，「X が x 以下の値をとる」ことは事象でなくてはならない．このことをきちんと議論するためには確率空間が必要になるので，ここでは深入りせずに素朴に了解して先に進もう．

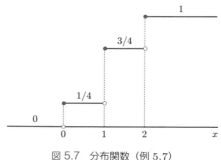

図 5.7　分布関数（例 5.7）

そこで，$0 \leq x < L$ の場合を考えよう．事象 $\{X \leq x\}$ は，選ばれた点が区間 $[0, x]$ に属していることを意味する．ランダムに選ぶという前提から，確率は長さの比で与えるのが適当である．したがって，

$$F_X(x) = P(X \leq x) = \frac{|[0, x]|}{|[0, L]|} = \frac{x}{L}, \qquad 0 \leq x < L \qquad (5.14)$$

となる．(5.12)-(5.14) から，分布関数 $F_X(x)$ のグラフは図 5.8 に示されるような折れ線になる．

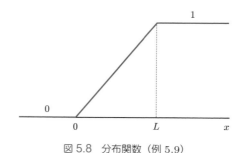

図 5.8　分布関数（例 5.9）

■ **分布関数の性質**　確率変数の分布関数 $F(x)$ は次の 3 つの性質をもつ.

(1)　（単調増加）$x_1 \leq x_2$ ならば $F(x_1) \leq F(x_2)$

(2)　$\displaystyle\lim_{x \to -\infty} F(x) = 0, \quad \lim_{x \to +\infty} F(x) = 1.$

(3)　（右半連続）$\displaystyle\lim_{\epsilon \to +0} F(x + \epsilon) = F(x).$

ここでは例 5.8 と例 5.9 で求めた分布関数が性質 (1)-(3) を満たすことを確認しておくだけでよい.

■ **離散型確率変数**　分布関数の増加の仕方に注目しよう. 図 5.7 のように, ジャンプのみで増加する分布関数をもつ確率変数は**離散型**である. 一般に, X を離散型確率変数, $F_X(x)$ をその分布関数としよう. $F_X(x)$ はジャンプだけで増加し, ジャンプを与える x は高々可算個であることがわかるので, それらを $a_1, a_2, \ldots$ とする. $x = a_k$ におけるジャンプ量を $p_k > 0$ とすると,

$$P(X = a_k) = p_k \tag{5.15}$$

が成り立つ. 表の形にすれば,

x	a_1	a_2	$\cdots$	a_k	$\cdots$	合計
$P(X = x)$	p_1	p_2	$\cdots$	p_k	$\cdots$	1

のようになる. なお, 形式的に $p_k = 0$ も許しておいた方が, 例外に言及する手間が省けて便利なことが多い. もちろん, $p_k = 0$ であれば, 対応する a_k とともに除外しても確率変数 X の性質に変わりはない.

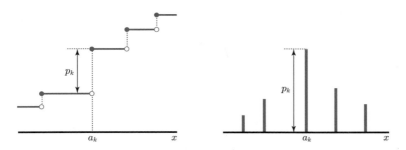

図 5.9　離散分布の分布関数と離散分布のイメージ

■ **連続型確率変数**　分布関数が連続になる確率変数を**連続型**という[9]. たと

---

[9]　すべての確率変数が離散型または連続型に分類されるわけではない. どちらにも分類されないもの（離散型と連続型が混ざっているもの）もある.

えば，図 5.8 に示した分布関数は連続であるから，例 5.9 の確率変数 X は連続型である．一般に，（連続型とは限らない）確率変数 X に対して，$F_X(x)$ をその分布関数とすれば，

$$P(a < X \leq b) = P(X \leq b) - P(X \leq a) = F_X(b) - F_X(a), \qquad a < b,$$

が成り立つ．連続型確率変数 X に対しては，特定の値 a に対して $P(X = a)$ $= 0$ となるから，

$$P(a \leq X \leq b) = F_X(b) - F_X(a) \tag{5.16}$$

も成り立つ．さらに，適当な関数 $f(x)$ によって (5.16) が

$$P(a \leq X \leq b) = F_X(b) - F_X(a) = \int_a^b f(x)dx, \qquad a < b, \tag{5.17}$$

のような積分で表されるとき，$f(x)$ を確率変数 X の**確率密度関数**または単に**密度関数**といい，しばしば $f_X(x)$ のように X を明示する．積分 (5.17) は関数 $y = f(x)$ と x 軸が囲む面積である（図 5.10）．一般の連続型確率変数（あるいは連続型の確率分布）は必ずしも密度関数をもつとは限らないが，応用上重要な連続分布は密度関数をもつ．本書では密度関数をもつ連続分布のみを扱う．

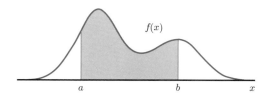

図 5.10　密度関数：$P(a \leq X \leq b) = \int_a^b f(x)dx$

密度関数 $f(x)$ は (5.17) によって確率と結びつくので，

$$\int_{-\infty}^{+\infty} f(x)dx = 1, \qquad f(x) \geq 0, \tag{5.18}$$

および，任意の x に対して，

$$P(X \leq x) = F_X(x) = \int_{-\infty}^x f(t)dt \tag{5.19}$$

が成り立つ．さらに，(5.17) は $F_X(x)$ が $f(x)$ の原始関数であることを意味する．言い換えれば，(5.19) の両辺を x で微分することで，基本的な公式

$$\frac{dF_X}{dx}(x) = F'_X(x) = f(x) \tag{5.20}$$

が得られる．応用上は，$F_X(x)$ が区分的に微分可能であるものを扱うことが多く，その場合，(5.20) が区分的に成り立つ．

例題 5.10　辺の長さが L の正方形の内部からランダムに 1 点を選び，その点と正方形の周との距離を X とする．つまり，ランダムに選んだ点から正方形の各辺に下した 4 本の垂線のうち最短のものの長さが X である．X の分布関数 $F_X(x) = P(X \leq x)$ と密度関数 $f_X(x)$ を求めよ．

解説　X は区間 $[0, L/2]$ に値をとる連続型確率変数になる．したがって，

$$F_X(x) = 0, \quad x < 0; \qquad F_X(x) = 1, \quad x > L/2, \tag{5.21}$$

は明らかである．次に，$0 \leq x \leq L/2$ とする．事象 $\{X \leq x\}$ はランダム点が，正方形の周に沿って作った幅 x の帯状領域から選ばれることを意味する（図 5.11）．題意から，その確率は面積比で与えられるから，

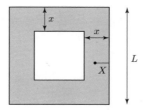

図 5.11　事象 $\{X \leq x\}$

$$
\begin{aligned}
F_X(x) &= P(X \leq x) \\
&= \frac{L^2 - (L - 2x)^2}{L^2} = \frac{4}{L^2}(Lx - x^2), \qquad 0 \leq x \leq L/2, \tag{5.22}
\end{aligned}
$$

が得られる．(5.21) と (5.22) を合わせて，分布関数 $F_X(x)$ が決定された．確かに，$F_X(x)$ は連続関数であり，区分的に微分可能である（図 5.12 左）．したがって，$F_X(x)$ を微分することで X の密度関数 $f_X(x)$ が得られ，

$$f_X(x) = \begin{cases} \dfrac{4}{L^2}\,(L-2x), & 0 < x < L/2, \\ 0, & \text{その他}, \end{cases}$$

となる．密度関数は面積を通して確率を与えることが本質的な役割であるので，不連続点 $x=0$ の値はどのように定めても（定めなくても）よい． □

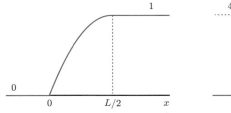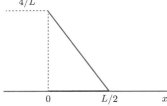

図 5.12　分布関数 $F_X(x)$ と密度関数 $f_X(x)$

5.4　確率変数の平均値と分散

■ **確率変数の平均値**　まず，確率変数 X が離散型の場合を扱う．とりうる値を $a_1, a_2, \ldots$ として，X の分布が

$$P(X = a_k) = p_k, \qquad k = 1, 2, \ldots \tag{5.23}$$

で与えられているとする．このとき，確率変数 X の平均値が

$$\mu_X = \mathbf{E}[X] = \sum_k a_k p_k \tag{5.24}$$

で定義される．ここで，$\sum_k$ は X のとりうる値 a_k がすべて現れるように k を動かして和をとることを意味する．なお，(5.24) の右辺を

$$\mu_X = \mathbf{E}[X] = \sum_x x P(X = x) \tag{5.25}$$

のように書くこともある．ここで $\sum_x$ は x をすべての実数を走らせて和をとるという実際にはできないことを意味するが，$P(X = x)$ は高々可算個の x を除いて 0 であるから，有限和または無限級数に帰着するのである[10]．

---

10)　実数を番号付けして並べることはできない（実数は非可算集合である）ので，$\sum_x$ を和

次に，X を連続型確率変数とし，密度関数 $f_X(x)$ をもつものとする．このとき，X の平均値を積分

$$\mu_X = \mathbf{E}[X] = \int_{-\infty}^{+\infty} x f_X(x)\, dx \tag{5.26}$$

で定義する[11]．

確率変数 X の分布が α であるとき，**確率変数 X は分布 α に従う**といい，$X \sim \alpha$ と書く．実際，α には分布関数や密度関数を用いたり，分布の名称を用いたりする．上で定義した確率変数の平均値 $\mathbf{E}[X]$ は，そのまま確率分布 α の平均値としても使う．つまり，与えられた確率分布 α に対して，それに従う確率変数 X を1つとり，X の平均値 $\mathbf{E}[X]$ をもって確率分布 α の平均値と定義する．

例題 5.11　サイコロを2個振って出る目のうち大きい方を X, 小さい方を Y とする．ただし，同じ目が出た場合は $X = Y$ とする．このとき，X の平均値と分散を求めよ．

解説　場合の数を数えることで X の確率分布が

k	1	2	3	4	5	6
$P(X=k)$	1/36	3/36	5/36	7/36	9/36	11/36

のように与えられることが分かる．平均値の定義と分散公式によって，

$$\mathbf{E}[X] = \sum_{k=1}^{6} k P(X=k) = \frac{161}{36},$$

$$\mathbf{E}[X^2] = \sum_{k=1}^{6} k^2 P(X=k) = \frac{791}{36},$$

$$\mathbf{V}[X] = \mathbf{E}[X^2] - \mathbf{E}[X]^2 = \frac{2555}{36^2}$$

が得られる．　　　　　　　　　　　　　　　　　　　　　　　□

として文字通り理解してはならない．同じ無限集合でも自然数，整数，有理数は可算集合であり，番号付けが可能である．有限集合と可算集合を合わせて高々可算集合という．

11)　積分をリーマン和で近似することを考えると，(5.26) は (5.24) を連続的に拡張したものであることがわかる．

例題 5.12 （**例題 5.10 の続き**） 辺の長さが L の正方形の内部からランダムに 1 点を選び，その点と正方形の周との距離を X とする．確率変数 X の平均値と分散を求めよ．

解説 定義 (5.26) に例題 5.10 で求めた密度関数の具体形を代入すれば，

$$\mathbf{E}[X] = \int_{-\infty}^{+\infty} x \, f_X(x) dx = \frac{4}{L^2} \int_0^{L/2} x(L - 2x) \, dx = \frac{L}{6}$$

のように求められる．同様にして，

$$\mathbf{E}[X^2] = \int_{-\infty}^{+\infty} x^2 f_X(x) dx = \frac{4}{L^2} \int_0^{L/2} x^2 (L - 2x) \, dx = \frac{L^2}{24}$$

となる．分散は，分散公式によって

$$\mathbf{V}[X] = \mathbf{E}[X^2] - \mathbf{E}[X]^2 = \frac{L^2}{72}$$

となる． □

■ **確率変数の関数の平均値** 確率変数 X が与えられたとき，X^2, X^3, e^{itX} など X の関数も確率変数になる．一般に，X の関数 $\varphi(X)$ の平均値について次の定理が成り立つ．

定理 5.13 離散型確率変数 X の確率分布が (5.23) で与えられているとき，

$$\mathbf{E}[\varphi(X)] = \sum_k \varphi(a_k) p_k = \sum_x \varphi(x) P(X = x) \tag{5.27}$$

となる．密度関数を $f_X(x)$ をもつ連続型確率変数 X に対して次が成り立つ：

$$\mathbf{E}[\varphi(X)] = \int_{-\infty}^{+\infty} \varphi(x) f_X(x) \, dx. \tag{5.28}$$

証明 本来，$\mathbf{E}[\varphi(X)]$ は $\varphi(X)$ の分布を用いて定義されるが，(5.27) と (5.28) の右辺は $\varphi(X)$ ではなく X の分布による表式になっている．つまり，(5.27) と (5.28) は自明な式ではない．ここでは離散型確率変数の場合について証明する．連続型の場合は積分の変数変換が必要になるので証明を省略する．

離散型確率変数 X のとりうる値を $a_1, a_2, \ldots$ として，それらは相異なるものとする．$\varphi(X)$ のとりうる値は，$\varphi(a_1), \varphi(a_2), \ldots$ であるが，これらには重複があるかもしれない．そこで，それらから異なるものを選び出して $b_1, b_2, \ldots$ とし，

$$I(j) = \{k \, ; \, \varphi(a_k) = b_j\}$$

とおく．$I(1), I(2), \ldots$ は互いに素であって，それらの和集合は a_k に現れる k を尽くす．さらに，

$$P(\varphi(X) = b_j) = \sum_{k \in I(j)} P(X = a_k)$$

に注意しておく．これを用いて，$\varphi(X)$ の平均値を定義に基づいて計算すると，

$$\mathbf{E}[\varphi(X)] = \sum_j b_j P(\varphi(X) = b_j) = \sum_j b_j \sum_{k \in I(j)} P(X = a_k)$$
$$= \sum_j \sum_{k \in I(j)} \varphi(a_k) P(X = a_k) = \sum_k \varphi(a_k) P(X = a_k)$$

となる．こうして，(5.27) が示された． $\square$

■ **分散と標準偏差**　確率変数 X の平均値を $\mathbf{E}[X] = \mu$ とするとき，X の**分散**が

$$\sigma_X^2 = \mathbf{V}[X] = \mathbf{E}[(X - \mu)^2] \tag{5.29}$$

で定義される．分散の正の平方根

$$\sigma_X = \sqrt{\sigma_X^2} = \sqrt{\mathbf{V}[X]}$$

を**標準偏差**という．

定理 5.14　**（分散公式）**　確率変数 X に対して，次が成り立つ．

$$\mathbf{V}[X] = \mathbf{E}[X^2] - \mathbf{E}[X]^2 \tag{5.30}$$

証明　離散型の場合について証明する．連続型の場合は和を積分に置き換えることで同様の議論が通用する．X のとりうる値を $a_1, a_2, \ldots$ とすれば，定理 5.13 を用いて，

$$\mathbf{E}[(X - \mu)^2] = \sum_k (a_k - \mu)^2 p_k = \sum_k a_k^2 p_k - 2\mu \sum_k a_k p_k + \mu^2 \sum_k p_k$$

が得られる．第 2 項の和は X の平均値 μ であり，第 3 項の和は全確率であるから 1 になる．したがって，

$$\mathbf{E}[(X - \mu)^2] = \sum_k a_k^2 p_k - \mu^2 = \mathbf{E}[X^2] - \mathbf{E}[X]^2$$

となり，(5.30) が従う． □

定理 5.15　X を確率変数，a, b を定数とするとき，次が成り立つ．

$$\mathbf{V}[aX + b] = a^2 V[X].$$

証明　分散公式を用いると，

$$\begin{aligned}
\mathbf{V}[aX + b] &= \mathbf{E}[(aX + b)^2] - \mathbf{E}[aX + b]^2 \\
&= (a^2\mathbf{E}[X^2] + 2ab\mathbf{E}[X] + \mathbf{E}[b^2]) - (a\mathbf{E}[X] + \mathbf{E}[b])^2 \\
&= a^2\mathbf{E}[X^2] - a^2\mathbf{E}[X]^2 = a^2\mathbf{V}[X]
\end{aligned}$$

が得られ，証明を終える． □

■ **確率変数の標準化（規準化）**　確率変数 X に対して，

$$\tilde{X} = \frac{X - \mathbf{E}[X]}{\sqrt{\mathbf{V}[X]}}$$

をその**標準化**または**規準化**という．標準化された確率変数について，平均値 $\mathbf{E}[\tilde{X}] = 0$ と分散 $\mathbf{V}[\tilde{X}] = 1$ がすぐにわかる．もちろん，標準化ができるためには $\mathbf{V}[X] > 0$ が前提である[12)]．

■ **記述統計との関係**　第 4 章では統計データに対して平均値，分散などの統計量を導入した．一方で，これまでに確率変数に対して同名の統計量を定義した．実は，統計データに対して離散型確率変数を対応させることで，双方に対して導入した同名の統計量は一致するので，共通の名称を用いても混乱はないのである．

このことを 1 変量データについて確認しておこう．1 変量データ $x_1, x_2, \ldots,$

---

12)　確率変数 X が $\mathbf{V}[X] = 0$ を満たせば，それは定数であり $X = \mathbf{E}[X]$ が成り立つ（試みよ）．したがって，X の平均値の周りの揺らぎはゼロということである．

x_n が与えられたとする。その中には同じ値が重複して現れているかもしれないので，異なる値を取り出して，$y_1, y_2, \ldots, y_m$ とし，各 y_k が f_k 回ずつ重複して現れているとする。相対度数を

$$p_k = \frac{f_k}{n}$$

とおけば，当然，

$$p_k \geq 0, \qquad \sum_{k=1}^{m} p_k = 1$$

が成り立つ。これをもとにして，離散型確率変数 X を

$$P(X = y_k) = p_k \tag{5.31}$$

で定義する。確率変数 X の平均値は定義によって，

$$\mathbf{E}[X] = \sum_{k=1}^{m} y_k p_k = \sum_{k=1}^{m} y_k \frac{f_k}{n} = \frac{1}{n} \sum_{k=1}^{m} y_k f_k$$

となる。最後の和は，1 変量データ $x_1, x_2, \ldots, x_n$ の総和であるから，

$$\mathbf{E}[X] = \frac{1}{n} \sum_{i=1}^{n} x_i = \bar{x}$$

となり，$\mathbf{E}[X] = \bar{x}$ が成り立つ。つまり，1 変量データ $x_1, x_2, \ldots, x_n$ と確率変数 X を (5.31) によって関連付けることで，観測値の平均値と確率変数の平均値は同じことになる。同様にして，分散についても $\mathbf{V}[X] = s_x^2$ が成り立つ。さらに，1 変量データ $x_1, x_2, \ldots, x_n$ に対して定義される（累積）分布関数と確率変数 X に対して定義される分布関数は一致する。

5.5 2つの確率変数

複数の確率変数 $X_1, X_2, \ldots, X_n$ は，試行の繰り返しや時系列解析が念頭にあれば確率変数列として扱い，回帰分析など複数の変量間の関係性を論じる

ときは $\mathbf{X} = (X_1, X_2, \ldots, X_n)$ として n 次元空間のランダムベクトルとして扱う．数学的な本質は同じであるが，問題によって扱いやすい方が選ばれる．ここでは，2 つの確率変数 X, Y について必要な概念を紹介しておく．

■ **結合分布（同時分布）と周辺分布**　まず，X, Y ともに離散型の場合を考えよう．X のとりうる値を $a_1, a_2, \ldots$，Y のとりうる値を $b_1, b_2, \ldots$ としたとき，X と Y の関係性を含んだ確率

$$P(X = a_j, Y = b_k) = P(\{X = a_j\} \cap \{Y = b_k\})$$

が基本的である．これを X, Y の**結合分布**または**同時分布**という．同時分布に対して，

$$\sum_k P(X = a_j, Y = b_k), \qquad \sum_j P(X = a_j, Y = b_k)$$

をそれぞれ X, Y の**周辺分布**という．実際，

$$\sum_k P(X = a_j, Y = b_k) = \sum_k P(\{X = a_j\} \cap \{Y = b_k\})$$

は排反事象の確率の和なので，

$$\bigcup_k \{X = a_j\} \cap \{Y = b_k\} = \{X = a_j\} \cap \bigcup_k \{Y = b_k\} = \{X = a_j\}$$

の確率に一致する．最後の等式は $\bigcup_k \{Y = b_k\}$ が全事象であることによる．したがって，X の周辺分布について，

$$P(X = a_j) = \sum_k P(X = a_j, Y = b_k) \tag{5.32}$$

が成り立ち，単独の X の確率分布が得られることがわかる．もう 1 つの確率変数 Y についても同様であるから，

$$P(Y = b_k) = \sum_j P(X = a_j, Y = b_k) \tag{5.33}$$

が成り立つ．

■ **結合密度関数（同時密度関数）と周辺密度関数**　一般に，2 つの確率変数

X, Y に対して定義される 2 変数関数

$$F_{XY}(x,y) = P(X \le x, Y \le y) \tag{5.34}$$

を**結合分布関数**という. もし, 任意の a, b に対して,

$$P(X \le a, Y \le b) = F_{XY}(a,b) = \int_{-\infty}^{a} dx \int_{-\infty}^{b} f_{XY}(x,y) dy$$

を満たす関数 $f_{XY}(x,y)$ があれば, これを X, Y の**結合密度関数**または**同時密度関数**という. このとき, **周辺密度関数**が

$$f_X(x) = \int_{-\infty}^{+\infty} f_{XY}(x,y) dy, \qquad f_Y(x) = \int_{-\infty}^{+\infty} f_{XY}(x,y) dx$$

のように積分で定義され, それぞれ X と Y の密度関数になる.

確率変数 X, Y がそれぞれ単独で密度関数をもったとしても, 結合密度関数をもつとは限らない. また, X, Y の一方が連続型で他方が離散型という場合など考えられる組合せがいくつか出てくるが, ここでは扱わない. 複数の確率変数を統一的観点から扱うためには, 確率を公理的に扱って積分論を導入する必要がある. より進んだ数理統計学や確率論の文献を参照されたい.

定理 5.16 **(平均値の線形性)** 確率変数 X, Y と定数 a, b に対して,

$$\mathbf{E}[aX + bY] = a\mathbf{E}[X] + b\mathbf{E}[Y].$$

が成り立つ.

証明 証明を 2 つに分けて,

$$\mathbf{E}[aX] = a\mathbf{E}[X], \tag{5.35}$$

$$\mathbf{E}[X + Y] = \mathbf{E}[X] + \mathbf{E}[Y] \tag{5.36}$$

を示せばよい. (5.35) は定理 5.13 を用いて直ちに示される. ここでは, (5.36) を X, Y がともに離散型であることを仮定して証明しておこう. X のとりうる値を $a_1, a_2, \ldots$, Y のとりうる値を $b_1, b_2, \ldots$ とする. 定義によって, $\mathbf{E}[X + Y]$ は $X + Y$ のとりうる値を $c_1, c_2, \ldots$ とすれば,

$$\mathbf{E}[X + Y] = \sum_l c_l P(X + Y = c_l) \tag{5.37}$$

である．ところで，(5.37) において，$X + Y$ のとりうる値 c_l は $a_j + b_k$ の形で得られるが，必ずしも1通りに a_j と b_k が決まらないので，

$$P(X + Y = c_l) = \sum_{j,k:a_j+b_k=c_l} P(X = a_j, Y = b_k)$$

となる．したがって，(5.37) は，

$$\sum_l c_l P(X + Y = c_l) = \sum_l c_l \sum_{j,k:a_j+b_k=c_l} P(X = a_j, Y = b_k)$$
$$= \sum_l \sum_{j,k:a_j+b_k=c_l} (a_j + b_k)P(X = a_j, Y = b_k)$$

となり，最後の二重和はすべての a_j と b_k にわたってとることになるから，

$$\mathbf{E}[X + Y] = \sum_{j,k} (a_j + b_k)P(X = a_j, Y = b_k) \tag{5.38}$$

が得られる．(5.32), (5.33) を用いて右辺を計算すると，

$$= \sum_{j,k} a_j P(X = a_j, Y = b_k) + \sum_{j,k} b_k P(X = a_j, Y = b_k)$$
$$= \sum_j a_j P(X = a_j) + \sum_k b_k P(Y = b_k)$$

となり，最後の和は $\mathbf{E}[X] + \mathbf{E}[Y]$ に一致する．こうして，(5.36) が導かれた． $\square$

■ **共分散と相関係数**　一般に，2つの確率変数 X, Y に対して，

$$\sigma_{XY} = \mathbf{Cov}(X, Y) = \mathbf{E}[(X - \mathbf{E}[X])(Y - \mathbf{E}[Y])] \tag{5.39}$$

を**共分散**という．定義 (5.39) において $Y = X$ とおけば，$\mathbf{Cov}(X, X) = \mathbf{V}[X]$，つまり，$\sigma_{XX} = \sigma_X^2$ がわかる．このように，共分散は分散を一般化したものといえる．(5.39) の右辺を展開すれば，次の公式が得られる：

$$\sigma_{XY} = \mathbf{Cov}(X, Y) = \mathbf{E}[XY] - \mathbf{E}[X]\mathbf{E}[Y]. \tag{5.40}$$

共分散を標準化した量

$$\rho_{XY} = \frac{\sigma_{XY}}{\sigma_X \sigma_Y} = \mathbf{E}\left[\frac{X - \mathbf{E}[X]}{\sqrt{\mathbf{V}[X]}} \cdot \frac{Y - \mathbf{E}[Y]}{\sqrt{\mathbf{V}[Y]}}\right]$$

を X, Y の**相関係数**という．もちろん，相関係数が定義できるためには，$\mathbf{V}[X] > 0$ と $\mathbf{V}[Y] > 0$ が前提である．

定理 5.17 確率変数 X, Y に対して次の等式が成り立つ：

$$\mathbf{V}[X + Y] = \mathbf{V}[X] + \mathbf{V}[Y] + 2\mathbf{Cov}(X, Y). \tag{5.41}$$

証明 $\mathbf{V}[X + Y]$ に分散公式を適用すればよい（各自試みよ）． □

定理 5.18 確率変数 X, Y に対して次の不等式が成り立つ：

$$-1 \le \rho_{XY} \le 1. \tag{5.42}$$

証明 等式 (5.41) において Y を tY で置き換えると，

$$\mathbf{V}[X + tY] = \mathbf{V}[X] + t^2\mathbf{V}[Y] + 2t\mathbf{Cov}(X, Y)$$
$$= \sigma_X^2 + t^2\sigma_Y^2 + 2t\sigma_{XY} \tag{5.43}$$

となる．分散の性質から，すべての実数 t で $\mathbf{V}[X + tY] \ge 0$ である．相関係数が定義される前提として $\sigma_Y > 0$ であるから，(5.43) は t の 2 次式であり，すべての t に対して ≥ 0 である．そこで，2 次式に関する良く知られた判別式 D による判定条件を用いて，

$$\frac{D}{4} = \sigma_{XY}^2 - \sigma_X^2\sigma_Y^2 \le 0$$

が得られる．したがって，

$$\rho_{XY}^2 = \frac{\sigma_{XY}^2}{\sigma_X^2\sigma_Y^2} \le 1$$

となり，(5.42) が従う． □

5.6 確率の公理

組合せ確率や幾何学的確率において，確率の導入の仕方に共通点がある．それは，標本空間 Ω における事象 E の占める割合を，集合の「大きさ」の比

$$P(E) = \frac{|E|}{|\Omega|}$$

で与えているところである．集合の大きさ $|\cdot|$ としては，その集合に属する要素の個数，長さ，面積，体積などがあり，発展性のある考え方になっている．ここで，注目すべきは，次の 3 つの性質が共通に成り立つことである．

(P1) すべての事象 A に対して $0 \leq P(A) \leq 1$.
(P2) $P(\Omega) = 1$.
(P3) 互いに排反な事象の無限列 $A_1, A_2, \ldots$ に対して，

$$P\left(\bigcup_{n=1}^{\infty} A_n\right) = \sum_{n=1}^{\infty} P(A_n) \tag{5.44}$$

が成り立つ．

性質 (P3) を **σ-加法性** という．一方，互いに排反な事象 A, B に対して

$$P(A \cup B) = P(A) + P(B)$$

が成り立つことを **有限加法性** という．文字通り，この公式は有限個の排反事象に対して拡張される（数学的帰納法による）．しかし，σ-加法性を有限加法性から導くことはできない．

■ **確率の定義（公理）**　標本空間 Ω の事象 A に対して実数 $P(A)$ を対応させる関数 $A \mapsto P(A)$ が性質 (P1)-(P3) を満たすとき，P を Ω 上の **確率** と呼ぶ．確率論の出発点になる定義なので，性質 (P1)-(P3) を **確率の公理** ということもある．確率の公理は確率として備えるべき最小限の性質を述べたものであり，確率の他の性質はすべて公理から導くという立場に立っている．そこには，確率の具体的な構成方法などは示されてないが，公理的に確率を定義することで，確率をさまざまな文脈に応用することができるのである．

■ **確率空間**　上に確率の定義を与えたが，事象については曖昧さが残っている．標本空間 Ω が有限集合や可算集合のときは，断りがない限り，Ω のすべての部分集合がすなわち事象であり，確率計算の対象になるので，わざわざ言及する意味がない．ところが，標本空間 Ω が区間 $[0,1]$ のような連続無限集合

になると，いささか微妙な問題が起こる．つまり，Ω の「すべて」の部分集合を事象にとると，確率が当然満たすべき性質と両立できず破綻する場合がある．そこで，性質のよい部分集合だけを事象として集めて $\mathcal{F}$ をつくり，確率を考える対象を $\mathcal{F}$ に制限する必要がある．こうして，標本空間 Ω，事象の集合 $\mathcal{F}$，確率 P が設定され，それらを組にした $(\Omega, \mathcal{F}, P)$ を**確率空間**という．現代確率論は確率空間を基礎としており，提唱者の名を冠して**コルモゴロフ流確率論**とも呼ばれる．

確率の性質として知っているいくつかの性質を公理から導出してみよう．

■ **空事象の確率**　公理には全事象の確率について $P(\Omega) = 1$ が述べられているが，空事象の確率

$$P(\emptyset) = 0 \tag{5.45}$$

については述べられていない．(5.45) は公理から導出される「定理」であるという立場だからである．実際，事象列 $A_1, A_2, \ldots$ において $A_k = \emptyset$ とおくと，そららは互いに排反であり，それらの和事象は $\bigcup_{k=1}^{\infty} A_k = \emptyset$ である．公理 (P3) を用いると，

$$P(\emptyset) = P\left(\bigcup_{k=1}^{\infty} A_k \right) = \sum_{k=1}^{\infty} P(A_k) = \sum_{k=1}^{\infty} P(\emptyset) \tag{5.46}$$

となる．一方，(P1) から $0 \le P(\emptyset) \le 1$ である．もし，$P(\emptyset) > 0$ なら，最後の無限級数は発散するため，それが $P(\emptyset)$ に等しくなりえない．したがって，$P(\emptyset) = 0$ であり，確かに (5.46) が成り立つ．

■ **有限加法性**　2つの事象 A と B が互いに排反であるとする．事象の無限列を $A_1 = A, A_2 = B, A_3 = A_4 = \cdots = \emptyset$ とおき，公理 (P3) と空事象の確率 $P(\emptyset) = 0$ を適用すれば，$P(A \cup B) = P(A) + P(B)$ が導かれる．

■ **余事象の確率**　事象 A とその余事象 A^c に対して，

$$P(A^c) = 1 - P(A). \tag{5.47}$$

実際，余事象の定義によって，A と A^c は互いに排反であり，$\Omega = A \cup A^c$ が成り立つ．したがって，有限加法性から

$$1 = P(\Omega) = P(A \cup A^c) = P(A) + P(A^c)$$

が得られる．そうすれば，(5.47) は明らか.

■ **単調性** 2 つの事象 A, B が $A \subset B$ を満たすとき，

$$P(A) \leq P(B).$$

実際，$B = A \cup (B \backslash A)$ が互いに排反な事象の和になる．確率は常に ≥ 0 であることをあわせて，

$$P(B) = P(A) + P(B \backslash A) \geq P(A)$$

が得られる．

■ **包除原理** 2 つの事象 A, B に対して

$$P(A \cup B) = P(A) + P(B) - P(A \cap B) \tag{5.48}$$

が成り立つ（図 5.3 を参照）．直感的に理解できるが，確率の公理に基づいて証明しておこう．まず，差事象 $A \backslash B = A \cap B^c$ を用いると，$A = (A \backslash B) \cup (A \cap B)$ が互いに排反な事象の和になるので，

$$P(A) = P(A \backslash B) + P(A \cap B). \tag{5.49}$$

同様に，

$$P(B) = P(B \backslash A) + P(A \cap B). \tag{5.50}$$

一方で，$A \cup B = (A \backslash B) \cup (B \backslash A) \cup (A \cap B)$ も互いに排反な事象の和なので，

$$P(A \cup B) = P(A \backslash B) + P(B \backslash A) + P(A \cap B)$$

が成り立つ．これに，(5.49) と (5.50) を組合せて，

$$P(A \cup B) = (P(A) - P(A \cap B)) + (P(B) - P(A \cap B)) + P(A \cap B)$$
$$= P(A) + P(B) - P(A \cap B)$$

が得られる．なお，公式 (5.48) は n 個の事象に対して一般化される（$n = 3$ の場合は章末問題 5.8）．

■ **確率変数**　確率空間 $(\Omega, \mathcal{F}, P)$ が導入されると，確率変数は関数 $X : \Omega \to \mathbb{R}$ として明確に定義することができる．事象 A の生起を観測し，起これば 1，起こらないときは 0 として数値化すると，確率変数が定義される．これを確率空間を用いて述べれば，

$$X(\omega) = \begin{cases} 1, & \omega \in A \text{ のとき,} \\ 0, & \omega \notin A \text{ のとき} \end{cases}$$

となる．明らかに，$P(X = 1) = P(A)$ が成り立つので，X は成功確率 $P(A)$ のベルヌーイ分布に従うことになる．確率空間を用いて確率変数 X を導入すると，平均値が

$$\mathbf{E}[X] = \int_\Omega X(\omega) P(d\omega)$$

のように一般化された積分を用いて定義される[13]．これによって，離散型・連続型の区別なしに一貫した理論が構成される．

章末問題

5.1　トランプのカード 52 枚から 5 枚を選ぶとき，同じ数字のカードが 4 枚含まれる事象を A とし，同じ数字のカードが丁度 2 枚含まれ，ほかには同じ数字のカードがない事象を B とする．ただし，数字には J, Q, K も含める．事象 A, B が起こる確率をそれぞれ求め

---

13)　詳しくは，ルベーグ積分論の成書あるいはやや進んだ確率論の文献を参照されたい．

よ[14].

5.2 棒をランダムに折って 2 本の断片に分割するとき，長い方の断片の長さが短い方の 3 倍以上になる確率を求めよ.

5.3 地図帳で目的地を探すとき，いつも目的地が地図の周辺にあって不便な思いをしていないだろうか. 縦 30 cm，横 40 cm の長方形の地図で，目的地が地図の周辺 5 cm の範囲に見つかる確率を求めよ.

5.4 （分配法則） 事象 A, B, C に対して，次が成り立つことを示せ.
$$A \cup (B \cap C) = (A \cup B) \cap (A \cup C),$$
$$A \cap (B \cup C) = (A \cap B) \cup (A \cap C).$$

5.5 （ド・モルガンの法則） 事象 A, B に対して，次が成り立つことを示せ.
$$(A \cup B)^c = A^c \cap B^c, \qquad (A \cap B)^c = A^c \cup B^c.$$

5.6 コイン 3 枚を同時に投げるとき，表を向いたコインの枚数を X とする. X の分布関数を求め，そのグラフの概形を示せ.

5.7 k を定数とする. 関数
$$f(x) = \begin{cases} \dfrac{x}{25} + k, & 2 \le x \le 7, \\ 0, & \text{その他}, \end{cases}$$
が確率密度関数になるように k の値を定めて，この分布の平均値を求めよ.

5.8 （包除原理） 次の等式を証明せよ.
$$P(A \cup B \cup C) = P(A) + P(B) + P(C)$$
$$- P(A \cap B) - P(B \cap C) - P(C \cap A) + P(A \cap B \cap C).$$

5.9 事象 E, F が $P(E) = 1, P(F) = 0$ を満たすものとする[15]. このとき，すべての事

---

14) ポーカーの役でいえば，事象 A はフォーカード，事象 B はワンペアである. 意欲があれば，ポーカーの役すべてについて確率を求めよ.（実際のポーカーではカードを取り替えるが，ここでは，配られた状態だけを考える.）

15) 確率 1 の事象 E を**ほとんど確実な事象**，確率 0 の事象 F を**ほとんど不可能な事象**という. 文脈によっては，E はほとんど確実に起こる（成り立つ），または，F はほとんど確実に起こらない（不成立である）などともいう. $P(E) = 1$ だからといって $E = \Omega$ とは限らないし，$P(F) = 0$ だからといって $F = \emptyset$ とは限らないので注意しよう. 現実問題への応用では，確率 1 の事象は必ず起こり，確率 0 の事象は決して起こらないと解釈される.

象 A に対して次式が成り立つことを示せ.

$$P(A \cap E) = P(A \cup F) = P(A).$$

5.10　確率変数 X の平均値を μ, 分散を σ^2 とするとき, $\mathbf{E}[(X - 2)(X + 3)]$ を μ と σ を用いて表せ.

5.11　確率変数 X に対して, $\mathbf{E}[(X - a)^2]$ を最小にする実数 a を求めよ.

5.12　確率変数 X が $\mathbf{E}[X^2] = 0$ をみたせば, $\mathbf{E}[X] = 0$ であり, $\mathbf{V}[X] = 0$ となることを示せ.

5.13　サイコロを 2 個振って出る目のうち大きい方を X, 小さい方を Y とする. ただし, 同じ目が出た場合は $X = Y$ とする. Y の平均値と分散を求めよ.

5.14　長さ L の線分をランダムに 2 分割して得られる 2 つの線分のうち, 長い方の長さを X, 短い方を Y とする（丁度 2 等分されたときは $X = Y$ とする）. X, Y それぞれの平均値と分散を求めよ.

5.15　確率変数 X が非負の整数 $0, 1, 2, \ldots$ にのみ値をとるとき,

$$\mathbf{E}[X] = \sum_{n=1}^{\infty} P(X \geq n)$$

が成り立つことを示せ.

—— 第**6**章 ——

条件付き確率と独立性

本章では，複数の事象や確率変数の関係性の基本となる条件付き確率と独立性・従属性について扱う．関連してベイズの公式とその応用を述べる．

6.1 条件付き確率

2つの事象 A, B に対して，

$$P(B|A) = \frac{P(A \cap B)}{P(A)} \tag{6.1}$$

を A の下での B の**条件付き確率**という．ただし，条件付き確率 $P(B|A)$ を考えるときは，$P(A) > 0$ が仮定されているものとする．現実問題への応用において，条件付き確率 $P(B|A)$ は「A が起こったことを知ったときに B が起こる確率」と解釈される．

例題 6.1　2個のサイコロを振る試行で，少なくとも一方のサイコロの目が 5 以上である事象を A，2つのサイコロの目の和が 8 以下である事象を B とする．条件付き確率 $P(A|B)$ と $P(B|A)$ を求めよ．

解説　根元事象は 1 個目のサイコロの目 x と 2 個目のサイコロの目 y の組 (x, y) で表されるから，標本空間は

$$\Omega = \{(x, y)\,;\, x, y = 1, 2, 3, 4, 5, 6\}$$

となる．各根元事象 $\{(x, y)\}$ は等確率で起こり，$|\Omega| = 36$ であるから，一般の事象 E の確率は

$$P(E) = \frac{|E|}{36}$$

で与えられる．さて，問題の事象 A, B は，

$$A = \{(x, y) \in \Omega\,;\, x \geq 5 \text{ または } y \geq 5\},$$
$$B = \{(x, y) \in \Omega\,;\, x + y \leq 8\}$$

である．標本空間 Ω を正方形で表し，各辺を 6 等分してできる小正方形の 1 つ 1 つを根元事象に対応させるとわかりやすい（図 6.1）．一般の事象は，その小正方形の集まりとなり，確率は面積比となる．実際，簡単な計算によって，

$$P(B|A) = \frac{P(A \cap B)}{P(A)} = \frac{10/36}{20/36} = \frac{1}{2},$$
$$P(A|B) = \frac{P(A \cap B)}{P(B)} = \frac{10/36}{26/36} = \frac{5}{13}$$

が得られる． □

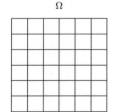
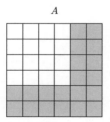
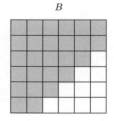

図 6.1　2 個のサイコロ振りの標本空間 Ω と 2 つの事象 A, B

条件付き確率の定義 (6.1) によって，2 つの事象 A, B に対して

$$P(A \cap B) = P(A)P(B|A) = P(B)P(A|B) \tag{6.2}$$

が成り立つ．これを**乗法法則**といい，たいへん有用な公式である．

例題 6.2　**（くじ引き）**　当たりくじ2本を含む10本のくじがあり，2人が
この順序でくじを引く（引いたくじは戻さない，つまり非復元抽出とす
る）．このとき，1人目が当たりを引く確率と2人目が当たりを引く確率
を比較せよ．

解説　1人目が当たりを引く事象を A，2人目が当たりを引く事象を B とする．まず，A
の確率について

$$P(A) = \frac{2}{10}, \quad P(A^c) = \frac{8}{10}$$

は明らか．2人目がくじを引くときは1人目の結果によって状況が変わる．1人目が当た
りくじを引いた後なら，9本中当たりが1本となるので

$$P(B|A) = \frac{1}{9}, \quad P(B^c|A) = \frac{8}{9}.$$

1人目がはずれくじを引いた後は，

$$P(B|A^c) = \frac{2}{9}, \quad P(B^c|A^c) = \frac{7}{9}.$$

乗法定理を用いると，2人とも当たりくじを引く確率は，

$$P(A \cap B) = P(A)P(B|A) = \frac{2}{10} \times \frac{1}{9} = \frac{2}{90} \tag{6.3}$$

となる．同様にして，1人目がはずれ，2人目が当たりを引く確率 $P(A^c \cap B)$ は

$$P(A^c \cap B) = P(A^c)P(B|A^c) = \frac{8}{10} \times \frac{2}{9} = \frac{16}{90} \tag{6.4}$$

となる．ところで，$B = (A \cap B) \cup (A^c \cap B)$ は互いに排反な事象の和になっているので，
(6.3) と (6.4) から，

$$P(B) = P(A \cap B) + P(A^c \cap B) = \frac{2}{90} + \frac{16}{90} = \frac{1}{5}$$

が得られる．したがって，$P(A) = P(B)$ である．つまり，くじ引きでは1番目に引いて
も2番目に引いても当たる確率は同じなのである．実は，何番目に引いても当たりを引く
確率は変わらず，くじ引きは公平なのである．　　　　　　　　　　　　　　　　□

6.2　ベイズの公式

標本空間 Ω が事象 $A_1, \ldots, A_n$ によって分割されているとは，$A_1, \ldots, A_n$ は
互いに排反，すなわち，$j \neq k$ ならば $A_j \cap A_k = \emptyset$ であり，

$$\Omega = \bigcup_{k=1}^{n} A_k \tag{6.5}$$

が成り立つときにいう.

定理 6.3 （**全確率の公式**）　標本空間 Ω が事象 $A_1, \ldots, A_n$ によって分割されているとき，任意の事象 B に対して次の等式が成り立つ:

$$P(B) = \sum_{k=1}^{n} P(A_k)P(B|A_k). \tag{6.6}$$

証明　事象 B も (6.5) に従って,

$$B = \bigcup_{k=1}^{n} B \cap A_k \tag{6.7}$$

のように分割される（図 6.2）. ここで，右辺は排反事象の和であるから,

$$P(B) = \sum_{k=1}^{n} P(B \cap A_k) \tag{6.8}$$

が成り立つ. 一方，条件付き確率の定義（あるいは乗法公式）によって,

$$P(B \cap A_k) = P(A_k)P(B|A_k)$$

であり，これを (6.8) に代入すると, (6.6) が得られる.　　　　　□

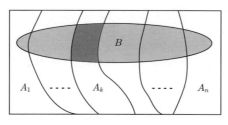

図 6.2　事象 B の分割: $B = \bigcup_{k=1}^{n} B \cap A_k$

定理 6.4　　（ベイズの公式）　標本空間 Ω が事象 $A_1, \ldots, A_n$ によって分割されているとき，任意の事象 B に対して，

$$P(A_j|B) = \frac{P(A_j)P(B|A_j)}{\displaystyle\sum_{k=1}^{n} P(A_k)P(B|A_k)}, \qquad j = 1, 2, \ldots, n, \qquad (6.9)$$

が成り立つ．

証明　条件付き確率の定義によって，

$$P(A_j|B) = \frac{P(A_j \cap B)}{P(B)} = \frac{P(A_j)P(B|A_j)}{P(B)}. \qquad (6.10)$$

また，全確率の公式から

$$P(B) = \sum_{k=1}^{n} P(A_k)P(B|A_k).$$

これを (6.10) に代入すれば，(6.9) が得られる． □

　ベイズの公式は結果から原因を推定する式とみなされる．

例題 6.5　　A_1, A_2, A_3 の 3 工場で生産された同じ規格の製品を 5:3:2 の割合で仕入れて倉庫に保管している．これまでの調査によって，A_1, A_2, A_3 の各工場における不良率は 2%, 3%, 6% であることがわかっている．いま，保管中の製品を 1 個取り出したところ不良品であった．この製品は A_1, A_2, A_3 いずれの工場で作られたものか，確率で答えよ．

解説　倉庫に保管している製品の全体を Ω として，そのうち工場 A_k で生産されたものが取り出される事象を A_k とおく．Ω は A_1, A_2, A_3 によって分割され，

$$P(A_1) = 0.5, \qquad P(A_2) = 0.3, \qquad P(A_3) = 0.2 \qquad (6.11)$$

となる．また，倉庫に保管している製品のうち不良品が選ばれる事象を D とする．題意より，

$$P(D|A_1) = 0.02, \qquad P(D|A_2) = 0.03, \qquad P(D|A_3) = 0.06, \qquad (6.12)$$

となる．取り出した 1 個の製品が不良であったとき，それが工場 A_k で生産されたものである確率は $P(A_k|D)$ となる．ベイズの公式によって，

$$P(A_k|D) = \frac{P(A_k)P(D|A_k)}{P(A_1)P(D|A_1) + P(A_2)P(D|A_2) + P(A_3)P(D|A_3)} \qquad (6.13)$$

で与えられる. (6.11) と (6.12) を代入して,

$$P(A_k|D) = \frac{P(A_k)P(D|A_k)}{0.5 \cdot 0.02 + 0.3 \cdot 0.03 + 0.2 \cdot 0.06} = \frac{P(A_k)P(D|A_k)}{0.031}$$

が得られる. $k = 1, 2, 3$ について計算すると,

$$P(A_1|D) = \frac{10}{31}, \qquad P(A_2|D) = \frac{9}{31}, \qquad P(A_3|D) = \frac{12}{31}$$

となり,その不良品を生産した工場が確率的に推測できる. □

■ **事前確率と事後確率**　ベイズの公式において,全事象の分割に現れる事象 A_k の確率 $P(A_k)$ は,B に関する試行を前提とせず,既知としている. その意味で,$P(A_k)$ を**事前確率**または**先験確率**という. これに対して,$P(A_k|B)$ を試行の結果を知ったうえでの判断の確率ということで**事後確率**という. 例題 6.5 では,各工場からの製品の割合が事前情報としてわかっていたことが重要である. これが不明である場合は,$P(A_1), P(A_2), P(A_3)$ を設定できない. 何の情報もないということで $P(A_1) = P(A_2) = P(A_3) = 1/3$ のように等確率であると考えてはならない. これは各工場からの製品の割合に関する重要な情報になる.

> **例題 6.6**　（**検査と診断**）　感染症 D の検査 T がある. この検査によって,感染者の 70% に陽性反応,非感染者の 99% に陰性反応が出る. 検査対象の集団では 2% が感染者であるという.
> (1) 陽性反応が出た人が実際に感染者である確率を求めよ.
> (2) 陰性反応が出た人が実際に非感染者である確率を求めよ.

解説　まず,検査対象者を集めて標本空間 Ω とする. その中で感染者の集合を D とすれば,非感染者の集合は D^c となる. また,検査の結果,陽性となった者を集めて T^+, 陰性となった者を集めて T^- とおく. 明らかに,Ω は

$$\Omega = D \cup D^c = T^+ \cup T^-$$

のように 2 通りに分割される. 題意により,

$$P(D) = 0.02, \qquad P(T^+|D) = 0.7, \qquad P(T^-|D^c) = 0.99$$

である.

(1) 求めたい確率は $P(D|T^+)$ である. ベイズの公式によれば,

$$P(D|T^+) = \frac{P(D)P(T^+|D)}{P(D)P(T^+|D) + P(D^c)P(T^+|D^c)} \tag{6.14}$$

となる. 明らかに, $P(T^+|D^c) + P(T^-|D^c) = 1$ であるから,

$$P(T^+|D^c) = 1 - P(T^-|D^c) = 1 - 0.99 = 0.01$$

である. したがって,

$$P(D|T^+) = \frac{0.7 \cdot 0.02}{0.7 \cdot 0.02 + 0.01(1 - 0.02)} = 0.588. \tag{6.15}$$

(2) 求めたい確率は $P(D^c|T^-)$ である. ベイズの公式によれば,

$$\begin{aligned} P(D^c|T^-) &= \frac{P(D^c)P(T^-|D^c)}{P(D^c)P(T^-|D^c) + P(D)P(T^-|D)} \\ &= \frac{0.98 \cdot 0.99}{0.98 \cdot 0.99 + 0.02 \cdot 0.3} = 0.994 \end{aligned}$$

このことから, 陰性反応が出たのならほぼ確実に非感染であるといえる. □

上の例題 6.6 では, 事前確率 $P(D)$ を既知としたので, 陽性反応が出た者のうちどのくらいが本当に感染しているかを知ることができた. もし, 検査対象とする集団の感染率がわからなければ, 事前確率を $d = P(D)$ とおいて,

$$P(D|T^+) = \frac{0.7d}{0.7d + 0.01(1 - d)} = \frac{70d}{1 + 69d} \tag{6.16}$$

が得られる. ここで, $0 \le d \le 1$ であり, d の値によって $P(D|T^+)$ は 0 から 1 までの値をとりうることに注意しておこう. 実際, $P(D|T^+)$ を d の関数としてグラフを描いておこう.

```
1  plt.figure(figsize=(5, 5))
2  d = np.arange(0, 1.01, 0.01)
3  p = 70*d / (1 + 69*d)
4  plt.plot(d, p)
5
6  plt.xlabel('P(D)')
7  plt.ylabel('P(D|T+)')
8  plt.hlines(0, 0, 1, color='gray', linestyle=':')
9  plt.hlines(1, 0, 1, color='gray', linestyle=':')
```

```
10  plt.vlines(0, 0, 1, color='gray', linestyle=':')
11  plt.vlines(1, 0, 1, color='gray', linestyle=':')
```

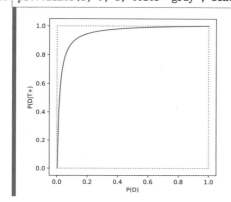

これを見ると $d = P(D)$ がある程度大きくないと，陽性反応が出た者の大多数は非感染者ということになる．たとえば，$P(D|T^+) \geq 0.5$ を確保するためには，$P(D) \geq 0.014$ が必要である．逆にいえば，感染率が 0.014 以下では，陽性反応が出た者の半数以上は非感染者となる．

なお，$P(T^+|D)$ を検査の **感度**，$P(T^-|D^c)$ を **特異度** という．また，$P(T^+|D^c)$ は非感染者に対して陽性反応を与える擬陽性の確率，$P(T^-|D)$ は感染者に対して陰性反応を与える偽陰性の確率である．

6.3 事象の独立性

2 つの事象 A, B は，

$$P(A \cap B) = P(A)P(B) \tag{6.17}$$

を満たすとき **独立** であるという．独立でないとき **従属** であるという．この定義では，$P(A) = 0$ または $P(B) = 0$ の場合を排除していない．$P(A) = 0$ ならば，確率の単調性 $P(A \cap B) \leq P(A)$ から $P(A \cap B) = 0$ がわかる．したがって，$P(A) = 0$ ならば，任意の B に対して (6.17) が成り立つ．言い換えると，$P(A) = 0$ を満たす事象 A はすべての事象と独立となる．ついでにいう

と，$P(A) = 1$ を満たす事象 A もすべての事象と独立となる．

■ **条件付き確率と独立性** (6.17) において $P(A) > 0$ を仮定しよう．両辺を $P(A)$ で割れば，

$$P(B|A) = \frac{P(A \cap B)}{P(A)} = P(B) \qquad (6.18)$$

が得られる．これは，B の生起が A とは無関係であることを意味する．逆に，$P(B|A) = P(B)$ から (6.17) が導かれる．したがって，2つの事象 A, B に対して，$P(A) > 0$ であれば，A と B が独立であることと $P(B|A) = P(B)$ は同値である．

例 6.7　ジョーカーを除いた 52 枚のカードからランダムに 1 枚を抜き取る試行において，エースの出る事象を A とし，ハートが出る事象を B とする．明らかに，

$$P(A) = \frac{|A|}{52} = \frac{4}{52} = \frac{1}{13}, \qquad P(B) = \frac{|B|}{52} = \frac{13}{52} = \frac{1}{4}$$

である．さらに，積事象 $A \cap B$ は抜き出したカードがハートのエースであることを意味するので，

$$P(A \cap B) = \frac{|A \cap B|}{52} = \frac{1}{52}$$

となる．明らかに，$P(A \cap B) = P(A)P(B)$ が成り立ち，2つの事象 A, B は独立である．

例 6.8　例題 6.2 のくじ引きにおいて，

$$P(A) = P(B) = \frac{1}{5}, \qquad P(A \cap B) = P(A)P(B|A) = \frac{2}{10} \cdot \frac{1}{9} = \frac{2}{90}$$

である．したがって，$P(A \cap B) \neq P(A)P(B)$ であり，2つの事象 A, B は独立ではない．このことが，くじ引きの順番に不公平感が生まれる原因であろう．

例題 6.9　事象 A, B が互いに独立であるとき，A^c, B^c も互いに独立であることを示せ.

解説　事象 A, B の一方を余事象で置き換えた A^c, B が互いに独立であることを示せば十分である（A^c, B^c についてはこの操作を 2 度行えばよいため）. まず，$A^c \cap B = B \backslash (A \cap B)$ において，$A \cap B \subset B$ であるから,

$$P(A^c \cap B) = P(B) - P(A \cap B)$$

がわかる. ここで，事象 A, B の独立性 $P(A \cap B) = P(A)P(B)$ を用いると,

$$P(A^c \cap B) = P(B) - P(A)P(B) = (1 - P(A))P(B) = P(A^c)P(B)$$

が得られる. したがって，A^c と B は独立である.　　　　　　　　　□

■ **排反と独立**　2 つ事象 A, B が独立であることと排反であることを混同してはならない. もし，A と B が独立かつ排反であったなら,

$$P(A \cap B) = P(A)P(B), \quad P(A \cap B) = P(\emptyset) = 0$$

が同時に成り立つので，$P(A) = 0$ または $P(B) = 0$ が導かれる. したがって，$P(A) > 0$ と $P(B) > 0$ を満たす 2 つの事象 A, B が独立かつ排反になることはない. 直感的には，A と B が排反であれば「A が起これば B が起こらない」という強い関係があるので，それらは独立ではありえないのである.

■ **3 つ以上の事象の独立性**　事象の列 $A_1, A_2, \ldots$ が**独立**であるとは，そこから任意に選び出した任意有限個の $A_{i_1}, A_{i_2}, \ldots, A_{i_n}$ $(i_1 < i_2 < \cdots < i_n)$ に対して,

$$P(A_{i_1} \cap \cdots \cap A_{i_n}) = P(A_{i_1}) \cdots P(A_{i_n})$$

が成り立つときにいう. この条件は，$A_1, A_2, \ldots$ のどの 2 つも互いに独立であることより真に強い条件である. たとえば，3 つの事象 A_1, A_2, A_3 が独立であるためには，そこから任意に選び出した 2 つの事象が独立, すなわち,

$$P(A_1 \cap A_2) = P(A_1)P(A_2),$$

$$P(A_2 \cap A_3) = P(A_2)P(A_3),$$

$$P(A_3 \cap A_1) = P(A_3)P(A_1),$$

だけでは不十分で，さらに

$$P(A_1 \cap A_2 \cap A_3) = P(A_1)P(A_2)P(A_3) \qquad (6.19)$$

も必要なのである．

例 6.10   それぞれに 112, 121, 211, 222 が書かれている 4 個の球が壺の中に入っている．この壺から 1 個の球を取り出して番号を読むとき，1 位の数字が 1 である事象を A_1, 10 位の数字が 1 である事象を A_2, 100 位の数字が 1 である事象を A_3 とする．言い換えると，

$$A_1 = \{121, 211\}, \quad A_2 = \{112, 211\}, \quad A_3 = \{112, 121\}$$

である．このとき，A_1, A_2, A_3 から選んだ 2 つの事象は互いに独立になっている．たとえば，

$$P(A_1 \cap A_2) = \frac{1}{4} = \frac{1}{2} \times \frac{1}{2} = P(A_1)P(A_2)$$

から，A_1 と A_2 は独立である．同様に，$P(A_2 \cap A_3)$, $P(A_3 \cap A_1)$ についても確かめられる．一方，$A_1 \cap A_2 \cap A_3 = \emptyset$ から $P(A_1 \cap A_2 \cap A_3) = 0$ であるが，

$$P(A_1)P(A_2)P(A_3) = \frac{1}{8} \neq 0 = P(A_1 \cap A_2 \cap A_3)$$

となる．したがって，3 個の事象 A_1, A_2, A_3 は独立ではない．

6.4   独立な確率変数

確率変数 X, Y が**独立**であるとは，任意の a, b に対して，

$$P(X \leq a, Y \leq b) = P(X \leq a)P(Y \leq b) \qquad (6.20)$$

が成り立つときにいう．この条件は，X, Y それぞれが定める事象 $\{X \leq a\}$ と $\{Y \leq b\}$ が独立になることを意味する．また，X, Y の結合分布関数がそれぞれの分布関数の積になることといってもよい．さらに，3 個以上の確率変数 $X_1, X_2, \ldots$ の独立性は，それぞれの定める事象 $\{X_1 \leq a_1\}, \{X_2 \leq a_2\}, \ldots$ の独立性を用いて定義する．

■ **離散型確率変数の独立性** 離散型確率変数 X, Y が独立であるための必要十分条件は，X のとりうる値を $a_1, a_2, \ldots$，Y のとりうる値を $b_1, b_2, \ldots$ として，

$$P(X = a_j, Y = b_k) = P(X = a_j)P(Y = b_k) \tag{6.21}$$

が成り立つことである．実際，離散型の場合は (6.20) と (6.21) が同値であることが容易に示される．

■ **連続型確率変数の独立性** 確率変数 X, Y が結合密度関数 $f_{XY}(x, y)$ をもつときは，(6.20) は

$$f_{XY}(x, y) = f_X(x)f_Y(y)$$

と同値になる．ここで，X, Y の周辺密度関数がそれぞれ X, Y の密度関数に一致して，

$$f_X(x) = \int_{-\infty}^{+\infty} f_{XY}(x, y)dy, \qquad f_Y(x) = \int_{-\infty}^{+\infty} f_{XY}(x, y)dx$$

が成り立つことを思い出せば，確率変数 X, Y の独立性は結合密度関数 $f_{XY}(x, y)$ がそれぞれの周辺密度関数の積になることといってよい．

例 6.11 ジョーカーを除いた 52 枚のカードからランダムに抜き出した 1 枚のカードの数字を X，スートを Y とする（スートは適当に数値化しておく）．このとき，X, Y は離散型確率変数であり，例 6.7 の議論をそのままなぞれば，それらが独立であることがわかる．

例 6.12 座標平面の正方形 $\Omega = \{(x, y) ; 0 \leq x \leq 1, 0 \leq y \leq 1\}$ からランダ

ムに 1 点を選び,その x 座標を X,y 座標を Y とする.このとき,X, Y は連続型確率変数になり,それらは独立である.実際,$0 \le a \le 1$,$0 \le b \le 1$ のとき,図形的考察によって $P(X \le a, Y \le b) = ab = P(X \le a)P(Y \le b)$ が成り立つ.他の場合も (6.20) が成り立つことが容易にわかる(試みよ).

定理 6.13 **（平均値の乗法性）** 確率変数 X, Y が独立であれば,

$$\mathbf{E}[XY] = \mathbf{E}[X]\mathbf{E}[Y] \tag{6.22}$$

が成り立つ.

証明 離散型の場合に証明しておく[1].X, Y ともに離散型として,X のとりうる値を $a_1, a_2, \ldots$,Y のとりうる値を $b_1, b_2, \ldots$ とおく.(5.38) を導いた議論と同様にして,

$$\mathbf{E}[XY] = \sum_{j,k} a_j b_k P(X = a_j, Y = b_k) \tag{6.23}$$

がわかる.ここで,(6.21) を用いれば,(6.23) の右辺は

$$\sum_{j,k} a_j b_k P(X = a_j, Y = b_k) = \sum_{j,k} a_j b_k P(X = a_j)P(Y = b_k)$$
$$= \sum_j a_j P(X = a_j) \sum_k b_k P(Y = b_k)$$
$$= \mathbf{E}[X]\mathbf{E}[Y]$$

となり,(6.22) が示された. □

定理 6.14 **（分散の加法性）** 確率変数 X, Y が独立であれば,

$$\mathbf{V}[X + Y] = \mathbf{V}[X] + \mathbf{V}[Y] \tag{6.24}$$

が成り立つ.

証明 2 つの確率変数 X, Y の和に分散公式を適用して計算すると,

---

1) 同時密度関数をもつ場合も同様に示される(試みよ).全く一般の場合は積分論を要するので省略する.

$$\mathbf{V}[X+Y] = \mathbf{E}[(X+Y)^2] - \mathbf{E}[X+Y]^2$$
$$= \mathbf{E}[X^2 + 2XY + Y^2] - (\mathbf{E}[X] + \mathbf{E}[Y])^2$$
$$= \mathbf{E}[X^2] - \mathbf{E}[X]^2 + \mathbf{E}[Y^2] - \mathbf{E}[Y]^2 + 2(\mathbf{E}[XY] - \mathbf{E}[X]\mathbf{E}[Y])$$
$$= \mathbf{V}[X] + \mathbf{V}[Y] + 2(\mathbf{E}[XY] - \mathbf{E}[X]\mathbf{E}[Y]) \tag{6.25}$$

となる．もし X と Y が独立であれば，平均値の乗法性によって $\mathbf{E}[XY] = \mathbf{E}[X]\mathbf{E}[Y]$ が成り立つので，(6.24) が得られる． $\qquad\square$

上の証明は，確率変数 X, Y は独立でなくとも，

$$\mathbf{E}[XY] - \mathbf{E}[X]\mathbf{E}[Y] = 0$$

を満たしていれば通用する．ここで，左辺は共分散 $\mathbf{Cov}(X, Y)$ の定義そのものである（第 5.5 節）．一般に，確率変数 X, Y が $\mathbf{Cov}(X, Y) = 0$ を満たすとき，それらは**無相関**であるという．そうすると，次のことはすでに示された．

定理 6.15	無相関な確率変数 X, Y は分散の加法性 (6.24) を満たす．

定理 6.16	確率変数 X, Y は独立であれば，無相関である．

例題 6.17 確率変数 U, V は独立で，それらの分布が

$$P(U = 1) = P(U = -1) = \frac{1}{2}, \qquad P(V = 1) = P(V = -1) = \frac{1}{2}$$

で与えられているものとし，確率変数 X, Y を $X = U + V$, $Y = U - V$ で定義する．このとき，$\mathbf{Cov}(X, Y) = 0$ であるが，X と Y は独立ではないことを示せ．

解説 まず，$\mathbf{E}[U] = \mathbf{E}[V] = 0$, $\mathbf{E}[U^2] = \mathbf{E}[V^2] = 1$ は容易である．そうすれば，

$$\mathbf{Cov}(X, Y) = \mathbf{E}[XY] - \mathbf{E}[X]\mathbf{E}[Y]$$
$$= \mathbf{E}[(U + V)(U - V)] - \mathbf{E}[U + V]\mathbf{E}[U - V]$$
$$= \mathbf{E}[U^2] - \mathbf{E}[V^2] - (\mathbf{E}[U] + \mathbf{E}[V])(\mathbf{E}[U] - \mathbf{E}[V]) = 0$$

となり，X, Y が無相関であることが示された．次に，独立性について調べよう．まず，

$$P(X = 2, Y = 0) = P(U = V = 1) = P(U = 1)P(V = 1) = \frac{1}{4}$$

である．一方，

$$P(X = 2) = P(U = V = 1) = \frac{1}{4}, \qquad P(Y = 0) = P(U = V) = \frac{1}{2}$$

から $P(X = 2)P(Y = 0) = 1/8 \neq P(X = 2, Y = 0)$ となり，X と Y は独立ではない．

$\square$

例題 6.17 は，$\mathbf{Cov}(X, Y) = 0$ だからといって，X と Y は独立とは限らないことを示す．言い換えれば，定理 6.16 の逆は成り立たないのである．無相関性は数値的に確認しやすいが，それだけでは独立性の判定にならないので注意しよう．

章末問題

6.1 サイコロを2個振って出る目のうち大きい方を X，小さい方を Y とする．ただし，同じ目が出た場合は $X = Y$ とする．次の条件付き確率を求めよ．

$$P(X \leq 4 | Y = 2), \qquad P(X + Y \geq 8 | X \geq 5),$$

6.2 壺の中に a 個の白玉と b 個の黒玉が入っている．この壺から1個を取り出し，同色の玉を c 個付け加えて戻す．壺の中には $a + b + c$ 個の玉が入っている．そこから再び1個を取り出すとき，その玉が白玉である確率を求めよ．

6.3（乗法定理の一般化） 事象 A, B, C に対して，

$$P(A \cap B \cap C) = P(A)P(B|A)P(C|A \cap B)$$

が成り立つことを示せ．

6.4 3つの事象 A, B, C が $P(A \cap B \cap C) \neq 0$ と $P(C|A \cap B) = P(C|B)$ を満たすとき，$P(A|B \cap C) = P(A|B)$ が成り立つことを示せ．

6.5 2つの壺 U_1, U_2 があり，U_1 には赤玉4個，白玉2個，黒玉4個，U_2 には赤玉5個，白玉3個，黒玉2個が入っている．まず，U_1 から1個の玉を取り出して U_2 に入れ，次に，U_2 から1個の玉を取り出したところ黒玉であった．初めに U_1 から取り出した玉は何色であったか，確率で答えよ．

6.6 感染率が 0.2% の地域において，感染症の検査 T を実施する．ただし，この検査 T は感染者の 80% に陽性反応を示すが，非感染者の 0.5% にも陽性反応が出てしまう．

(1) この検査を受けて陽性反応が出た人が感染者である確率を求めよ．

(2) この検査を受けて陰性反応が出た人が非感染者である確率を求めよ．

6.7 A, B, C が独立で，$P(A) = a$, $P(B) = b$, $P(C) = c$ とする．次の確率を a, b, c を用いて表せ．

$$P(A \cap B^c), \quad P(A \cup B \cup C) \quad P(A \cup (B \cap C)), \quad P(A|B \cup C).$$

6.8 $P(A|B) = P(A|B^c)$ が成り立つための条件を調べよ．

6.9 2 つの確率変数 X, Y は独立で，$\mathbf{E}[X] = \mu_1$, $\mathbf{E}[Y] = \mu_2$, $\mathbf{V}[X] = \sigma_1^2$, $\mathbf{V}[Y] = \sigma_2^2$ とするとき，次の統計量を $\mu_1, \mu_2, \sigma_1, \sigma_2$ を用いて表せ．

$$\mathbf{E}[X + Y], \quad \mathbf{E}[XY], \quad \mathbf{V}[X + Y], \quad \mathbf{V}[XY].$$

6.10 3 つの確率変数 X, Y, Z について，X と Z が無相関，Y と Z が無相関であれば，$X + Y$ と Z も無相関であることを示せ．

第7章

主要な確率分布

　基本的な確率分布には名前がついているものが多い．本章では，特に重要な確率分布を列挙して，それらの基本的な性質を整理する．さらに，Pythonによる扱いについても述べる．

7.1 離散分布

7.1.1 二項分布

　成功確率 p のベルヌーイ試行を n 回繰り返すとき，得られる成功の回数を X とすると，X は確率変数であり，丁度 k 回の成功が起こる確率は

$$P(X = k) = \binom{n}{k} p^k (1-p)^{n-k}, \qquad k = 0, 1, 2, \ldots, n, \tag{7.1}$$

で与えられる．ただし，$n = 1, 2, \ldots$ であり，例外に言及する手間を省くため $0 \leq p \leq 1$ とする（規約として $0^0 = 1$ である）．確かに，(7.1) が確率を与えていることは，二項展開の公式

$$(a + b)^n = \sum_{k=0}^{n} \binom{n}{k} a^k b^{n-k}$$

において，$a = p, b = 1 - p$ とおいて確認できる．こうして，(7.1) で与えられ

る確率分布を**成功確率 p の二項分布**といい，記号 $B(n, p)$ で表す．

特に，$n = 1$ のとき，つまり，成功確率 p のベルヌーイ試行を 1 回だけ行う
とき，得られる成功の回数を Z とすると，

$$P(Z = 1) = p, \qquad P(Z = 0) = 1 - p,$$

となる．この分布を**成功確率 p のベルヌーイ分布**という．1 回のコイン投げの
確率モデル（表の出る確率を p として，表を 1，裏を 0 のように数値化する）
である．

定理 7.1 成功確率 p のベルヌーイ分布 $B(1, p)$ の平均値と分散は，

$$\mu = p, \qquad \sigma^2 = p(1 - p) \tag{7.2}$$

となる．また，成功確率 p の二項分布 $B(n, p)$ の平均値と分散は次で与え
られる：

$$\mu = np, \qquad \sigma^2 = np(1 - p). \tag{7.3}$$

証明 ベルヌーイ分布 $B(1, p)$ の平均値と分散は容易である．$Z \sim B(1, p)$ とすれば，定
義に従って

$$\mathbf{E}[Z] = 1 \times p + 0 \times (1 - p) = p$$

が得られる．分散については，$Z^2 = Z$ に注意して，

$$\mathbf{V}[Z] = \mathbf{E}[Z^2] - \mathbf{E}[Z]^2 = \mathbf{E}[Z] - \mathbf{E}[Z]^2 = p - p^2 = p(1 - p)$$

となり，(7.2) が得られる．

二項分布 $B(n, p)$ の平均値と分散については，何通りかの導き方がある．ここでは汎用
性の高い母関数の方法を紹介しておこう．$X \sim B(n, p)$ とおいて，$P(X = k)$ を係数とす
る多項式

$$G(z) = \sum_{k=0}^{n} P(X = k) z^k \tag{7.4}$$

を**（確率）母関数**という[1]．まず，$G(z)$ を z で微分すると，

---

1) 一般に，母関数は数列 $a_0, a_1, a_2, \ldots$ に対して定義される．有限数列に対しては多項式
となるが，無限数列のときはべき級数として扱う．

$$G'(z) = \sum_{k=0}^{n} kP(X=k)z^{k-1} \tag{7.5}$$

となり，これに $z=1$ を代入すると，

$$G'(1) = \sum_{k=0}^{n} kP(X=k)$$

が得られる．これは X の平均値に他ならないので，

$$\mu = \mathbf{E}[X] = G'(1) \tag{7.6}$$

が成り立つ．次に，(7.5) に z をかけて微分すると，

$$(zG'(z))' = G'(z) + zG''(z) = \sum_{k=0}^{n} k^2 P(X=k)z^{k-1}$$

となり，$z=1$ を代入して，

$$G'(1) + G''(1) = \sum_{k=1}^{n} k^2 P(X=k)$$

が得られる．これは $\mathbf{E}[X^2]$ に他ならない．つまり，

$$\mathbf{E}[X^2] = G'(1) + G''(1) \tag{7.7}$$

が成り立つ．分散公式 $\sigma^2 = \mathbf{V}[X] = \mathbf{E}[X^2] - \mathbf{E}[X]^2$ に (7.6) と (7.7) を代入して，分散に関する公式

$$\sigma^2 = \mathbf{V}[X] = G'(1) + G''(1) - G'(1)^2 \tag{7.8}$$

が得られる．一方，二項分布 $B(n,p)$ の母関数を具体的に書き下すと，

$$G(z) = \sum_{k=0}^{n} \binom{n}{k} p^k (1-p)^{n-k} z^k$$
$$= \sum_{k=0}^{n} \binom{n}{k} (pz)^k (1-p)^{n-k} = (pz + (1-p))^n \tag{7.9}$$

となる．最後の等式は二項展開の公式による．ここで $G(z)$ が簡潔な形で求められたところがポイントである．(7.9) の両辺を z で微分して，

$$G'(z) = np(pz + (1-p))^{n-1},$$
$$G''(z) = n(n-1)p^2 (pz + (1-p))^{n-2}$$

が得られる．$z=1$ を代入して，

$$G'(1) = np, \qquad G''(1) = n(n-1)p^2$$

がわかる. あとは公式 (7.6) と (7.8) に代入して,

$$\mu = G'(1) = np,$$
$$\sigma^2 = G'(1) + G''(1) - G'(1)^2 = np(1-p)$$

となり, (7.3) が示された. □

■ **二項分布の可視化** Python で二項係数を計算する方法は何通りかあるが, ここでは math モジュールを使うことにする. プログラムの冒頭で, いつもの 3 行に加えて math モジュールを読み込む.

```
1  import numpy as np
2  import pandas as pd
3  import matplotlib.pyplot as plt
4  import math
```

二項係数 $\binom{n}{k}$ は math.comb(n, k) 関数で与えられる. ただし, n, k は $0 \leq k \leq n$ を満たす整数とする.

```
1  math.comb(20, 3)
```
```
   1140
```

もちろん, 階乗を含む二項係数の定義を用いてもよい. 整数 $n \geq 0$ に対して, 階乗 $n!$ は math.factorial(n) 関数で与えられる.

```
1  math.factorial(20) / math.factorial(3) / math.factorial(17)
```
```
   1140.0
```

こちらは整数の比なので, 浮動小数点数が返っている.

では, 二項分布を導入しよう. 確率変数 X が $B(n, p)$ に従うものとして, $P(X = x)$ を与える b(n, p, x) 関数を直接定義する.

```
1  def b(n, p, x):
2      x_range = np.arange(n+1)
3      if x in x_range:
4          return math.comb(n, x) * p**x * (1-p)**(n-x)
5      else:
6          return 0
```

確率変数 X のとりうる値は $0 \leq x \leq n$ を満たす整数だけであり，それ以外の x に対しては $P(X = x) = 0$ である．プログラム 5-6 行目はこのことに対応している．さっそく使ってみよう．

```
1  b(10, 0.4, 3)
```
```
   0.21499084799999998
```

これは，$X \sim B(10, 0.4)$ に対して，$P(X = 3)$ を返している．

次に，二項分布の確率分布を一覧にしてリストに出力しておこう．

```
1  n, p = 10, 0.4
2  x_range = np.arange(n+1)
3  prob = [b(n, p, x) for x in x_range]
4  prob
```
```
   [0.006046617599999997,
    0.04031078399999999,
    0.12093235199999998,
        （途中省略）
    0.0015728640000000009,
    0.00010485760000000006]
```

プログラムの 1 行目は二項分布のパラメータの設定である．2 行目で，表示したい x の範囲を x_range として設定している．変数 x_range は b() 関数の定義の中にも現れているが，それとは独立に扱われる．ここでは，$0 \leq x \leq n$ を満たすすべての整数に対して確率を求めるために，np.arange(n+1) としたが，任意に設定してよい．3 行目は，x を x_range を走らせて得られる b(n, p, x) の値を配列したリストである[2]．

得られた二項分布をヒストグラム風に描画してみよう．そのためには棒グラフを出力する plt.bar() 関数を用いる（第 3.4 節）．オプションとして棒の幅を width=1 に指定すると，棒の間に隙間ができず，分布の形を見るのに適した形になる．ついでに，plt.plot() 関数による折れ線グラフも書き加えておこう．

---

2)　このような記法を**内包表記**といい，Python の特徴になっている．集合の内包的記法と似ているところに注目しておこう．

```
1 plt.bar(x_range, prob, width=1, alpha = 0.5, ec='k')
2 plt.plot(x_range, prob, lw=2, color='blue')
```

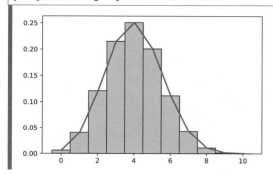

■ **確率の数値計算**　二項分布 $B(n, p)$ の確率分布はすでに prob リストとして出力したが，ここではより高機能な NumPy アレイを作ることから始めよう．

```
1 def Binom(n, p):
2     x_range = np.arange(n+1)
3     return np.array([b(n, p, x) for x in x_range])
```

これによって，二項分布 $B(n, p)$ の確率分布の一覧が NumPy アレイの形式で得られる．確かめてみよう．

```
1 n, p = 10, 0.4
2 Binom(n, p)
```

```
array([6.04661760e-03, 4.03107840e-02,　（途中省略）
       1.06168320e-02, 1.57286400e-03, 1.04857600e-04])
```

この配列の部分和をとることで，確率が計算できる．例を示そう．

確率	書式
$P(X = 5)$	Binom(n,p)[5]
$P(X \leq 4)$	Binom(n,p)[:5].sum()
$P(2 \leq X \leq 6)$	Binom(n,p)[2:7].sum()

また，累積分布は Binom(n, p).cumsum() によって NumPy アレイとして得られる．図示しておこう．

```
1  n, p = 10, 0.4
2  x_range = np.arange(n+1)
3  plt.bar(x_range, Binom(n, p).cumsum(),
4          width=1, alpha=0.5, ec='k')
5  plt.plot(x_range, Binom(n, p).cumsum(), lw=2, color='blue')
```

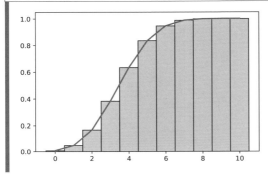

例題 7.2　二項分布 $B(200, 0.4)$ に従う確率変数を X とする．X の確率分布を図示し，確率 $P(X \leq a) > 0.01$ を満たす最小の a を求めよ．

解説　すでに定義した b() 関数と Binom() 関数を使う．

```
1  n, p = 200, 0.4
2  x_range = np.arange(n+1)
3  plt.bar(x_range, Binom(n, p), width=1, alpha=0.5, ec='k')
4  plt.plot(x_range, Binom(n, p), lw=2, color='blue')
5  plt.xlim([40, 120])
```

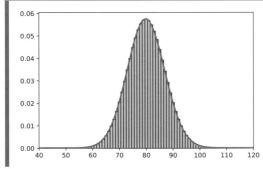

プログラムの最終行を省くとグラフは $0 \leq x \leq 200$ の範囲で描かれるが，描画すればわかるように $x = 80$ から大きく離れると確率はほとんどゼロである．そこで，plt.xlim() 関

数を使って $40 \le x \le 120$ の範囲を切り抜いて描画した.

次に, 確率 $P(X \le a) > 0.01$ を満たす最小の a を求める. そのためには, 確率 $P(X \le a)$ を $a = 0, 1, 2, \ldots$ について次々に計算して, 初めて 0.01 を越える a を答えればよい.

```
for a in x_range:
    if Binom(n, p)[0:a+1].sum() <= 0.01:
        a=a+1
    else:
        print(a)
        break
```
64

プログラム 1 行目でカウンターとなる a は 0 から順に x_range で定められた整数を走る. 2 行目は $P(0 \le X \le a) \le 0.01$ を満たすかどうかの判定文であり, これが満たされれば, a に 1 加えて判定を続ける. 満たされなければ, BinomDistr(n,p)[0:a+1].sum() <= 0.01 が False であり, $P(0 \le X \le a) > 0.01$ である. この a が求めるものであるから, 5 行目で画面に表示して, 6 行目でループを止めている. 6 行目がないと, 64 以降の x_range の範囲の整数がすべて表示される. なお, 検算してみると,

```
Binom(n, p)[0:64].sum(), Binom(n, p)[0:65].sum()
```
(0.007979180552835467, 0.011874236863777487)

したがって, $P(0 \le X \le 63) = 0.00798$, $P(0 \le X \le 64) = 0.01187$ であり, 題意を満たす a は確かに $a = 64$ である. □

7.1.2 幾何分布

成功確率 p のベルヌーイ試行を繰り返すとき, 初めて成功するまでに要する試行の回数を T とする (この回数には, 成功した試行も含める). 論理的には T のとりうる値は $1, 2, \ldots$ では尽きず, いつまでも成功しないという事象も考慮して $T = +\infty$ (無限大) も考えておく[3]. 事象 $\{T = k\}$ は, k 回目に初めて成功するまでに $k - 1$ 回の失敗が続くことを意味するから, その確率は

$$P(T = k) = (1 - p)^{k-1} p, \qquad k = 1, 2, \ldots \tag{7.10}$$

となる. 有限回の試行で成功する確率は,

---

[3] ここで, $+\infty$ は実数ではないが, どの実数よりも大きな仮想的な数として扱うことで, T も確率変数と考えることができる.

$$P(T < +\infty) = \sum_{k=1}^{\infty} P(T = k) = \sum_{k=1}^{\infty} (1-p)^{k-1} p = 1$$

となり，いつとはいえないが，いつか必ず成功することがいえる．なお，最後の等式は，無限級数の公式

$$\sum_{n=0}^{\infty} r^n = \frac{1}{1-r}, \qquad |r| < 1,$$

による．こうして，$P(T = +\infty) = 0$ が示されたため，T の値として論理的には考える必要があった $+\infty$ であるが，確率変数としては考える必要はない．

　等式 (7.10) によって与えられる T の分布をパラメータ p の（または成功確率 p の）**幾何分布**という[4]．幾何分布は待ち時間のモデルとして基本的である．

定理 7.3　パラメータ p の幾何分布の平均値と分散は次の通りである．

$$\mu = \frac{1}{p}, \qquad \sigma^2 = \frac{1-p}{p^2}.$$

■ 幾何分布の可視化　まず，幾何分布を与える関数 geom(p, x) を定義する．

```
def geom(p, x):
    return (1-p)**(x-1) * p
```

幾何分布の本来の定義域は，$x \geq 1$ を満たす整数全部であるが，描画のためには，適当な範囲に限定する必要がある．パラメータ $p = 0.4$ の幾何分布を $1 \leq x \leq 15$ の範囲で描画しよう．

```
p = 0.4
x_range = np.arange(1,16)
prob = [geom(p, x) for x in x_range]
plt.bar(x_range, prob, width=1, alpha=0.5, ec='k')
plt.plot(x_range, prob, color='blue')
```

---

4)　文献によっては，初めて成功するまでの失敗の回数 $X(= T - 1)$ の分布を幾何分布と呼んでいる．こちらの流儀では，$P(X = k) = (1-p)^k p \,(k = 0, 1, 2, \dots)$ となる．

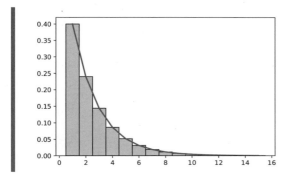

例題7.4 **(幾何分布の無記憶性)** T をパラメータ p の幾何分布に従う確率変数として，$X = T - 1$ とおく．このとき，次が成り立つことを示せ：

$$P(X \geq a + b | X \geq a) = P(X \geq b), \qquad a \geq 0, \quad b \geq 0. \tag{7.11}$$

解説 事象の包含関係 $\{X \geq a + b\} \subset \{X \geq a\}$ は明らかなので，

$$P(X \geq a + b | X \geq a) = \frac{P(X \geq a + b)}{P(X \geq a)} \tag{7.12}$$

が成り立つ．一方，$a \geq 0$ に対して，等比級数の公式を用いると，

$$P(X \geq a) = P(T \geq a + 1) = \sum_{k=a+1}^{\infty} (1-p)^{k-1} p$$

$$= p(1-p)^a \sum_{k=a+1}^{\infty} (1-p)^{k-a-1} = p(1-p)^a \times \frac{1}{p} = (1-p)^a$$

がわかる．そうすると，(7.12) は，

$$P(X \geq a + b | X \geq a) = \frac{(1-p)^{a+b}}{(1-p)^a} = (1-p)^b = P(X \geq b)$$

となって，等式 (7.11) が示された．

ここで，X はベルヌーイ試行列において，初めて成功するまでの失敗の回数である．したがって，事象 $\{X \geq a\}$ は，現時点で a 回の失敗が続いて未だ成功していないことを意味し，その確率は $(1-p)^a$ なのである．さて，すでに a 回の失敗が続いている状況で，さらに失敗を b 回繰り返す確率が $P(X \geq a + b | X \geq a)$ である．これが，(7.11) によって，これから失敗を b 回繰り返す確率 $P(X \geq b)$ に等しいことになる．これが無記憶性と呼ば

れる所以である. 過去の失敗が将来の試行に全く生かされていないというわけだ. □

7.1.3 ポアソン分布

$\lambda > 0$ を定数とする. 確率変数 X の分布が

$$P(X = k) = \frac{\lambda^k}{k!} e^{-\lambda}, \qquad k = 0, 1, 2, \ldots, \tag{7.13}$$

で与えられているとき, この確率分布をパラメータ λ の**ポアソン分布**といい, $\mathrm{Po}(\lambda)$ と書く. 実際, 指数関数のテーラー展開によって

$$e^{\lambda} = \sum_{k=0}^{\infty} \frac{\lambda^k}{k!}$$

が成り立つから, 両辺に $e^{-\lambda}$ をかけると,

$$1 = \sum_{k=0}^{\infty} \frac{\lambda^k}{k!} e^{-\lambda} = \sum_{k=0}^{\infty} P(X = k)$$

がわかる. つまり, X は確かに 0 以上の整数に値をとる確率変数である.

定理 7.5 　パラメータ λ のポアソン分布の平均値と分散は次の通りである.

$$\mu = \lambda, \qquad \sigma^2 = \lambda$$

■ **ポアソン分布の可視化** まず, (7.13) を与える関数 $\mathrm{po}(\lambda, x)$ を定義する.

```
def po(lam, x):
    return math.exp(-lam) * lam**x / math.factorial(x)
```

ここでは, 異なるパラメータのポアソン分布の形が比較しやすいように, 複数のグラフを同時に表示してみよう.

```
fig = plt.figure(figsize = (12, 4))
ax1 = fig.add_subplot(1,3,1)
ax2 = fig.add_subplot(1,3,2)
ax3 = fig.add_subplot(1,3,3)
```

```
 5 | x_range = np.arange(15)
 6 |
 7 | prob1 = [po(0.6, x) for x in x_range]
 8 | ax1.bar(x_range, prob1, width=1, ec='k')
 9 | ax1.set_ylim([0,0.6])
10 | ax1.set_title('lambda=0.6')
11 |
12 | prob2 = [po(1.5, x) for x in x_range]
13 | ax2.bar(x_range, prob2, width=1, ec='k')
14 | ax2.set_ylim([0,0.6])
15 | ax2.set_title('lambda=1.5')
16 |
17 | prob3 = [po(3.8, x) for x in x_range]
18 | ax3.bar(x_range, prob3, width=1, ec='k')
19 | ax3.set_ylim([0,0.6])
20 | ax3.set_title('lambda=3.8')
```

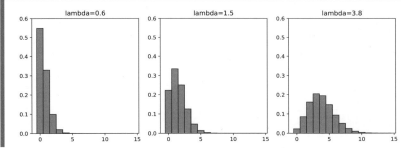

プログラム1行目で，大きさ12×4の描画領域に fig という名前を付けて確保する．グラフを3個並べるので，デフォルトの6×4よりも幅広にとった．2行目の fig.add_subplot(1, 3, 1) は，fig を1×3に分割したうちの1番目の描画領域のことであり，それに ax1 という名前を付けている．3行目，4行目も同様である．こうして，1行目で確保した描画領域が分割されて，それぞれの描画領域に名前がついた[5]．7-10行目は小領域 ax1 における描画であり，これまで使ってきた plt.bar() に代えて ax1.bar() を使う．ただし，引数は同じである．9行目でy軸の範囲を定めて，10行目でタイトルを付けている．ここでは，各小領域ごとに set_ylim() メソッドによってy軸の範囲

---

5) 同様に，描画領域を$m \times n$に分割することができ，分割された小領域は左上から順に付けられた通し番号で指定される．

を一致させた．これを省くと，各小領域ごとに y 軸の範囲が自動で設定され，結果的にばらばらになる．

■ **複数のグラフの描画（別法）** 複数のグラフを同時に表示することは，実用上とても有効である．方法をもう1つ述べておこう．

```
 1  fig, axes = plt.subplots(1, 3, figsize=(12, 4),
 2                          sharex=True, sharey=True)
 3  plt.subplots_adjust(wspace=0)
 4  x_range = np.arange(12)
 5
 6  prob0 = [po(0.6, x) for x in x_range]
 7  axes[0].bar(x_range, prob0, width=1, ec='k')
 8  axes[0].set_title('lambda=0.6')
 9  axes[0].set_ylim([0, 0.6])
10  axes[0].set_xticks(np.arange(0, 12, 2))
11
12  prob1 = [po(1.5, x) for x in x_range]
13  axes[1].bar(x_range, prob1, width=1, ec='k')
14  axes[1].set_title('lambda=1.5')
15
16  prob2 = [po(3.8, x) for x in x_range]
17  axes[2].bar(x_range, prob2, width=1, ec='k')
18  axes[2].set_title('lambda=3.8')
```

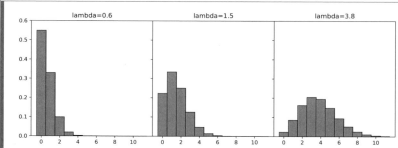

プログラム1行目で，大きさ 12×4 の描画領域を 1×3 に分割し，小領域には axes という名前を付けている．オプション sharex=True によって，各小領域に描画されるグラフの x 軸の目盛を共通にする．同様に，sharey=True によって y 軸の目盛が共通になる．3行目の plt.subplots_adjust(wspace=0) は描画するグラフ間の横の空白を0にする．空白の幅は wspace=0.1 のよう

に指定できる．同様に，hspace によって縦の空白量を指定できる．6 行目以降は，先のプログラムと同様である．plt.subplots() によって 1 × 3 に分割されたそれぞれの描画領域を順に axes[0]，axes[1]，axes[2] で呼び出して，bar() 関数で描画している．9 行目と 10 行目で，axes[0] のグラフの y 軸と x 軸の調整をしている．プログラム 1 行目のオプションのおかげで，この調整がすべての小領域に同時に適用される．

たくさんのグラフを格子状に並べて比較することはよくある．

```
fig, axes = plt.subplots(3, 4)
```

とすれば，デフォルトの大きさの描画領域が 3 × 4 の格子状の小領域に分割される．各小領域の位置は行と列の絶対番地で指定される．たとえば，axes[0, 3] は 0 行 3 列にある小領域である．

例題 7.6 メールがランダムに着信しているとき，一定時間あたりの着信件数はポアソン分布に従うとされる．メールの着信が 1 時間に平均 2.8 件あるとき，次の確率を求めよ．
  (1) ある 1 時間の間にメールが 5 件以上着信する確率．
  (2) ある 20 分の間にメールの着信がない確率．

解説 上に定義した po() 関数を用いれば簡単である．
  (1) 1 時間当たりのメール着信件数を X とおくと，仮定から X はパラメータ $\lambda = 2.8$ のポアソン分布に従う．求めるべき確率は $P(X \geq 5)$ であり，

$$P(X \geq 5) = 1 - P(0 \leq X \leq 4)$$

のように余事象を用いるのが便利である．

```
1  lam = 2.8
2  prob = 1 - sum([po(lam, x) for x in [0, 1, 2, 3, 4]])
3  np.round(prob, 3)
     0.152
```

プログラム 2 行目のリストは [po(lam, x) for x in range(5)] でも同じである．
  (2) 20 分当たりのメール着信件数を Y とおくと，Y はパラメータ $\lambda = 2.8/3$ のポアソン分布に従う．求めるべき確率は $P(Y = 0)$ である．

```
1  lam = 2.8 / 3
2  np.round(po(lam, 0), 3)

   0.393
```

□

定理 7.7 二項分布 $B(n,p)$ は $n \to \infty$, $p \to 0$, $np \to \lambda > 0$ の極限でパラメータ λ のポアソン分布に収束する．言い換えると，二項分布 $B(n,p)$ は n が大きく，p が小さいとき，パラメータ np のポアソン分布で近似される．

証明 実際，$X \sim B(n,p)$ とすると，二項分布の定義から

$$P(X = k) = \binom{n}{k} p^k (1-p)^{n-k}$$

である．指数関数の良く知られた極限公式

$$\lim_{n \to \infty} \left(1 + \frac{x}{n}\right)^n = e^x$$

を用いれば，$n \to \infty$, $p \to 0$, $np \to \lambda > 0$ の極限として，

$$\binom{n}{k} p^k (1-p)^{n-k} \to \frac{\lambda^k}{k!} e^{-\lambda}$$

が得られる． □

具体的に $n = 150$, $p = 0.04$ をとって，近似の様子を観察しておこう．

```
1   n, p = 150, 0.04
2   lam = n * p
3   x_range = np.arange(20)
4   Binom = np.array([b(n, p, x) for x in x_range])
5   Po = np.array([po(lam, x) for x in x_range])
6
7   plt.plot(x_range, Binom, color='blue', label='Binomial')
8   plt.plot(x_range, Po,
9           color='k', linestyle='--', label='Poisson')
10  plt.xticks(np.arange(0, 21, 5))   # x軸の目盛
11  plt.yticks(np.arange(0, 0.2, 0.05))   # y軸の目盛
12  plt.legend()   # 凡例
```

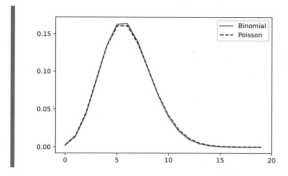

よく一致していることが見て取れる．さらに数値的に比較しておくとよい．

■ **稀な事象が起こる回数** 定理 7.7 は，時間的・空間的に稀な事象の起こる回数がポアソン分布に従う根拠を与える．時間的に稀な事象というのは，長い時間軸で観測するとき，時々起こり，かつ起こり方が互いに無関係であるようなものをいう．適当な仮定はいるが，メールの着信などはこれに当たる．空間的に稀な事象というのは，広い領域の所々に発生するが，発生の仕方が互いに無関係であるようなものをいう．ポアソン自身は一定期間に起こる誤審の回数を研究し，妥当な仮定のもと二項分布でモデル化してポアソン分布を導出した．

7.2 連続分布

7.2.1 一様分布

$a < b$ を定数とする．密度関数

$$f(x) = \begin{cases} \dfrac{1}{b-a}, & a \leq x \leq b \\ 0, & その他 \end{cases}$$

で与えられる確率分布を区間 $[a,b]$ 上の**一様分布**という．区間 $[a,b]$ から 1 点をランダムに，つまりどの点も同等な確からしさで選ぶとき，そのランダム点の x 座標 X は確率変数であり，その分布が区間 $[a,b]$ 上の一様分布になる．実は，「ランダムに 1 点を選ぶ」という曖昧な表現を，一様分布を用いて数学

的に定式化しているという方が適切である.

> **定理 7.8**　区間 $[a, b]$ 上の一様分布の平均値と分散は次の通りである.
> $$\mu = \frac{a+b}{2}, \qquad \sigma^2 = \frac{(b-a)^2}{12}.$$

証明　X を区間 $[a, b]$ 上の一様分布に従う確率変数とする. 平均値の定義に従って積分を計算して,
$$\mathbf{E}[X] = \int_a^b x\, \frac{dx}{b-a} = \frac{a+b}{2},$$
$$\mathbf{E}[X^2] = \int_a^b x^2\, \frac{dx}{b-a} = \frac{a^2+ab+b^2}{3}$$
が得られる. あとは分散公式を適用すればよい. □

■ **Python による一様分布の導入**　連続型の確率分布を扱うために, SciPy ライブラリから stats モジュールを呼び出す. そこで, 冒頭で次の 4 行を実行する[6].

```
1  import numpy as np
2  import pandas as pd
3  import matplotlib.pyplot as plt
4  from scipy import stats
```

　一様分布に従う確率変数は stats.uniform(a, b) 関数を使って導入する. ただし, a は区間の左端, b は区間の幅である. したがって, stats.uniform (a, b) は区間 $[a, a+b]$ 上の一様分布に従う確率変数を与える. たとえば,

```
1  X = stats.uniform(-1, 2)
```

によって $[-1, 1]$ 上の一様分布に従う確率変数 X が使えるようになる.

　こうして導入された確率変数 X の機能を紹介しておこう. まず, X.rvs() 関数は, 確率変数 X の実現値, この場合なら $[-1, 1]$ 上の一様分布に従う乱数を 1 個返す. 引数に個数を書き込めば, その個数の乱数の配列を返す.

---

[6]　本章では pandas ライブラリと math モジュールは使わない. 前節では, 離散分布を定義に基づいて導入するため math モジュールを用いたが, これはプログラミングの練習も兼ねていた. stats モジュールは離散分布もサポートしている.

```
1 | X.rvs(3)
```

```
  array([ 0.84846072, 0.20164555, -0.45019337])
```

次に，確率変数 X の確率密度関数の値 $f_X(x)$ は X.pdf(x) 関数で与えられる．この値は，確率 $P(X = x)$ とは異なるので注意しよう．また，分布関数の値 $F_X(x) = P(X \leq x)$ は X.cdf(x) 関数で与えられる．これらを利用して，密度関数と分布関数のグラフを描くことができる．

```
 1 | fig = plt.figure(figsize = (12, 4))
 2 | ax1 = fig.add_subplot(1, 2, 1)
 3 | ax2 = fig.add_subplot(1, 2, 2)
 4 | x_range = np.arange(-2, 2, 0.01)
 5 |
 6 | ax1.plot(x_range, X.pdf(x_range))
 7 | ax1.hlines(0, -2, 2, color='gray')    # x 軸
 8 |
 9 | ax2.plot(x_range, X.cdf(x_range))
10 | ax2.hlines(0, -2, 2, color='gray')    # x 軸
```

確率 $P(a \leq X \leq b)$ は分布関数を用いて

$$P(a \leq X \leq b) = F_X(b) - F_X(a)$$

を計算すればよい．また，$0 < \alpha < 1$ に対して，

$$P(X \geq \xi_\alpha) = \alpha, \tag{7.14}$$

を満たす座標 ξ_α を**上側 α 点**という．なお，(7.14) は

$$F_X(\xi_\alpha) = 1 - \alpha$$

と同じことである．上側 α 点は `X.isf()` 関数の引数に α を渡せばよい．

```
1 | X.isf(0.05)
    0.8999999999999999
```

これによって，$P(X \geq 0.9) = 0.05$ がわかる．

　最後に，X の基本的な統計量として，平均値，分散，標準偏差は `mean` メソッド，`var` メソッド，`std` メソッドを用いて求めることができる．

```
1 | X.mean(), X.var(), X.std()
    (0.0, 0.3333333333333333, 0.5773502691896257)
```

7.2.2　指数分布

　$\lambda > 0$ を定数とする．簡単な積分計算によって，

$$\int_0^{+\infty} e^{-\lambda x} dx = \left[-\frac{1}{\lambda} e^{-\lambda x} \right]_0^{+\infty} = \frac{1}{\lambda} \tag{7.15}$$

が確認できる．したがって，関数

$$f(x) = \begin{cases} \lambda e^{-\lambda x}, & x \geq 0 \\ 0, & x < 0, \end{cases}$$

は密度関数になる．これをパラメータ λ の**指数分布**と呼ぶ．離散時間のときの幾何分布と同様に，指数分布は連続時間における待ち時間のモデルとして幅広く応用される．

定理 7.9　パラメータ λ の指数分布の平均値と分散は次の通りである．

$$\mu = \frac{1}{\lambda} \qquad \sigma^2 = \frac{1}{\lambda^2}.$$

証明　部分積分によって

$$\int_0^{+\infty} x \lambda e^{-\lambda x} dx = \frac{1}{\lambda}, \qquad \int_0^{+\infty} x^2 \lambda e^{-\lambda x} dx = \frac{2}{\lambda^2}$$

が得られ，これらから平均値と分散は直ちに求められる．積分計算を回避する方法としては，(7.15) の両辺を λ で微分してもよい． □

■ **Python** による指数分布の導入　パラメータ λ の指数分布に従う確率変数は，stats.expon() 関数によって

```
stats.expon(scale=1/λ)
```

で与えられる．パラメータ λ の指数分布の平均値は $1/\lambda$ であるから，scale によって平均値が指定されている．

では，$\lambda = 2$ の指数分布の密度関数と分布関数のグラフを描画してみよう．

```
1  X = stats.expon(scale=1/2)
2  fig = plt.figure(figsize = (12, 4))
3  ax1 = fig.add_subplot(1, 2, 1)
4  ax2 = fig.add_subplot(1, 2, 2)
5  x_range = np.arange(-1, 4, 0.01)
6
7  ax1.plot(x_range, X.pdf(x_range))
8  ax1.hlines(0, -1, 4, color='gray')     # x 軸
9
10 ax2.plot(x_range, X.cdf(x_range))
11 ax2.hlines(0, -1, 4, color='gray')     # x 軸
```

平均値，分散，標準偏差も確認できる．

```
1  X.mean(), X.var(), X.std()
```
```
   (0.5, 0.25, 0.5)
```

7.2.3 正規分布

μ を実定数, $\sigma > 0$ を正の定数として関数 $f(x)$ を

$$f(x) = \frac{1}{\sqrt{2\pi\sigma^2}} \exp\left\{-\frac{(x-\mu)^2}{2\sigma^2}\right\} \tag{7.16}$$

によって定義する. すべての実数 x に対して $f(x) > 0$ であることは明らか. さらに, 全区間上で積分すると 1 になることが, 変数変換を繰り返して, よく知られた積分の公式

$$\int_{-\infty}^{+\infty} e^{-x^2} dx = \sqrt{\pi} \tag{7.17}$$

に帰着することで示される. したがって, (7.16) で定義される $f(x)$ は密度関数の性質を満たす. この密度関数の定める連続分布を平均値 μ, 分散 σ^2 の**正規分布**または**ガウス分布**といい, $N(\mu, \sigma^2)$ で表す. ここで, 前もって μ を平均値, σ^2 を分散といったが, これらは定義に基づいて密度関数 $f(x)$ を積分することで確認できる (意欲のある読者は試みよ). 特に, 平均値 $\mu = 0$, 分散 $\sigma^2 = 1$ となっている正規分布 $N(0,1)$ を**標準正規分布**という.

定理 7.10　$X \sim N(\mu, \sigma^2)$ とする. 定数 $a \neq 0$ と b に対して,

$$aX + b \sim N(a\mu + b, a^2\sigma^2)$$

となる. 特に, X の標準化は 標準正規分布 $N(0,1)$ に従う. つまり,

$$Z = \frac{X-\mu}{\sigma} \sim N(0,1).$$

証明　$a > 0$ として証明する. $a < 0$ のときは, 不等式の変形と正規分布の対称性に注意すれば同様の議論が通用する. さて, $aX + b$ の分布関数は,

$$F_{aX+b}(z) = P(aX + b \leq z) = P\left(X \leq \frac{z-b}{a}\right)$$

で与えられる. 最後の確率を X の密度関数を用いて表せば,

$$F_{aX+b}(z) = \frac{1}{\sqrt{2\pi\sigma^2}} \int_{-\infty}^{\frac{z-b}{a}} \exp\left\{-\frac{(x-\mu)^2}{2\sigma^2}\right\} dx$$

となる．上の積分に変数変換 $x = (y - b)/a$ を施せば，

$$F_{aX+b}(z) = \frac{1}{\sqrt{2\pi\sigma^2}} \int_{-\infty}^{z} \exp\left\{-\frac{(y - a\mu - b)^2}{2a^2\sigma^2}\right\} \frac{dy}{a}$$

が得られる．これは $aX + b \sim N(a\mu + b, a^2\sigma^2)$ を意味する．また，$X \sim N(\mu, \sigma^2)$ の標準化 $Z = (X - \mu)/\sigma$ は $aX + b$ で $a = 1/\sigma$, $b = -\mu/\sigma$ とおいたものであるから，前半の結果から $Z \sim N(0, 1)$ がわかる． □

■ **正規分布の数値計算** 正規分布 $N(\mu, \sigma^2)$ に従う確率変数 X に対して，確率 $P(a \leq X \leq b)$ を数値的に知る必要は応用の多くの場面で生じる．定理 7.10 によって，X を標準化することで，

$$P(a \leq X \leq b) = P\left(\frac{a - \mu}{\sigma} \leq Z \leq \frac{b - \mu}{\sigma}\right)$$

のように，確率計算を標準正規分布に帰着することができる．したがって，$Z \sim N(0, 1)$ に対して，事象 $\{0 \leq Z \leq z\}$ の確率

$$P(0 \leq Z \leq z) = \frac{1}{\sqrt{2\pi}} \int_{0}^{z} e^{-x^2/2} dt, \qquad z > 0, \tag{7.18}$$

さえわかれば，確率 $P(a \leq X \leq b)$ を和事象，余事象の組合せや正規分布の対称性を利用して求めることができる．

例題 7.11 $X \sim N(58, 8^2)$ に対して，$P(50 \leq X \leq 60)$ を標準正規分布に帰着して求めよ．

解説 X の標準化を Z とすれば，

$$Z = \frac{X - 58}{8} \sim N(0, 1)$$

となる．これを用いて，

$$P(50 \leq X \leq 60) = P\left(\frac{50 - 58}{8} \leq \frac{X - 58}{8} \leq \frac{60 - 58}{8}\right)$$
$$= P(-1 \leq Z \leq 0.25)$$
$$= P(0 \leq Z \leq 1) + P(0 \leq Z \leq 0.25) \tag{7.19}$$

のように変形して，$Z \sim N(0, 1)$ に関する確率計算に帰着する．最後の等式では，事象

$\{-1 \leq Z \leq 0.25\}$ を排反な事象に分けて，対称性を利用した．また，X は連続型確率変数であり $P(Z = a)$ のような特定の値をとる確率は 0 であるので，不等号に等号を付けるかどうかを気にする必要はない．最後に，(7.19) は標準正規分布表を見て，$0.3413 + 0.0987 = 0.44$ がわかる．ただし，本書では Python を用いて直接計算するので標準正規分布表は使わない（例題 7.12）． □

■ **Python による正規分布の導入**　平均値 μ，分散 σ^2 の正規分布 $N(\mu, \sigma^2)$ に従う確率変数は，stats.norm(μ, σ) によって得られる（引数には標準偏差 σ を使う）．引数を省略すると，デフォルトの標準正規分布 $N(0,1)$ になる．

標準正規分布の密度関数と分布関数のグラフを描画しておこう．

```
 1  Z = stats.norm()
 2  fig = plt.figure(figsize = (12, 4))
 3  ax1 = fig.add_subplot(1, 2, 1)
 4  ax2 = fig.add_subplot(1, 2, 2)
 5  x_range = np.arange(-4, 4, 0.01)
 6
 7  ax1.plot(x_range, Z.pdf(x_range))
 8  ax1.hlines(0, -4, 4, color='gray')   # x 軸
 9  ax1.vlines(0, 0, 0.45, color='gray') # y 軸
10
11  ax2.plot(x_range, Z.cdf(x_range))
12  ax2.hlines(0, -4, 4, color='gray')   # x 軸
13  ax2.vlines(0, 0, 1, color='gray')    # y 軸
```

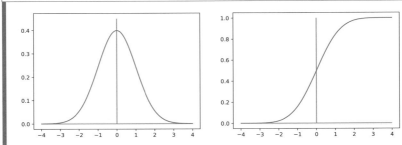

さらに，確率 $P(|Z| \leq 1)$, $P(|Z| \leq 2)$, $P(|Z| \leq 3)$ を求めておこう．

```
 1  Z = stats.norm()
 2  s1 = Z.cdf(1) - Z.cdf(-1)
 3  s2 = Z.cdf(2) - Z.cdf(-2)
 4  s3 = Z.cdf(3) - Z.cdf(-3)
```

```
5 np.round(s1, 3), np.round(s2, 3), np.round(s3, 3)
  (0.683, 0.954, 0.997)
```

このことから，確率変数 X が $N(\mu, \sigma^2)$ に従うとき，

$$P(\mu - \sigma \leq X \leq \mu + \sigma) = 0.683,$$

$$P(\mu - 2\sigma \leq X \leq \mu + 2\sigma) = 0.954,$$

$$P(\mu - 3\sigma \leq X \leq \mu + 3\sigma) = 0.997$$

がわかる．これらは，X の実現値が平均値 μ から標準偏差 σ を単位にしてどのくらいずれて現れるかの確率を与えており，**68-95-99.7 ルール**と呼ぶこともある．実用の場面では，経験的に正規分布とみなされる分布がよく現れ，実現値をこのルールで判断することは有用である．たとえば，平均値 μ から $\pm 3\sigma$ 以上離れた値が検出されたら，それは確率 0.3% の事象であることから，何か異常なことが起きたと判断する目安になる．

例題 7.12 確率変数 X は正規分布 $N(58, 8^2)$ に従うものとする．
(1) $P(50 \leq X \leq 60)$ を求めよ．
(2) $P(X \geq a) = 0.03$ となる a を求めよ．

解説 確率変数 X を X = stats.norm(58, 8) で導入する．(1) は分布関数 $F_X(x) = P(X \leq x)$ の差を使えばよい．(2) の a は上側 3% 点に他ならない．

```
1 X = stats.norm(58, 8)
2 Q1 = X.cdf(60) - X.cdf(50)
3 Q2 = X.isf(0.03)
4 np.round(Q1, 2), np.round(Q2, 2)
  (0.44, 73.05)
```

無駄に長い小数表示を避けるために，np.round() 関数で小数第 2 位までの値に丸めて表示した．ついでに，X の密度関数のグラフを描いておこう．

```
1 x_range = np.arange(20, 100, 0.1)
2 plt.plot(x_range, X.pdf(x_range))
3 plt.hlines(0, 20, 100, color='gray')  # x 軸
4 plt.vlines(58, 0, 0.06, color='gray')  # y 軸
```

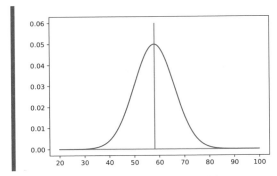

このグラフを用いて問題の意味を確認しておくとよい. □

7.2.4 カイ二乗分布

自然数 n に対して, 関数

$$f(x) = \begin{cases} \dfrac{1}{2^{n/2}\Gamma\left(\dfrac{n}{2}\right)} x^{n/2-1} e^{-x/2}, & x > 0, \\ 0, & \text{その他}, \end{cases} \tag{7.20}$$

は確率密度関数になる. これを自由度 n の**カイ二乗分布**（χ^2-**分布**）といい, χ_n^2 と書く. (7.20) の右辺に現れる係数は, $f(x)$ が確率密度関数になるように, つまり, $y = f(x)$ と x 軸の囲む領域の面積が 1 になるように定めたものである. そこに現れる $\Gamma(\alpha)$ はガンマ関数であり,

$$\Gamma(\alpha) = \int_0^{+\infty} x^{\alpha-1} e^{-x} dx, \qquad \alpha > 0,$$

で定義される. 自然数 n に対しては $\Gamma(n) = (n-1)!$ がわかる. ただし, ガンマ関数の値や性質を使う議論には立ち入らない. なお, 本書では必要ないが, カイ二乗分布 χ_n^2 の平均値と分散は, それぞれ $\mu = n$, $\sigma^2 = 2n$ となる.

定理 7.13 標準正規分布 $N(0,1)$ に従う確率変数列 $Z_1, Z_2, \ldots, Z_n$ が独立であれば, $X_n = Z_1^2 + \cdots + Z_n^2$ は自由度 n のカイ二乗分布 χ_n^2 に従う.

上の定理で，Z_k の平均値は 0 であるから，X_n は $Z_1, \ldots, Z_n$ を n 個のデータと見たときの分散の n 倍に相当することに注意しよう．したがって，カイ二乗分布は分散の分布に関係しており，その重要性が納得されるだろう．定理の証明は省略するので，興味のある読者はやや進んだ文献を参照してほしい．

■ **密度関数の描画**　自由度 n のカイ二乗分布に従う確率変数は `stats.chi2`(n) 関数で与えられる．ここでは，自由度 $1 \leq n \leq 6$ のカイ二乗分布の密度関数を描画しておこう．

```
1  x_range = np.arange(0, 15, 0.1)
2  for n in range(1, 7):
3      plt.plot(x_range, stats.chi2(n).pdf(x_range), color='blue')
4  plt.hlines(0, 0, 15, color='gray')  # x軸
5  plt.vlines(0, 0, 0.8, color='gray')  # y軸
6  plt.ylim([-0.05, 0.55])
```

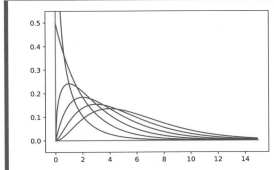

プログラム 3 行目で color オプションを指定しないと，6 個のグラフには色とりどりに自動で配色される．ここで色を指定したのは，単に本書の印刷の都合である．最終行で，出力されたグラフをいったん確認してから，描画に適する y 軸の範囲を取り出した．

カイ二乗分布の密度関数 $y = f(x)$ のグラフの特徴を述べておく．自由度 $n = 1$ のときは，$x \to 0$ で発散し y 軸が漸近線になる．自由度 $n = 2$ のときは，$f(0) = 0.5$ であり，密度関数は単調減少である．$n \geq 3$ のときは $f(0) = 0$ であり，x とともに増加し，最大値をとった後は減少する．最大値を与える

x は n とともに増加する.

■ **定理 7.13 の確認** 自由度 $n = 5$ として,定理の主張を乱数を用いて実証してみよう.そのために,標準正規分布に従う独立な乱数 5 個の 2 乗和を大量に収集してその分布を調べる.まず,標準正規分布に従う確率変数は `stats.norm()` で導入されるので,それに従う乱数 5 個の配列(NumPy アレイ)は,

```
Z5 = stats.norm().rvs(5)
```

で与えられる.その配列に含まれる 5 個の乱数の 2 乗和は,

```
ss = (Z5**2).sum()
```

で計算される.この操作を多数回繰り返すことで ss を大量に収集して,その分布状況をヒストグラムに描く.

```
1  trial = 20000
2  data = []
3  for _ in range(trial):
4      Z5 = stats.norm().rvs(5)
5      ss = (Z5**2).sum()
6      data.append(ss)
7
8  plt.hist(data, range=(-0.5, 19.5), bins=20, alpha=0.5, ec='k')
9  plt.xticks(np.arange(0, 21, 5))
```

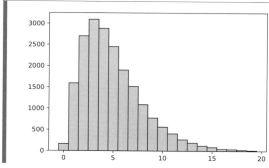

プログラム 1 行目で,目的の 2 乗和を何個収集するかを決めている.今回は 2

万個とした．2行目で，収集する2乗和を格納するためにdataという名前の
リストを準備している．初期設定は空である．3-6行目が2万個の2乗和を収
集するためのfor構文である．8行目で，dataに収集された2万個のデータ
をもとにヒストグラムを描画している．階級の幅やx軸の目盛などは描画し
ながら調整すればよい．

　ヒストグラムの外形からカイ二乗分布の密度関数のグラフが浮かび上がっ
てきている．比較のために，密度関数のグラフを重ねて描画するのは有効であ
る．ただし，密度関数のグラフとx軸とが囲む図形の面積は1である（確率
だから）のに対して，ヒストグラムの作る面積は階級幅（ヒストグラムを構成
する長方形の横の長さ）と度数の積になることに注意しよう．したがって，ヒ
ストグラムに密度関数のグラフを重ねる際に，密度関数の値をヒストグラムの
面積倍する必要がある．今の場合では，ヒストグラムの面積は1×trialとなる．

```
1  plt.hist(data, range=(-0.5, 19.5), bins=20, alpha=0.5, ec='k')
2  plt.xticks(np.arange(0, 21, 5))
3
4  x_range = np.arange(0, 20, 0.1)
5  y = trial * stats.chi2(5).pdf(x_range)
6  plt.plot(x_range, y, lw=2, color='blue')
```

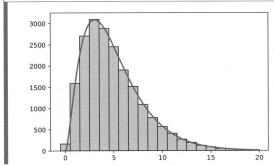

プログラム4-6行目で密度関数のグラフを描画している．まず，4行目でx軸
の$0 \leq x \leq 20$の範囲を0.1刻みにした等差数列x_rangeを準備している．そ
の各値に対して，stats.chi2(5).pdf(x_range)によって密度関数の値が得
られるが，上に注意したようにヒストグラムと比較するために，5行目で密度
関数の値をtrial倍して得られた値をyとした．2つの配列x_rangeとyは

ともに NumPy アレイである．6 行目で，この 2 つの配列をもとに折れ線グラフ（密度関数のグラフ）を描いている．

　上のプログラムで，`trial` を大きく，ヒストグラムの階級幅を狭く（`bins`を大きく）とって，同様のことを確認するとよい．収集する 2 乗和の個数`trial` を限りなく大きくとり，階級幅を限りなく小さくとることで，ヒストグラムの外形がカイ二乗分布の密度関数のグラフに近づく様子が観察できる[7]．これが定理 7.13 のいっていることである．

7.2.5　t 分布

　自然数 $n = 1, 2, \ldots$ に対して，

$$f_n(x) = \frac{1}{\sqrt{n}\, B\left(\frac{n}{2}, \frac{1}{2}\right)} \left(1 + \frac{x^2}{n}\right)^{-\frac{n+1}{2}} \tag{7.21}$$

は密度関数になる．これを自由度 n の t **分布** といい，t_n と書く．係数に現れる $B(\alpha, \beta)$ をベータ関数といい，

$$B(\alpha, \beta) = \int_0^1 x^{\alpha-1}(1-x)^{\beta-1}dx, \qquad \alpha > 0, \quad \beta > 0,$$

で定義される．ガンマ関数と同様に，本書のレベルではその値や性質を使う議論は不要であり，密度関数の概形をつかんでおくだけでよい．

　実際，t 分布と正規分布の密度関数は似た形をもち，自由度 n が大きくなるに従って，t 分布の密度関数は標準正規分布の密度関数に近づく．詳しくいうと，

$$\lim_{n \to \infty} f_n(x) = \frac{1}{\sqrt{2\pi}}\, e^{-x^2/2}$$

が証明される．したがって，自由度 n が大きければ（実用上は $n \geq 30$ が目安とされる）t 分布は標準正規分布 $N(0, 1)$ で代用できる．

　なお，t 分布と正規分布の違いは「すそ野の厚さ」にある．標準正規分布

---

[7]　数学的には，密度関数はそのままにして，ヒストグラムの縦軸を変更する．つまり，ヒストグラムの縦軸には本来の度数ではなく，ヒストグラムの作る面積が 1 になるように度数を定数倍した目盛をとる．こうして，ヒストグラムの作る面積を 1 に固定したまま，`trial` を大きくし，階級幅を小さくする極限において，ヒストグラムの外形が遂には密度関数のグラフに一致するのである．

$N(0,1)$ が $x = \pm 3$ 位でほぼ 0 になるほど急速に減少するのに比べて，t 分布の減少は緩やかである（密度関数の描画の項を参照）．

また，t 分布は推測統計で極めて基本的である．その理論的根拠は次の定理にあるが，その証明にはやや高度な微積分を要するので，ここでは結果を述べるだけにとどめる．

定理 7.14　Y を自由度 n のカイ二乗分布 χ_n^2 に従う確率変数，Z を標準正規分布 $N(0,1)$ に従う確率変数とし，Y, Z は独立であるとする．このとき，

$$T = \frac{Z}{\sqrt{Y/n}}$$

は自由度 n の t 分布 t_n に従う．

■ **密度関数の描画**　自由度 n の t 分布に従う確率変数は `stats.t(n)` 関数で与えられる．ここでは，自由度 $1 \leq n \leq 4$ のカイ二乗分布の密度関数を描画する．

```
1  x_range = np.arange(-5, 5, 0.1)
2  for n in range(1, 5):
3      T = stats.t(n)
4      plt.plot(x_range, T.pdf(x_range), color='blue')
5  plt.hlines(0, -5, 5, color='gray')              # x軸
6  plt.vlines(0, 0, 0.4, color='gray')             # y軸
7
8  Z = stats.norm()
9  plt.plot(x_range, Z.pdf(x_range), lw=2, linestyle='--')
```

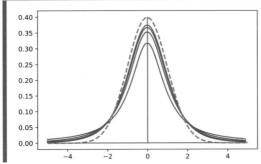

プログラムの 8-9 行目は,比較のために標準正規分布 $N(0,1)$ の密度関数を鎖線で描画している.

7.2.6 F 分布

自然数 $m, n = 1, 2, \ldots$ に対して,

$$f(x) = \begin{cases} \dfrac{1}{B\left(\dfrac{m}{2}, \dfrac{n}{2}\right)} \left(\dfrac{m}{n}\right)^{m/2} x^{m/2-1} \left(1 + \dfrac{m}{n}\, x\right)^{-(m+n)/2}, & x > 0, \\ 0, & x \leq 0, \end{cases}$$

は密度関数になる.これを自由度 (m, n) の F **分布**といい,F_n^m と書く.F 分布 F_n^m は $n \geq 3$ のとき平均値 $\mu = n/(n-2)$ をもち,$n \geq 5$ のとき分散 $\sigma^2 = 2n^2(m + n - 2)/(m(n-2)^2(n-4))$ をもつ.

定理 7.15　$m \geq 1$, $n \geq 1$ を自然数とする.確率変数 X は自由度 m のカイ二乗分布 χ_m^2 に従い,Y は自由度 n のカイ二乗分布 χ_n^2 に従い,それらは独立であるとする.このとき,確率変数

$$F = \frac{X/m}{Y/n}$$

は自由度 (m, n) の F 分布 F_n^m に従う.

定理 7.16　自由度 n の t 分布 t_n に従う確率変数 X に対して,X^2 は自由度 $(1, n)$ の F 分布 F_n^1 に従う.

証明は省略する.上の定理に基づいて,F 分布は等分散の検定(第 10.4.3 項)など,やや高度な統計的推論に使われる.

定理 7.17　確率変数 X が自由度 (m, n) の F 分布 F_n^m に従うとき,$1/X$ は自由度 (n, m) の F 分布 F_m^n に従う.

■ **密度関数の描画** 自由度 (m, n) の F 分布に従う確率変数は `stats.f()` 関数の引数に 2 つの自由度 m, n を渡せばよい．たとえば，

```
X = stats.f(6, 8)
```

によって F 分布 F_8^6 に従う確率変数 X が定義される．F 分布の 2 つの自由度は `stats.f(dfn=6, dfd=8)` のように明示することもできる．

では，いくつかの自由度を指定して F 分布の密度関数を描画しておこう．

```
1  parameters = [(1, 3), (2, 3), (6, 8), (8, 12), (12, 20)]
2  x_range = np.arange(0, 5, 0.01)
3  for i in parameters:
4      X = stats.f(dfn=i[0], dfd=i[1])
5      plt.plot(x_range, X.pdf(x_range), color='blue')
6  plt.hlines(0, 0, 5, color='gray')  # x 軸
7  plt.vlines(0, 0, 1.1, color='gray')  # y 軸
8  plt.ylim([-0.05, 1.1])
```

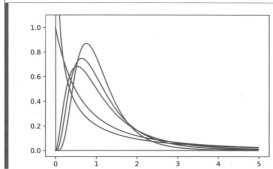

一般に，$m = 1$ ならば密度関数 $f(x)$ は $x \to 0$ で発散し，$m = 2$ ならば $f(0) = 1$ である．いずれにせよ，密度関数は単調減少である．$m \geq 3$ のとき，密度関数 $f(x)$ は $f(0) = 0$ から x とともに増加して最大値をとったあと減少する．

■ **連続型確率分布** SciPy ライブラリには極めて多くの確率分布が準備され
ている. これまでのまとめを兼ねて少し紹介しておこう.

連続型確率分布	パラメータ	分布の台	書式
逆正弦則	なし	$0 < x < 1$	`arcsine()`
ベータ分布	α, β	$0 \le x \le 1$	`beta(`α, β`)`
コーシー分布	なし	$-\infty < x < +\infty$	`cauchy()`
カイ二乗分布 χ_n^2	n	$0 \le x < +\infty$	`chi2(`n`)`
指数分布	λ	$0 \le x < +\infty$	`expon(scale=1/`λ`)`
F 分布 F_n^m	m, n	$0 \le x < +\infty$	`f(`m`, `n`)`
ガンマ分布	k (形状)	$0 \le x < +\infty$	`gamma(`k`)`
正規分布 $N(\mu, \sigma^2)$	μ, σ^2	$-\infty < x < +\infty$	`norm(`μ`, `σ`)`
t 分布 t_n	n	$-\infty < x < +\infty$	`t(`n`)`
一様分布	$a, a+b$	$a \le x \le a+b$	`uniform(a,b)`

分布の台とは, 密度関数が 0 とならず, 確率変数の実現値が現れる区間のこ
とをいう. なお, オプションを指定することで, 密度関数を x 軸方向に平行
移動させたり, y 軸方向にスケール変換することができる. 詳細は省略する.

章末問題

7.1 箱の中に赤玉 4 個, 白玉 8 個が入っている. この箱から無作為に玉を 1 個ずつ取り
出し, 初めて赤玉が出るのに要する回数 (赤玉が取り出された回も含める) を N とする.
次の場合について N の分布を求めて, 数値的に比較せよ.
    (1) 1 回ごとに取り出された玉を箱に戻す (復元抽出).
    (2) 1 回取り出された玉は箱に戻さない (非復元抽出).

7.2 成功確率が $p = 0.3$ のベルヌーイ試行を繰り返すとき, 初めて成功するまでに要する
試行回数 (成功した回も含めて数える) を T とする.
    (1) T の累積確率分布を図示せよ.
    (2) $P(T \ge a) \le 0.01$ を満たす最小の a を求めよ.

7.3 母関数の方法を用いて, 幾何分布とポアソン分布の平均値と分散を計算せよ.

7.4 二項分布 $B(100, 0.02)$ とパラメータ $\lambda = 2$ のポアソン分布が近いことを数値的に確
認せよ.

7.5 確率変数 X, Y はそれぞれパラメータ λ_1, λ_2 のポアソン分布に従い, 独立であると
する. このとき, $X + Y$ はパラメータ $\lambda_1 + \lambda_2$ のポアソン分布に従うことを示せ.

7.6　確率変数 X が区間 $[0,5]$ 上の一様分布に従うとき，条件付き確率 $P(X > 1.5 | X \leq 3.5)$ を求めよ．

7.7　間欠的に起こる現象があり，現象が 1 回起こった後に次の現象が起こるまでの時間間隔 T は平均値 6 時間の指数分布に従うという．現象が 1 回起こった後，次の現象が起こるまで 12 時間以上空く確率を求めよ．

7.8 (指数分布の無記憶性)　X を指数分布に従う確率変数とするとき，次が成り立つことを示せ：

$$P(X \geq a + b | X \geq a) = P(X \geq b), \qquad a \geq 0, \quad b \geq 0.$$

7.9　$X \sim N(-2.8, 4.5^2)$ のとき，$P(X \leq a) = 0.85$ を満たす a を求めよ．

7.10 (偏差値)　受験者数が多数の時，得点の分布は正規分布に近いと想定されることが多い．その分布の平均値が μ，分散が σ^2 であるとき，得点 X を

$$Y = 50 + 10 \cdot \frac{X - \mu}{\sigma}$$

のように変換した Y を偏差値という．偏差値が 58 以上になる確率と偏差値が 24 以下になる確率を求めよ．

7.11　定理 7.13 の確認で用いた手法を参考にして，定理 7.16 を乱数によるシミュレーションによって確かめよ．

—— 第 **8** 章 ——

極限定理とシミュレーション

　確率論の基本的な成果として，大数の法則と中心極限定理があげられる．これらは統計解析の理論的基盤となるだけではなく，乱数を用いたシミュレーションや数値計算の正当性の根拠にもなる．本章では，そのような極限定理を説明した後，実例としてランダムウォークのシミュレーションを行う．

8.1　乱数

　文字通り，乱数とはランダムに選ばれた数という意味である．それが整数であれ 10 進小数であれ，乱数は 1 個だけでは役に立たず，多数の乱数があってこそ役に立つのである．乱数列は，確率論によって，独立同分布な確率変数列の実現値として明確に定式化される．たとえば，公平なサイコロを振り続けて得られるサイコロの目の列 $x_1, x_2, \ldots, x_n, \ldots$ は乱数列である．この数列では，$x_1, x_2, \ldots, x_n$ を知っても x_{n+1} を確定することはできず，1 から 6 のいずれかが確率 1/6 で現れるとしかいいようがない．これは乱数列の極めて基本的な性質であり，まさにランダム過程のなせる業なのである．ところが，計算機に数列を生成させようとすれば何らかのアルゴリズムが必要となり，ランダム過程の対極にある決定論的な過程に頼るしかない．つまり，計算機で乱数列を生成させることは原理的にできない．そこで，十分に長大な範囲で近似的に乱数であると認められるものを**疑似乱数**と呼び，疑似乱数を生成させるため

のアルゴリズムの研究が進んだ．近年では，長大で高精度な疑似乱数が開発され，計算機の高性能化と相まって，複雑なランダム現象のシミュレーションや大規模な近似計算が盛んに行われている．

これ以降，本書では疑似乱数を単に乱数と呼び，それを発生するためのアルゴリズムを**乱数発生器**と呼ぶ．本章では，Python に備わっている乱数発生器を使ったシミュレーションを試す．いつも通り，プログラムの冒頭でライブラリを読み込んでおく．ただし，pandas は使わないので省略してもよい．

```
1  import numpy as np
2  import pandas as pd
3  import matplotlib.pyplot as plt
4  from scipy import stats
```

■ **一様乱数**　乱数の性質は，どの範囲の数がどのような傾向で現れるかで決まる．最も基本的なものは，区間 $[0,1]$ 上の一様乱数である．これは，区間 $[0,1]$ からランダムに選ばれた1個または複数個の実数であり，その選ばれ方に偏りがないものである．母集団と標本という言葉を使えば，母集団 $[0,1]$ から無作為復元抽出によって取り出された標本が乱数である．確率論を使えば，$[0,1]$ 上の一様分布に従う同分布をもち，かつ独立な確率変数列 $X_1, X_2, \ldots$ の実現値 $x_1, x_2, \ldots$ が一様乱数である．

一様乱数は NumPy ライブラリの `np.random.rand()` 関数を用いて生成できる．まず，乱数が1個生成されることを確認しよう．

```
1  np.random.rand()
```
    0.5638853883713835

上のコードは実行するたびに異なる値を出力するはずだ．同じコードをループ処理で繰り返し実行してみよう．

```
1  for _ in range(5):
2      print(np.random.rand())
```
    0.14655578588726403
    0.5726839893149316
    0.7138654004949458
    0.3853922054057163
    0.8723678757473133

確かに，見かけ上ランダムに数が選ばれて出力されている．これも実行するたびに異なる出力が得られるはずだ．なお，プログラム 1 行目は，次に続くコードブロックを 5 回繰り返すことを意味する．繰り返しを数えるためのカウンターとして変数を準備してもよいが，その変数は使わないため，アンダーバー _ を用いている．これによって，変数にあてる文字の節約にもなる．

　実際，計算機はアルゴリズムを用いて乱数を生成するため，**シード**（種）と呼ばれる初期設定（初期条件）を必要とする．何も指定しなければ，システム時刻を利用して，実行のたびに異なるシードが自動的に設定される．一方，プログラムの動作を確認したいときなど，同じ乱数を繰り返し使いたいこともある．そのときは，乱数のシードを指定して，発生する乱数列を固定することができる．

```
1  np.random.seed(123)
2  for _ in range(5):
3      print(np.random.rand())
```
```
   0.6964691855978616
   0.28613933495037946
   0.2268514535642031
   0.5513147690828912
   0.7194689697855631
```

ここで，np.random.seed(123) はシードを 123 に設定することを意味する．シードには任意の数を選ぶことができる．実際，同じプログラムを繰り返し実行すれば，同じ出力が得られることが確認できる．また，() を空欄にした np.random.seed() によって，シードの設定をデフォルトの自動設定に戻すことができる．

■ **乱数の配列**　乱数の配列は，np.random.rand() 関数でサイズを指定することで得られる．

```
1  np.random.rand(4)
```
```
   array([0.34317802, 0.72904971, 0.43857224, 0.0596779 ])
```

得られた配列は NumPy アレイという汎用性の高い形式になっている．

```
1  np.random.rand(3, 4)

   array([[0.39804426, 0.73799541, 0.18249173, 0.17545176],
          [0.53155137, 0.53182759, 0.63440096, 0.84943179],
          [0.72445532, 0.61102351, 0.72244338, 0.32295891]])
```

これは4変量データが3個得られているとみなされる. あるいは,乱数を成分にもつ 3×4 行列が1個出力されたとも解釈される. 最後に,

```
1  np.random.rand(2, 3, 4)

   array([[[0.36178866, 0.22826323, 0.29371405, 0.63097612],
           [0.09210494, 0.43370117, 0.43086276, 0.4936851 ],
           [0.42583029, 0.31226122, 0.42635131, 0.89338916]],

          [[0.94416002, 0.50183668, 0.62395295, 0.1156184 ],
           [0.31728548, 0.41482621, 0.86630916, 0.25045537],
           [0.48303426, 0.98555979, 0.51948512, 0.61289453]]])
```

これは,4変量データを3個で1組として,2組のデータセットが得られたとみなされる. あるいは,乱数を成分にもつ 3×4 行列が2個出力されたともいえる.

■ **生成した乱数の統計量** 乱数を大量に生成して,その統計量を確認しよう. ここでは,trial 変数を導入して乱数の個数(ここでは1万個)を指定し,得られた乱数の NumPy アレイを rn と名付けることにする.

```
1  trial = 10000
2  rn = np.random.rand(trial)
3  rn

   array([0.72779894, 0.67753654, 0.10443442, ..., 0.79585094,
          0.69212318, 0.26748076])
```

この乱数の分布状況は plt.hist() 関数によってヒストグラムを描画して見ることができる. ここでは,区間 $[0, 1]$ を10等分して階級を設定し,色の調整を行い,一様分布による理論値も書き込んである.

```
1  plt.hist(rn, range=(0, 1), bins=10, alpha=0.5, ec='k')
2  plt.hlines(trial/10, 0, 1, lw=2, color='blue')
```

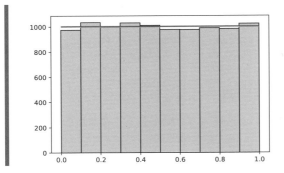

各階級の度数が概ね 1000 ± 50 に収まっていることが読み取れる.

さらに,基本的な統計量は次のとおりである.

```
1   min(rn), max(rn), np.mean(rn), np.var(rn), np.std(rn)

    (0.00010411469173110532,
     0.9999460783759532,
     0.4991842242294873,
     0.08331231982997013,
     0.28863873584460237)
```

ところで,区間 $[0,1]$ 上の一様分布について,

$$\min = 0, \qquad \max = 1, \qquad \mu = \frac{1}{2} = 0.5,$$
$$\sigma^2 = \frac{1}{12} = 0.08333, \qquad \sigma = \frac{\sqrt{3}}{6} = 0.28868$$

が知られている.これと比較して,生成した乱数の統計量は理論値に十分に近いといえる.さらに,発生する乱数の個数を変えて確認するとよい.

■ **正規乱数** 平均値 m,分散 s^2 の正規分布 $N(m, s^2)$ に従う n 個の乱数は,

np.random.normal(m, s, size=n)

よって生成され,NumPy アレイとして出力される.ここでは,平均値を $m = 0$,標準偏差を $s = 2$ に設定して1万個の乱数を生成してみよう.

```
1  trial = 10000
2  m, s = 0, 2
3  normal_rn = np.random.normal(m, s, size=trial)
```

乱数は NumPy アレイとして得られるので，それを `normal_rn` と名付けた．
さっそく，ヒストグラムを描いて，その分布状況を確認しておこう．

```
1  plt.hist(normal_rn, range=(-10, 10), bins=25, alpha=0.5, ec='k')
2  plt.xticks(np.arange(-10, 11, 2))  # x 軸の目盛
```

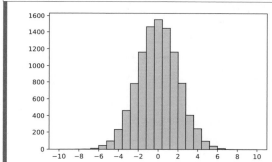

実際は，オプションなしでヒストグラムを描いてみてから，形を確認しながら
階級を決めればよい．

次に，基本的な統計量を確認しておこう．

```
1  min(normal_rn), max(normal_rn)
```
```
(-7.978692210809195, 6.821209747091333)
```

正規分布は理論上，$\min = -\infty$, $\max = +\infty$ であるが，その密度関数は急激
に減衰するため，極端な値は出ていない．

```
1  np.mean(normal_rn), np.var(normal_rn), np.std(normal_rn)
```
```
(-0.016168431971038, 4.081653699385615, 2.0203102977972507)
```

平均値，分散，標準偏差は設定値 $m = 0$, $s^2 = 4$, $s = 2$ に十分近い値が出て
いる．

最後に，ヒストグラムと正規分布 $N(0, 2^2)$ の密度関数を比較してみよう．
そのためには，その2つを重ねて描画するとよい．まず，正規分布 $N(m, s^2)$
の密度関数は定義によって，

$$f(x) = \frac{1}{\sqrt{2\pi s^2}} \exp\left\{ -\frac{(x-m)^2}{2s^2} \right\}$$

で与えられる．これをもとに ndf(x, m, s) 関数を導入しよう．

```
1 def ndf(x, m, s):
2     return 1/np.sqrt(2*np.pi*s**2) * np.exp(-(x-m)**2/(2*s**2))
```

関数の定義に現れた x，m，s はこの定義だけに有効な変数であり，先行する
プログラムですでに定義されている m = 0 や s = 2 とは干渉しない．

　後は，関数 ndf(x, m, s) のグラフを描画すればよいのだが，そのままで
はヒストグラムと重ねることはできない．密度関数のグラフと x 軸とが囲む
領域の面積は1である．一方で，ヒストグラムを構成する長方形の横の長さ
（階級幅）は区間 $[-10, 10]$ を 25 等分していることから 20/25 となる．したが
って，ヒストグラムの作る面積は trial $\times$ 20/25 となる．これに合わせて，密
度関数の値を trial $\times$ 20/25 倍することで，初めてヒストグラムと比較ができ
るようになる[1]．

```
1 plt.hist(normal_rn, range=(-10, 10), bins=25, alpha=0.5, ec='k')
2 plt.xticks(np.arange(-10, 11, 2))
3
4 x_range = np.arange(-10, 10, 0.1)
5 y = ndf(x_range, m, s)
6 plt.plot(x_range, trial * 20/25 * y, lw=2, color ='blue')
```

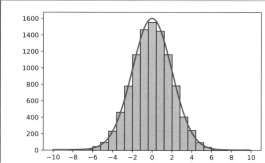

プログラム4行目では，ヒストグラムに合わせて x 軸の $-10 \leq x \leq 10$ の範
囲を 0.1 刻みにした等差数列を準備した．5行目は，その等差数列に対して計

---

1) このような調整は第 7.2.4 項の定理 7.13 の確認でも扱った．

算した密度関数の値を y と名付けた．最終行で，その値を trial × 20/25 倍
したものを y 座標として，折れ線グラフを描いている．さらに，乱数の個数
を増やし階級幅を小さくとって，ヒストグラムと密度関数の適合性を確認する
とよい．

8.2 大数の法則

コインを多数回投げたとき，表の出る相対頻度はおおよそ 1/2 になること
は経験的に知っているだろう．いつも通り，コイン投げにおいて表を 1，裏を
0 のように数値化して，k 回目のコイン投げの結果を x_k で表す．コインを投
げ続けて得られる結果は

$$0, \quad 1, \quad 1, \quad 0, \quad 0, \quad 0, \quad 1, \ldots$$

のような 0,1 からなる数列で表される．初めの n 回（つまり，1 回目から n
回目まで）のコイン投げの結果，表の出た回数 s_n とその相対頻度 r_n は

$$s_n = \sum_{k=1}^{n} x_k, \qquad r_n = \frac{1}{n} s_n = \frac{1}{n} \sum_{k=1}^{n} x_k$$

となる．ここで，n が大きくなると，相対頻度 r_n はおおよそ 1/2 であるとい
うのが冒頭に述べた経験的事実である．

確率論を使ってもう少しきちんと述べてみよう．まず，コイン投げは成功確
率 $p = 1/2$ のベルヌーイ試行列 $X_1, X_2, \ldots$ である．初めの n 回の試行のうち
成功回数とその相対頻度は

$$S_n = \sum_{k=1}^{n} X_k, \qquad R_n = \frac{1}{n} S_n = \frac{1}{n} \sum_{k=1}^{n} X_k$$

で与えられる．経験的事実から

$$\lim_{n \to \infty} R_n = \frac{1}{2} \tag{8.1}$$

と主張したいところであるが，これを証明することはできない．ベルヌーイ

試行列の実現値（コイン投げの結果）には成功回数の相対頻度が $1/2$ に収束しないものがいくらでもありうるからである。実際，$\{0,1\}$ からなる数列 x_1, $x_2, \ldots$ で

$$r_n = \frac{1}{n} \sum_{k=1}^{n} x_k, \qquad n = 1, 2, \ldots,$$

が $1/2$ 以外の数に収束するもの，あるいは収束せず振動するものなどが存在する。ところが，経験的事実を振り返ると，相対頻度 r_n が $1/2$ 以外の数に収束したり，収束せず振動を続けるものを観察することはない。そうすると，(8.1) に確率を加味した議論が必要であることに気付くだろう。すなわち，R_n の実現値 r_n が $1/2$ より外れる確率は，n が大きくなるとともに小さくなってゆき，$n \to \infty$ の極限的な状況でついに 0 になると述べればよさそうである。前半部分は「大数の弱法則」として，後半部分は「大数の強法則」として厳密に証明される。

> **定理 8.1** 　**（大数の弱法則）**　$X_1, X_2, \ldots$ を同分布をもつ確率変数列とし，その平均を μ，分散を σ^2 とする（したがって，有限な分散をもつことが仮定されている）。もし，$X_1, X_2, \ldots$ が互いに無相関であれば，任意の $\epsilon > 0$ に対して，
>
> $$\lim_{n \to \infty} P\left(\left| \frac{1}{n} \sum_{k=1}^{n} X_k - \mu \right| \geq \epsilon \right) = 0 \qquad (8.2)$$
>
> が成り立つ。このことを，$\dfrac{1}{n} \displaystyle\sum_{k=1}^{n} X_k$ は μ に **確率収束** するという。

まさに (8.2) が，相対頻度が平均値から少しでもずれる確率は $n \to \infty$ の極限で 0 になることをいっている。証明は省略する。実際，証明はチェビシェフの不等式を用いれば容易であり，チェビシェフの不等式も特に難しくはないので，入門書でもよく取り上げられている。ただし，多くの文献では，$X_1, X_2, \ldots$ が「独立である」ことを仮定した述べ方になっているが，全く同

様の証明によって，より弱い「互いに無相関である」という仮定で成り立つことを注意しておこう．

大数の弱法則において，$\epsilon > 0$ は任意であるので，いっそのこと $\epsilon \to 0$ とできないかという疑問がわく．これに答えるのが大数の強法則である．

定理 8.2 **（大数の強法則）** $X_1, X_2, \ldots$ を同分布をもつ確率変数列として，その平均値を μ とする．もし，$X_1, X_2, \ldots$ が互いに独立であれば，

$$P\left(\lim_{n\to\infty} \frac{1}{n}\sum_{k=1}^{n} X_k = \mu\right) = 1 \qquad (8.3)$$

が成り立つ[2]．すなわち，

$$\lim_{n\to\infty} \frac{1}{n}\sum_{k=1}^{n} X_k = \mu$$

が成り立たない（別の極限値に収束，または収束せず振動する）確率は 0 である．

実は，(8.3) の確率は無限系列に対して与えているもので，定理 8.1 の証明よりレベルの高い議論が必要になる．意欲のある読者は，確率論のより本格的な書物を参照されたい．

■ **コイン投げのシミュレーション** 定理 8.2 をコイン投げに適用すれば，ほとんど確実に，つまり確率 1 で相対度数 R_n は $1/2$ に収束することになる．確率 1 で起こる事象は，現実世界では「必ず起こる」と解釈される．コイン投げのシミュレーションを作って，大数の法則を確認しておこう．

---

2) 確率変数列 $X_1, X_2, \ldots$ に対して「独立」ではなく，より弱い「互いに独立」を仮定していることに注意しよう．歴史的には，「独立」な同分布確率変数列に対してコルモゴロフが初めて証明したこともあり，多くの文献ではその形で紹介されている．その証明では「コルモゴロフの概収束定理」と呼ばれる一般的な結果を適用するため，「独立」の仮定を弱めることはできない．その後，研究が進み，確率変数列 $X_1, X_2, \ldots$ が「互いに独立」であれば強法則が成り立つことが示された．

いつも通り，3 つのライブラリを読み込んであるものとして始める．コイン投げをシミュレーションするために，一様乱数を発生させてその値を 0.5 を境目にして 0（裏）と 1（表）を対応させればよい．簡単な条件分岐である．

```
1  p = 0.5
2  if np.random.rand() < p:
3      Z = 1
4  else:
5      Z = 0
```

これを実行すれば，1 回のコイン投げの結果が変数 Z に書き込まれる．成功確率は p 変数で指定することで変更できる．

では，多数回のコイン投げの結果を収集して，表の出る相対頻度の変化を調べてゆこう．

```
1   p = 0.5 # 成功確率
2   trial = 10000    # コイン投げの回数
3   Record = []        # コイン投げの記録用リスト．初期値は空
4   for _ in range(trial):
5       if np.random.rand() < p:
6           Z = 1
7       else:
8           Z = 0
9       Record.append(Z)
10  RelFreq = [sum(Record[:i])/i for i in range(1,trial+1)]
```

コイン投げを trial 回（ここでは 1 万回）行った結果を Record と名付けたリストに格納している．それは 0 と 1 が並んだ長大な数列 $x_0, x_1, x_2, \ldots$ である．リストの要素は 0 番から番号付けられていることに注意して，

$$\frac{1}{i} \sum_{k=0}^{i-1} x_k, \qquad i = 1, 2, \ldots, \text{trial}$$

を計算してリストにしたものが RelFreq である．これを折れ線グラフに描こう．

```
1  plt.figure(figsize=(10,4))
2  plt.plot(np.arange(1, trial+1), RelFreq)
3  plt.hlines([0, 1], 1, trial, color='gray') # 相対頻度の限界値
4  plt.hlines(p, 1, trial, color='gray')   # 成功確率 p の基準線
```

```
5
6  plt.yticks(np.arange(0, 1.1, 0.1))  # y 軸の調整
7  plt.xlabel('trials')
8  plt.ylabel('relative frequency')
```

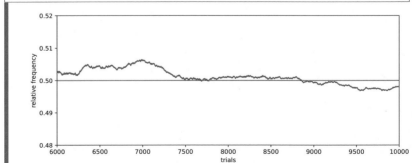

1000 回以降の相対頻度はほぼ $p = 1/2$ とみてよい. グラフの一部分を拡大表示してみよう. そのために, 取り出す x 軸の範囲と y 軸の範囲を plt.xlim() 関数と plt.ylim() 関数で指定すればよい.

```
1  plt.figure(figsize=(10,4))
2  plt.plot(np.arange(1, trial+1), RelFreq)
3  plt.hlines([0, 1], 1, trial, color='gray') # 相対頻度の限界値
4  plt.hlines(p, 1, trial, color='gray')  # 成功確率 p の基準線
5
6  plt.yticks(np.arange(0, 1.1, 0.1))  # y 軸の調整
7  plt.xlim([6000, 10000])
8  plt.ylim([0.48, 0.52])
9  plt.xlabel('trials')
10 plt.ylabel('relative frequency')
```

このように，コイン投げを 1 万回近く繰り返せば，表の出る相対頻度は概ね
0.5 ± 0.01 の範囲に収まっていることが見て取れる．ただし，相対頻度のグラ
フの形状はシミュレーションのたび違ったものが現れるので，繰り返し試すと
よい．

■ **コーシー分布**　確率分布の中には平均値が存在しないものもあり，そのよ
うな分布に対しては大数の法則の前提が成り立たない．典型例にコーシー分布
があり，その密度関数は

$$f(x) = \frac{1}{\pi(1 + x^2)}$$

で与えられる．コーシー分布は自由度 1 の t 分布に他ならない．この分布に対
しては，積分

$$\int_{-\infty}^{+\infty} |x| f(x) dx = \frac{1}{\pi} \int_{-\infty}^{+\infty} \frac{|x|}{1 + x^2}\, dx = +\infty$$

が収束しないため，コーシー分布は平均値をもたない[3]．

　では，Python を使ってコーシー分布を導入しよう．ここでは，コーシー分
布に従う確率変数 Cauchy と比較のために標準正規分布に従う確率変数
Normal を準備する．

```
1  Cauchy = stats.cauchy()
2  Normal = stats.norm()
3  Cauchy.mean(), Normal.mean()
```

```
   (nan, 0.0)
```

コーシー分布の平均値は存在しないことが nan で示されている．一方，標準
正規分布の平均値はきちんと 0.0 が返っている．

　次に密度関数と分布関数を比較する．

```
1  fig = plt.figure(figsize = (12, 4))
2  ax1 = fig.add_subplot(1, 2, 1)
3  ax2 = fig.add_subplot(1, 2, 2)
4  x = np.arange(-8, 8, 0.01)
```

---

3)　詳しくはルベーグ積分論が必要である．関数 $xf(x)$ が奇関数であるからといって，
$\int_{-\infty}^{+\infty} xf(x) dx = 0$ と結論付けてはいけない．

```
 5
 6  ax1.plot(x, Cauchy.pdf(x), color='blue', label='Cauchy')
 7  ax1.plot(x, Normal.pdf(x), linestyle='--', label='Normal')
 8  ax1.hlines(0, -8, 8, color='gray')
 9  ax1.vlines(0, 0, 0.42, color='gray')
10  ax1.legend()
11
12  ax2.plot(x, Cauchy.cdf(x), color='blue', label='Cauchy')
13  ax2.plot(x, Normal.cdf(x), linestyle='--', label='Normal')
14  ax2.hlines(0, -8, 8, color='gray')
15  ax2.vlines(0, 0, 1, color='gray')
16  ax2.legend(loc='center right')
```

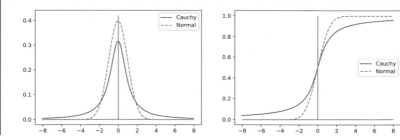

標準正規分布のグラフを鎖線で表した．密度関数を比較すると，標準正規分布の方は $x = \pm 3$ でほぼゼロになるのに対して，コーシー分布の裾野は相当に厚いことがわかる．

■ **コーシー乱数列に対する平均値の挙動**　コーシー分布は平均値をもたないため，大数の法則が破綻する．ここでは，コーシー分布に従う乱数 $x_0, x_1, \ldots$ を発生させて，平均値

$$\frac{1}{i}\sum_{k=0}^{i-1} x_k, \qquad i = 1, 2, \ldots$$

が i とともにどのように挙動するかをシミュレーションで見ておく．

```
1  trial = 20000
2  Crn = Cauchy.rvs(trial)
3  Cmean = [sum(Crn[:i])/i for i in range(1, trial+1)]
```

コーシー分布に従う乱数を `trial` 個（ここでは 2 万個）生成させて `Crn` とい
う名前の NumPy アレイに入れている．得られた乱数列の初めの i 個の平均値
を i を走らせながら計算して，リストにしたものが `Cmean` である．これを折
れ線グラフにして描画する．

```
1  plt.figure(figsize=(10, 6))
2  plt.plot(np.arange(1, trial+1), Cmean, color='blue')
3  plt.hlines(0, 0, trial, color='gray')
4
5  plt.xticks(np.arange(0, trial+1, 5000))  # x 軸の目盛
6  plt.yticks(np.arange(-4.5, 3.5, 0.5))  # y 軸の目盛
7  plt.xlabel('trials')  # x 軸のラベル
8  plt.ylabel('mean')  # y 軸のラベル
```

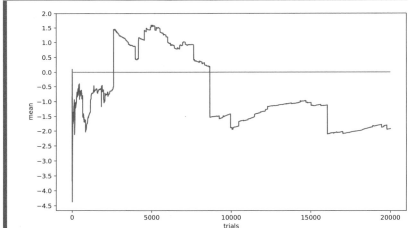

ここに示したものは一例にすぎず，シミュレーションのたびに相当に異なるグ
ラフが得られるだろう．y 軸の調整は，描画されたグラフを見ながら行った．
コーシー分布は $x = 0$ に関して対称であるから，生成される乱数も正負半々
である．しかし，平均値が 0 に寄ってこないのは，コーシー分布の裾野の厚
さを反映して，極めて大きな乱数が無視できない確率で発生するからである．
実際，生成した乱数の最小値と最大値を調べると，

```
1  min(Crn), max(Crn)
```

```
(-15760.331642725461, 5128.24661843236)
```

となっている．つまり，2万個の乱数の中に -15000 や $+5000$ のように極端な数が含まれており，これらの平均値への寄与は相当に大きいため，上の図に見られるように，平均値の折れ線グラフが激しく変動するのである．

比較のために，標準正規分布に従う乱数について同じ観察をしておこう．

```
1  Nrn = Normal.rvs(trial)
2  Nmean = [sum(Nrn[:i])/i for i in range(1,trial+1)]
3
4  plt.figure(figsize=(10,4))
5  plt.plot(np.arange(1,trial+1), Nmean, color='blue')
6  plt.hlines(0, 0, trial, color='gray')
7
8  plt.xticks(np.arange(0, trial+1, 5000))  # x軸の目盛
9  plt.yticks(np.arange(-1, 1.5, 0.5))  # y軸の目盛
10 plt.xlabel('trials')  # x軸のラベル
11 plt.ylabel('mean')  # y軸のラベル
```

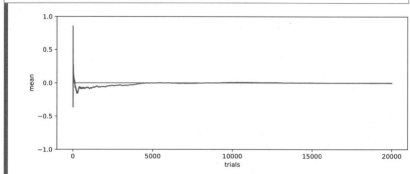

全く様相が異なることがわかる．たとえば，12000 回あたりの動きを比較しよう．正規分布の場合，その値はすっかりその平均値 0 に落ち着いている．一方，コーシー分布の方は（このシミュレーションでは）概ね -1 あたりに落ち着いたかに見えるが，それは平均値ではない（平均値はそもそも存在しない）．

■ メディアンの挙動　コーシー分布は平均値をもたないが，その対称性からメディアンは 0 である．したがって，平均値に代えてメディアンを扱うのは自然なアイデアである．さっそく，コーシー乱数 $x_0, x_1, \ldots$ に対して，メディアン

$$m_i = \text{med}\{x_0, x_1, \ldots, x_{i-1}\}, \qquad i = 1, 2, \ldots,$$

が i とともにどのように変動するかを観察しよう.

```
1  Cmedian = [np.median(Crn[:i]) for i in range(1, trial+1)]
2
3  plt.figure(figsize=(10, 6))
4  plt.plot(np.arange(1, trial+1), Cmedian, color='blue')
5  plt.hlines(0, 0, trial, color='gray')
6
7  plt.xticks(np.arange(0, trial+1, 5000))  # x 軸の目盛
8  plt.yticks(np.arange(-4, 1.5, 0.5))  # y 軸の目盛
9  plt.xlabel('trials')  # x 軸のラベル
10 plt.ylabel('median')  # y 軸のラベル
```

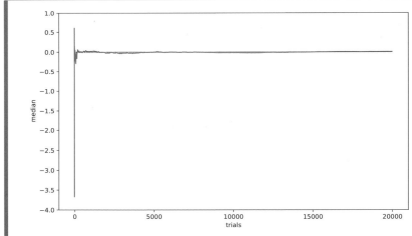

プログラム1行目で, 先に生成させたコーシー乱数 Crn に対して, 逐次的に計算されるメディアンをリスト Cmedian にしている. 3行目以降で, 逐次的に得られたメディアンを折れ線グラフに描いている.

　同一のコーシー乱数に対して, メディアンと平均値の挙動が全く異なることは注目に値する. コーシー乱数では平均値の挙動が安定しなかったが, それは極端な値をもつ乱数（外れ値）が出現しやすく, そのたびに逐次的に計算される平均値が大きく変動するからである. 一方, メディアンは外れ値の影響を受けにくいため, メディアンの挙動は安定するのである. なお, 平均値に関して

は大数の法則を述べたが，メディアンの挙動に関する理論については，より進んだ数理統計学の文献を参照してほしい．

8.3 中心極限定理

大数の法則によって，平均値をもつ独立同分布な確率変数列 $X_1, X_2, \ldots$ に対して，

$$R_n = \frac{1}{n} \sum_{k=1}^{n} X_k \tag{8.4}$$

はほとんど確実に，その確率変数列の共通の平均値 $\mathbf{E}[X_k] = \mu$ に収束することがわかった．有限の n では R_n は $\mathbf{E}[R_n] = \mu$ のまわりに揺らぐのだが，その揺らぎ方に普遍的な性質があることを主張するのが次の中心極限定理である．

定理 8.3 （**中心極限定理**）　$Z_1, Z_2, \ldots$ を独立同分布な確率変数列で，平均値 0，分散 1 に標準化されているものとする．このとき，すべての実数 x に対して，

$$\lim_{n \to \infty} P\left(\frac{1}{\sqrt{n}} \sum_{k=1}^{n} Z_k \le x \right) = \frac{1}{\sqrt{2\pi}} \int_{-\infty}^{x} e^{-t^2/2} dt \tag{8.5}$$

が成り立つ．

中心極限定理では，

$$\frac{1}{\sqrt{n}} \sum_{k=1}^{n} Z_k = \sqrt{n} \times \frac{1}{n} \sum_{k=1}^{n} Z_k \tag{8.6}$$

を扱っていることに注意しよう．大数の法則によって，ほとんど確実に，

$$\frac{1}{n}\sum_{k=1}^{n} Z_k \to 0, \qquad n \to \infty,$$

が成り立つが，上の量を $\sqrt{n}$ 倍した (8.6) は $n \to \infty$ の極限で 0 にならず，標準正規分布 $N(0,1)$ に従う揺らぎが残るということが中心極限定理の主張である．その重要性は，確率変数列の分布の詳細によらず，独立かつ同分布であれば，極限では必ず正規分布が現れるというところにある．証明にはフーリエ変換（ラプラス変換）を必要とするため省略する．興味のある読者は上級の確率論または数理統計学の文献にあたってほしい．

　ここでは，定理 8.3 に述べた内容を使いやすい形に変形することを通して理解しておけば十分である．まず，(8.5) を

$$\frac{1}{\sqrt{n}}\sum_{k=1}^{n} Z_k \approx N(0,1) \qquad (8.7)$$

と書くと便利である．記号 $\approx$ は $n \to \infty$ の極限では $N(0,1)$ に従うが，有限の n では近似的に $N(0,1)$ に従うという意味である．さて，$X_1, X_2, \dots$ を必ずしも標準化されていない独立同分布な確率変数列として，その平均値を μ，分散を σ^2 とする．標準化によって，

$$Z_k = \frac{X_k - \mu}{\sigma}$$

は平均値 0，分散 1 の独立同分布な確率変数列になるので，(8.7) に代入して，

$$\frac{1}{\sqrt{n}}\sum_{k=1}^{n} \frac{X_k - \mu}{\sigma} \approx N(0,1)$$

が得られる．左辺の確率変数を $\sqrt{n}\,\sigma$ 倍すると，その分散は $n\sigma^2$ 倍されるから，

$$\sum_{k=1}^{n} (X_k - \mu) \approx N(0, n\sigma^2).$$

左辺の確率変数に定数 $n\mu$ を加えると，平均値も同様に変化し，分散は変わら

ないので,

$$\sum_{k=1}^{n} X_k \approx N(n\mu, n\sigma^2)$$

が得られる. さらに, 左辺の確率変数を n で割れば,

$$\frac{1}{n}\sum_{k=1}^{n} X_k \approx N\left(\mu, \frac{\sigma^2}{n}\right)$$

となる. これらは大変重要な結果であるので, 定理の形で述べておこう.

定理 8.4　$X_1, X_2, \ldots$ を独立同分布な確率変数列として, 平均値を μ, 分散を σ^2 とする. このとき, 大きな n に対して近似的に次が成り立つ:

$$\sum_{k=1}^{n} X_k \approx N(n\mu, n\sigma^2), \qquad (8.8)$$

$$\frac{1}{n}\sum_{k=1}^{n} X_k \approx N\left(\mu, \frac{\sigma^2}{n}\right). \qquad (8.9)$$

もし独立な確率変数列 $X_1, X_2, \ldots$ が共通に正規分布 $N(\mu, \sigma^2)$ に従うときは, (8.8), (8.9) ともに厳密に成り立つ.

定理の後半は, 次に述べる正規分布の**再生性**から証明される.

定理 8.5　**(正規分布の再生性)**　X_1, X_2 をそれぞれ正規分布 $N(\mu_1, \sigma_1^2)$, $N(\mu_2, \sigma_2^2)$ に従う独立な確率変数とすると, それらの和 $X_1 + X_2$ は $N(\mu_1 + \mu_2, \sigma_1^2 + \sigma_2^2)$ に従う.

上の定理において, 確率変数 $X_1 + X_2$ の平均値が $\mu_1 + \mu_2$, 分散が $\sigma_1^2 + \sigma_2^2$ になることは, 平均値の線形性と分散の加法性からわかる. ポイントは, $X_1 + X_2$ も正規分布に従うということにある. このことは重要であるが, 証明は省略する.

■ **二項分布の正規分布近似**　成功確率 p のベルヌーイ試行列 $X_1, X_2, \ldots$ を考えよう．成功すれば 1，失敗すれば 0 であるから，$\sum_{k=1}^{n} X_k$ は初めの n 回の試行のうち成功回数を与える．したがって，

$$\sum_{k=1}^{n} X_k \sim B(n, p) \tag{8.10}$$

である．一方，$\mathbf{E}[X_k] = p$, $\mathbf{V}[X_k] = p(1-p)$ は既知であり，定理 8.4 を用いると，

$$\sum_{k=1}^{n} X_k \approx N(np, np(1-p))$$

がわかる．ここで，np と $np(1-p)$ は二項分布 $B(n, p)$ の平均値と分散である．こうして，次の結果が得られた．

> 定理 8.6　**（ド・モアブル-ラプラスの定理）**　二項分布 $B(n, p)$ は同じ平均値と分散をもつ正規分布 $N(np, np(1-p))$ で近似される[4]．

　歴史的には，二項係数を上手に評価することで初めて証明された．しかしながら，今となっては，はるかに一般的な中心極限定理の単なる一例にすぎない．また，計算機が自由にならなかった時代では，面倒な二項分布の確率計算を正規分布で近似する根拠としても重要であったが，今日では理論的興味は別として数値計算技法としてのメリットも失われている．

■ **ド・モアブル-ラプラスの定理の検証**　まず，ベルヌーイ分布に従う確率変数が必要である．前節のコイン投げのシミュレーションでは一様乱数から作ったが，ここでは SciPy ライブラリに用意されている stats.bernoulli(p) 関数を用いることにする．たとえば，

---

4)　近似の厳密な意味は中心極限定理（定理 8.3）に基づく．直接 $n \to \infty$ としたのでは，$B(n, p)$ も $N(np, np(1-p))$ も意味を失う．

```
p = 0.4
Z = stats.bernoulli(p)
n = 100
samplesum = Z.rvs(n).sum()
```

とすれば，成功確率 $p = 0.4$ のベルヌーイ型確率変数 Z が導入され，その実現値を n 個（ここでは $n = 100$ に設定）生成してそれらの和を samplesum としている．理論的には，(8.10) に示したように，samplesum は二項分布 $B(100, 0.4)$ の実現値である．そこで，この操作を繰り返して samplesum を大量に収集して，その分布状況を調べることから始めよう．

```
1  p = 0.4 # 成功確率
2  Z = stats.bernoulli(p)
3  n = 100 # 試行回数
4
5  trial = 10000    # シミュレーションの回数
6  Record = []
7  for _ in range(trial):
8      samplesum = Z.rvs(n).sum()
9      Record.append(samplesum)
10 plt.hist(Record, range=(0, n+1), bins=50, alpha=0.5, ec='k')
```

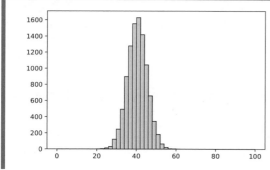

プログラム 5 行目で，収集する成功回数 samplesum の個数（ここでは 1 万個）を設定している．プログラム 7-9 行目で samplesum を繰り返し生成して，Record と名付けたリストに入れている．最終行でヒストグラムを表示している．理論的には，(8.10) に示したように，samplesum は二項分布 $B(100, 0.4)$ の実現値である．したがって，シミュレーションの結果は概ね二項分布を再現している[5]．

ド・モアブル-ラプラスの定理によれば，$B(100, 0.4)$ に従う `samplesum` の分布は $N(40, 24)$ で近似される．このことを検証しよう．

```
1  m = n * p
2  s = np.sqrt(n * p * (1-p))
3  Norm = stats.norm(m, s) # 正規分布
4  x_range = np.arange(0, n+1, 0.1)
5  plt.plot(x_range, trial*n/50*Norm.pdf(x_range), color='blue')
6  plt.hist(Record, range=(0, n+1), bins=50, alpha=0.5, ec='k')
7  plt.xlim([20, 60])   # 表示範囲を限定
```

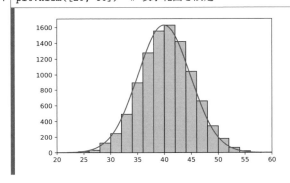

プログラム5行目で正規分布曲線を描画しているが，ヒストグラムが横の長さ $n/50$，縦の長さ1の長方形が `trial` 個積み上がっていることから，密度関数の値を $trial \times n/50$ 倍している．

例題 8.7　$X_1, X_2, \ldots$ を独立同分布な確率変数列として，$[-1, 3]$ 上の一様分布に従うものとする．その平均値を μ，分散を σ^2 とおく．このとき，

$$\frac{1}{n}\sum_{k=1}^{n} X_k \approx N\left(\mu, \frac{\sigma^2}{n}\right)$$

となることをシミュレーションで確認せよ．なお，定理7.8によって，$\mu = 1$, $\sigma^2 = 4/3$ である．

---

5) ただし，ここでは階級幅が2になっているので注意せよ．

解説　$[-1, 3]$ 上の一様分布に従う乱数を $n = 100$ 個生成して，それらの平均値を求める．こうして得られる平均値はシミュレーションのたびに異なる．それを大量に収集して，正規分布に近いことを検証すればよい．

```
1  X = stats.uniform(-1, 4)
2  sample = 100     # 標本数
3  trial = 10000    # シミュレーションの回数
4  Record = []
5  for _ in range(trial):
6      samplemean = X.rvs(sample).mean()
7      Record.append(samplemean)
```

プログラム 6 行目において，`X.rvs(sample)` は `sample` 個の乱数からなる NumPy アレイであり，`mean()` メソッドによって平均値が与えられる．それに `samplemean` という名前を付けた．そのような平均値を `trial` 個（ここでは 1 万個）収集して，`Record` という名前のリストにしている．あとは，これをもとにヒストグラムを描いて正規分布と比較すればよい．

```
1  plt.hist(Record, range=(0, 2), bins=50, alpha=0.5, ec='k')
2  m = X.mean()
3  s = X.std()
4  Norm = stats.norm(m, s/np.sqrt(sample))
5  x_range = np.arange(0, 2, 0.01)
6  plt.plot(x_range, trial*2/50*Norm.pdf(x_range), color='blue')
```

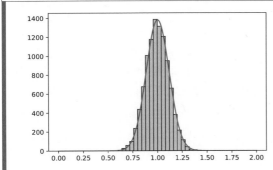

まず，オプションなしのヒストグラムで概形を把握してから，x 軸の範囲や階級を設定して見やすく調整する．正規分布のグラフを重ねる際には，密度関数の値をヒストグラムの面積倍することを忘れないようにする．　　　　　　　　　　　　　　　　　　　□

8.4 ランダムウォーク

数直線上を左右に動き回る動点を考えよう．この動点は時刻 0 で原点 $x = 0$ を出発し，各時点で公平なコインを投げて，表が出たら右方向に 1 進み，裏が出たら左方向に 1 進むものとする．時刻 n におけるこの動点の位置を X_n とすると，X_n は整数（実際は $-n$ から n の範囲の整数）を値にとる確率変数になる．左右の動きは独立同分布な確率変数列 $Z_1, Z_2, \dots$ を

$$P(Z_k = +1) = P(Z_k = -1) = \frac{1}{2}$$

で定めると，

$$X_0 = 0, \qquad X_n = \sum_{k=1}^{n} Z_k$$

と書くことができて便利である．また，勝てば $+1$ 点，負ければ -1 点をやり取りする公平なゲームにおいて，時刻 n における手持ちの点数を与える．

まず，$\mathbf{E}[Z_k] = 0$，$\mathbf{V}[Z_k] = 1$ に注意する．そうすれば，

$$\mathbf{E}[X_n] = 0, \qquad \mathbf{V}[X_n] = n$$

がわかる．さらに中心極限定理から $X_n \approx N(0, n)$ である．

■ **シミュレーション**　ベルヌーイ型確率変数は stats.bernoulli(p) 関数で与えられるが，それは確率 p で 1，確率 $1 - p$ で 0 をとる．したがって，2 倍して 1 を引けば，値がそれぞれ $1, -1$ となって都合がよい．

```
p = 0.5
Z = stats.bernoulli(p)
time = 10000  # 時間 (コイン上げの回数)
pos = 0  # 初期位置
Walk = [pos]  # ランダムウォークの位置
for _ in range(time):
    pos = pos + 2*Z.rvs() - 1
    Walk.append(pos)
```

こうして，Walk リストには各時刻におけるランダムウォークの位置座標が収

められる．これをもとに，横軸に時間（コイン投げの回数），縦軸に位置座標
をとって折れ線グラフを描こう．

```
1  plt.figure(figsize=(10, 4))
2  plt.plot(Walk)
3  plt.hlines(0, 0, time, color='gray')   # x=0 の基準線
4  plt.xticks(np.arange(0, time+1, 2000))  # x 軸の目盛
5  plt.yticks(np.arange(-80, 100, 20))  # y 軸の目盛
6  plt.xlabel('time')  # x 軸のラベル
7  plt.ylabel('position')  # y 軸のラベル
```

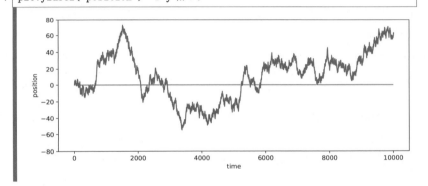

こうして，ランダムウォークの動きが可視化された．ここに収録したものは単
なる一例であり，シミュレーションのたびにかなり異なる軌跡が得られるだろ
う．いろいろ試してみるとよい．なお，$p \neq 1/2$ とすると，軌跡は一方向に流
れてしまうが，それは $\mathbf{E}[X_n] = (2p-1)n$ から直感的に明らかである．

さて，単なる一例ではあるが，上の軌跡を見るといろいろ面白いことに気づ
く．たとえば，おおよそ $6000 < n < 10000$ の範囲では，軌跡は常に正の側に
寄っている．実際，その間には 4000 回のコイン投げが行われており，$x = 0$ か
ら $x = 60$ 辺りに至っているのだから，その間の折れ線の上下は概ね 2000±30
回ずつ起こっている．そのように，4000 回の内うちほぼ半数回ずつ上下移動
があるにもかかわらず，ランダムウォークはいったん正の側に出ると，なかな
か $x = 0$ に戻って来られないという現象が起こる．この時間のかかり方を直
感で理解することは難しいだろう．

原点 $x = 0$ から出発するランダムウォークが初めて原点に戻るまでに要す
る時間 T は確率変数であり，その分布を調べることができる．その性質はい

ろいろあるが,

$$P(T < +\infty) = 1, \qquad \mathbf{E}[T] = +\infty$$

が基本的である．前者は，ランダムウォークはいつとはいえないが必ず原点
に戻ってくることを意味する．そうすると，戻ってくるまでに要する平均時間
に興味があるが，後者によって平均値は有限値として定まらない．実際，原点
に戻るための最短時間は 2 であり $P(T = 2) = 1/2$ は明らかであろう．つま
り，半分の確率で $T = 2$ が起こるのだが，一方で，原点に戻ってくるまでに
極めて長時間要するという事象が無視できない確率で起こっていて，そのため
$\mathbf{E}[T] = +\infty$ となるのである．より詳しいことは，確率論の専門書にあたって
ほしい．

■ **2 次元ランダムウォーク**　正方格子上のランダムウォークも面白い．座標
平面の原点 $(0,0)$ を出発して，各時点で左右（x 軸方向に ±1）上下（y 軸方
向に ±1）の 4 方向を等確率の $1/4$ で選んで，動き回る動点が 2 次元ランダム
ウォークである．ベクトル表記を使って，1 次元ランダムウォークと同様に定
式化される．

```
1  time = 5000      # 時間
2  pos = np.array([0, 0])   # 初期位置
3  Walk = [pos]
4  for _ in range(time):
5      Z = np.random.rand()
6      if Z < 1/4:
7          pos = pos + [1, 0]
8      elif 1/4 <= Z <2/4:
9          pos = pos + [-1, 0]
10     elif 2/4 <= 3/4:
11         pos = pos + [0, 1]
12     else:
13         pos = pos + [0, -1]
14     Walk.append(pos)
15 Record = np.array(Walk)
```

ここでは，2 次元の座標を np.array([x, y]) の形式で準備してベクトル表
記に代えている．プログラムの 6-13 行目は，区間 $[0,1]$ を 4 等分して各小区

間に移動方向を対応させ，`np.random.rand()` によって発生した一様乱数に応じて動点の座標を決めている．

```
1  plt.figure(figsize=(6,6))
2  plt.plot(Record[:, 0], Record[:, 1])
3  plt.xticks(np.arange(-30, 60, 10))   # x 軸の目盛
4  plt.yticks(np.arange(-30, 60, 10))   # y 軸の目盛
5  plt.hlines(0,-30, 60, color='gray')  # x 軸
6  plt.vlines(0,-30, 60, color='gray')  # y 軸
```

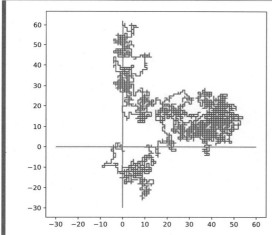

まず，Record は大量の座標 $[x, y]$ を収めた NumPy アレイである．そこから x 座標だけを順に取り出した NumPy アレイが Record[:, 0] である．同様に，Record[:, 1] は y 座標を取り出して作った NumPy アレイである．プログラム 2 行目では，このようにして作った x 座標のアレイと y 座標のアレイを `plt.plot()` 関数に渡して折れ線を描いている．プログラム 3-6 行目は，描画された折れ線を見ながら両軸を調整したものである．

章末問題

8.1　$[0, 2]$ 上の一様分布に従う独立同分布な確率変数列 $X_1, X_2, \ldots$ に対して，中心極限定理をシミュレーションで検証せよ．

8.2　ある会場の収容人数は 1200 名である．イベントの開催に合わせて予約を受け付ける

が, これまでの経験から予約客のうち 3% が予約をキャンセルするという. キャンセルを見込んで 1230 名の予約を受け付けたとき, 来客を収容しきれなくなる確率を求めよ. ただし, 予約客は互いに独立に 3% の確率で予約をキャンセルする. 二項分布による厳密計算と二項分布の正規分布近似による結果を比較せよ.

8.3 確率変数列 X_1, X_2, X_3 は独立であり, いずれも $[0, 2]$ 上の一様分布に従うものとする. このとき, $Y = X_1 + X_2 + X_3$ は次の密度関数 $f(x)$ をもつ確率変数になる:

$$f(x) = \begin{cases} \dfrac{1}{16} x^2, & 0 \le x \le 2, \\ -\dfrac{1}{8} (x-3)^2 + \dfrac{3}{8}, & 2 \le x \le 4, \\ \dfrac{1}{16} (x-6)^2, & 4 \le x \le 6, \\ 0, & \text{その他.} \end{cases}$$

このことをシミュレーションによって数値的に検証せよ.

8.4 ド・モアブル-ラプラスの定理の主張 $B(n, p) \approx N(np, np(1-p))$ では, n を大きくするほどに近似の度合いがよくなる. このことを $B(n, p)$ に従う乱数を大量に収集して, その分布状況を調べることで確認せよ.

8.5 トランプのカード 52 枚からランダムに 5 枚を選んだ手札の中に含まれるエースの枚数について, その確率分布をシミュレーションを用いて調べよ.

—— 第 **9** 章 ——

母数の推定

　統計学の重要な課題は，母集団から取り出された標本を用いて母数（母集団の統計量）を推定するための合理的な手法を与えることにある．本章では，不偏推定量，最尤推定量，区間推定の基本について述べて，Python を用いた計算を示す．

9.1 母集団と標本

　統計解析の対象となるデータは，何らかの目的をもって集められた個体に対して観測や測定を行って収集されたものである．その目的のため調べるべき対象の全体を**母集団**といい，母集団の構成要素を**個体**という．母集団を構成する各個体には観測値が対応するので，母集団を観測値の集まりとみなせば，その値の分布を考えることができる．これを**母集団分布**という．母集団全体を調べつくす**全数調査**ができれば，母集団分布を知ることができるが，それが可能な場合は限られている[1]．したがって，母集団からいくつかの個体を取り出して

---

1)　ある大学の学生全体を母集団としてアンケート調査をする場合，母集団が大きいとしても有限集合であるからコストさえ惜しまなければ全数調査が可能である．一方，母集団が有限であっても，全数調査が本来の趣旨に反する場合もある．たとえば，ある工場で製造された製品の寿命を調べたいときに，全数調査をしたのでは出荷する製品がなくなってしまう．さらに，繰り返し実験などでは，そもそも母集団が無限集合となるために全数調査ができない．たとえば，サイコロが公平であるかどうかを調べようとしても，何回でも際限なく振ることができるので母集団は無限集合となる．

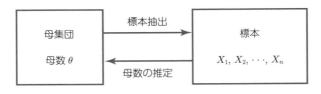

図 9.1 母数の推定

観測や測定を行う．このとき，選ばれた個体を**標本**または**サンプル**という．母
集団分布そのものを標本から推定することは困難であり，実用上知りたいのは
母集団分布を特徴付ける統計量やパラメータである．そのような量を**母数**と総
称する．特に，母集団分布の平均値を**母平均**，分散を**母分散**と呼ぶ．統計的推
定の目的の 1 つは，母数 θ を標本 $X_1, X_2, \ldots, X_n$ から推定するための方法論
を構築することにある．本書では，母平均と母分散の推定について扱う．

■ **標本抽出**　標本調査において，母集団のどの個体も等確率で選ばれるよう
な標本の取り出し方を**無作為標本抽出**といい，取り出された標本を**無作為標本**
という．以下では，無作為は当然のこととして，単に**標本抽出**あるいは**標本**と
いうことにする．標本に対して得られる観測値は，取り出された標本ごとに異
なり，その値の現れ方は母集団分布に従う．つまり，標本は母集団分布に従う
確率変数とみなされる．この確率変数を X とすれば，$X \sim$（母集団分布）で
あり，$\mathbf{E}[X]$ は母平均，$\mathbf{V}[X]$ は母分散に一致することに注意しておこう．

　標本調査では，母集団から複数の標本を取り出すのがふつうである．取り出
された標本の個数を**標本のサイズ**または**サンプルサイズ**という．標本抽出で，
取り出した標本をもとに戻しながら無作為抽出を繰り返す方法を**無作為復元抽**
出という．この場合，毎回の標本抽出にあたって母集団が変化しないので，取
り出された標本 $X_1, X_2, \ldots, X_n$ は母集団分布に従う独立同分布な確率変数列
となる．したがって，大数の法則や中心極限定理の適用対象となるところが重
要である．本書では，特に断りのない限り，無作為復元抽出によって得られる
標本を扱う．

　一方，いったん取り出した標本をもとに戻さずに無作為抽出を繰り返す，あ
るいは同じことであるが，複数の標本を同時に取り出す方法もある．これを**無**

作為非復元抽出という．非復元抽出によって得られた n 個の標本 $X_1, X_2, \ldots,$ X_n も確率変数であるが，毎回母集団が変化するので同分布ではなく，また独立でもないため状況はいささか複雑になる．しかしながら，母集団がサンプルサイズ n に比べて十分大きいなら，実用上，非復元抽出と復元抽出の違いは無視できる．

■ **点推定と区間推定**　母数 θ を推測するにあたり，母集団から取り出された複数の標本 $x_1, \ldots, x_n$ に何らかの計算式を適用して得られる1個の数値をもって θ の推定値とする方式を**点推定**という．何らかの計算式といったが，数学的には関数 $T(x_1, \ldots, x_n)$ を用いて推定値を1つ決めるということである．一方，標本 $x_1, \ldots, x_n$ をもとに母数を含む区間を推定する方式を**区間推定**という．区間推定では，区間の下限と上限を標本 $x_1, \ldots, x_n$ の関数で与えることになる．いずれにせよ，妥当な推定となるような関数形を定めることが主要な課題になる．

■ **理論的な母集団**　母数を推定する現実問題においては，母集団分布の形状がある程度わかっていてそのパラメータを知りたいという場合と分布の形が想定できない場合がある．前者に属する母集団として，二項母集団と正規母集団は理論的にも応用面からも重要である．

　個体の属性（標識には0と1を用いる）によって2つの集団に分かれている母集団を**二項母集団**という．たとえば，薬の効果（有・無）や支持率の調査（支持する・支持しない）では二項母集団を扱うことになる．二項母集団において標識1をもつ個体の割合 p を**母比率**と呼ぶ．二項母集団に対して推定すべき母数は母比率となる．母比率を p とすれば，二項母集団の母集団分布は成功確率 p のベルヌーイ分布であり，母平均と母比率は一致する．したがって，二項母集団に対しては母平均の推定と母比率の推定は同じことである．

　母集団分布が正規分布であるような母集団を**正規母集団**と呼ぶ．正規分布は平均値 μ と分散 σ^2 によって決まるので，推定すべき母数は母平均と母分散ということになる．正規母集団は，統計的推測の厳密理論を構成するためのモデルとして重要なばかりでなく，実用の場面で母集団を正規母集団と想定できる

ことが少なくなく，応用の場面でもしばしば現れる[2)].

9.2 不偏推定量

　母数 θ の点推定では，標本値 $x_1, x_2, \ldots, x_n$ に何らかの関数を適用して推定値 $T(x_1, \ldots, x_n)$ を与える．問題は用いる関数の妥当性であり，それを論じるためには，母集団から取り出された標本を $X_1, X_2, \ldots, X_n$ として，確率変数

$$\hat{\theta} = T(X_1, \ldots, X_n) \tag{9.1}$$

を考察する．つまり，推定値 $T(x_1, \ldots, x_n)$ は標本のとり方によって変化するため，その変化の仕方を確率的に捉えて推定値の妥当性を判断するのである．この文脈では，$\hat{\theta}$ を θ の**推定量**と呼び，標本値を代入した $T(x_1, \ldots, x_n)$ は推定量 $\hat{\theta}$ の1つの実現値であり，θ の**推定値**と呼ぶ．ただし，推定値と推定量の2つの用語は，文脈によっては必ずしも厳格に区別せずに使われる．

■ **不偏推定量**　推定量 $\hat{\theta} = T(X_1, \ldots, X_n)$ は確率変数であるから，その平均値 $\mathbf{E}[\hat{\theta}]$ を考えることができる．それが母数 θ に一致するとき，つまり，

$$\mathbf{E}[\hat{\theta}] = \theta \tag{9.2}$$

が成り立つとき，$\hat{\theta} = T(X_1, \ldots, X_n)$ を母数 θ の**不偏推定量**という．不偏性の条件 (9.2) は，推定値は必ず母数 θ を中心にばらつくことを意味し，母数の推定にあたって当然望まれる性質である．なお，任意の母数に対して必ずしも不偏推定量が存在するとは限らない．

■ **母平均の不偏推定量**　サンプルサイズ n の標本 $X_1, X_2, \ldots, X_n$ に対して

$$\bar{X} = \frac{1}{n} \sum_{k=1}^{n} X_k \tag{9.3}$$

---

2) たとえば，規格品を大量生産するときに生じる規格からのずれを，さまざまな段階で混入する小さな揺らぎが集積した結果であると考えると，それが正規分布に従うとする仮定は中心極限定理（第 8.3 節）からみて合理的である．

を**標本平均**という．もちろん，標本平均は確率変数である．

定理 9.1 標本平均 $\bar{X}$ は母平均の不偏推定量である.

証明 母平均を μ とする．示すべきことは $\mathbf{E}[\bar{X}] = \mu$ である．まず，各標本 X_k は母集団分布に従う確率変数であるから，$\mathbf{E}[X_k] = \mu$ が成り立つことに注意する．そこで，平均値の線形性を用いれば，

$$\mathbf{E}[\bar{X}] = \frac{1}{n} \sum_{k=1}^{n} \mathbf{E}[X_k] = \frac{1}{n} \sum_{k=1}^{n} \mu = \mu$$

が得られる． $\square$

日常においても，多数のデータから平均値を計算して判断材料として使うことは多いだろう．上の定理は，その妥当性の根拠になる．

■ **母分散の不偏推定量** 母平均 μ，母分散 σ^2 の母集団から取り出した標本を $X_1, X_2, \ldots, X_n$ とする．データの整理（第 4.1 節）から類推される分散は

$$S^2 = \frac{1}{n} \sum_{k=1}^{n} (X_k - \bar{X})^2 \tag{9.4}$$

であり，これを**標本分散**と呼ぶ．ところが，標本分散は不偏性を満たさないのである．このことを計算で確認しておこう．

まず，(9.4) の右辺を展開すると，

$$
\begin{aligned}
S^2 &= \frac{1}{n} \sum_{k=1}^{n} (X_k^2 - 2\bar{X}X_k + \bar{X}^2) \\
&= \frac{1}{n} \left(\sum_{k=1}^{n} X_k^2 - 2\bar{X} \sum_{k=1}^{n} X_k + n\bar{X}^2 \right) \\
&= \frac{1}{n} \sum_{k=1}^{n} X_k^2 - \bar{X}^2 \tag{9.5}
\end{aligned}
$$

が得られる．ここで $X_1, \ldots, X_n$ は同分布で母集団分布に従うことから，(9.5)の第 1 項の平均値は，

$$\mathbf{E}\left[\frac{1}{n}\sum_{k=1}^{n}X_k^2\right]=\mathbf{E}[X_1^2]=\sigma^2+\mu^2$$

となる．第 2 項の平均値は，$X_1,\ldots,X_n$ が独立であることに注意して，

$$\begin{aligned}
\mathbf{E}[\bar{X}^2]&=\mathbf{E}\left[\left(\frac{1}{n}\sum_{k=1}^{n}X_k\right)^2\right]=\frac{1}{n^2}\sum_{j,k=1}^{n}\mathbf{E}[X_jX_k]\\
&=\frac{1}{n^2}\sum_{j=1}^{n}\mathbf{E}[X_j^2]+\frac{1}{n^2}\sum_{j\neq k}\mathbf{E}[X_j]\mathbf{E}[X_k]\\
&=\frac{1}{n}(\sigma^2+\mu^2)+\frac{n(n-1)}{n^2}\mu^2\\
&=\frac{1}{n}\sigma^2+\mu^2
\end{aligned}$$

となる．こうして，(9.5) の平均値が

$$\mathbf{E}[S^2]=(\sigma^2+\mu^2)-\left(\frac{1}{n}\sigma^2+\mu^2\right)=\frac{n-1}{n}\sigma^2 \qquad (9.6)$$

のように得られた．これより，$\mathbf{E}[S^2]\neq\sigma^2$ であり，S^2 は母分散 σ^2 の不偏推定量ではないことがわかる．

しかしながら，(9.6) から直ちに，

$$\mathbf{E}\left[\frac{n}{n-1}S^2\right]=\sigma^2$$

がわかる．そこで，

$$U^2=\frac{n}{n-1}S^2=\frac{1}{n-1}\sum_{k=1}^{n}(X_k-\bar{X})^2 \qquad (9.7)$$

とおくと，$\mathbf{E}[U^2]=\sigma^2$ が成り立ち，U^2 は母分散の不偏推定量になる．この U^2 を**不偏分散**と呼ぶ[3]．こうして，次の主張が証明された．

定理 9.2　不偏分散 U^2 は母分散の不偏推定量である．

---

3)　文献によっては U^2 を標本分散と呼んでいるので，用語には注意せよ．

■ **不偏推定量の比較** T, T' を母数 θ の不偏推定量とする.それらの分散(この文脈では**平均二乗誤差**ともいう)が $\mathbf{V}[T] \leq \mathbf{V}[T']$,すなわち,

$$\mathbf{E}[(T - \theta)^2] \leq \mathbf{E}[(T' - \theta)^2] \tag{9.8}$$

を満たすとき,T は T' よりも**有効**であるという.つまり,T が T' より有効であれば,同じ不偏推定量であっても分散が小さい T の方が真の値 θ に近い値をとりやすいことになる.また,不偏推定量 T の標準偏差 $\sqrt{\mathbf{V}[T]} = \sqrt{\mathbf{E}[(T - \theta)^2]}$ を**標準誤差**といい,推定精度の尺度として使われる.

例題 9.3 **(加重平均)** 母平均 μ,母分散 σ^2 の母集団から取り出されたサンプルサイズ n の標本 $X_1, X_2, \ldots, X_n$ に対して,加重平均が

$$Y = \sum_{k=1}^{n} a_k X_k \tag{9.9}$$

で定義される.ただし,加重 $a_1, \ldots, a_n$ は,

$$\sum_{k=1}^{n} a_k = 1$$

を満たすものとする.

(1) 加重平均 Y は母平均の不偏推定量であることを示せ.

(2) 加重平均のうちで最も有効であるものを求めよ.

解説 (1) 定義によって,$\mathbf{E}[Y] = \mu$ を示せばよい.実際,平均値の線形性によって,

$$\mathbf{E}[Y] = \sum_{k=1}^{n} a_k \mathbf{E}[X_k] = \sum_{k=1}^{n} a_k \mu = \mu$$

が成り立つ(ここでは,a_k に負の数が含まれても構わない).

(2) 加重平均のうちで分散(平均二乗誤差)が最小であるものを求めればよい.Y が独立な確率変数の和であることから,

$$\mathbf{V}[Y] = \sum_{k=1}^{n} \mathbf{V}[a_k X_k] = \sum_{k=1}^{n} a_k^2 \mathbf{V}[X_k] = \sigma^2 \sum_{k=1}^{n} a_k^2$$

が得られる．ここで，簡単な不等式

$$0 \le \sum_{k=1}^{n} \left(a_k - \frac{1}{n} \right)^2 = \sum_{k=1}^{n} \left(a_k^2 - \frac{2}{n} a_k + \frac{1}{n^2} \right) = \sum_{k=1}^{n} a_k^2 - \frac{1}{n} \quad (9.10)$$

に注意すると，

$$\mathbf{V}[Y] = \sigma^2 \sum_{k=1}^{n} a_k^2 \ge \frac{\sigma^2}{n} \quad (9.11)$$

が得られる．(9.10) を見れば，(9.11) の等号は $a_1 = \cdots = a_n = 1/n$ のときに限って成り立つことがわかる．したがって，加重平均のうちで分散が最小になるものは，等加重を与える場合であり，それは標本平均に他ならない． □

■ **一致推定量**　サンプルサイズ n ごとに，母数 θ の推定量 $T_n = T_n(X_1, \ldots, X_n)$ が与えられていることが多い．このとき，任意の $\epsilon > 0$ に対して，

$$\lim_{n \to \infty} P(|T_n - \theta| \ge \epsilon) = 0 \quad (9.12)$$

が成り立つとき，T_n を θ の**一致推定量**という．一致性は，標本数 n ごとに与えられた推定量の系列に対する性質であり，標本数 n が大きいほど推定値が母数 θ の近くに落ちる確率が 1 に近いことを意味する．したがって，一致推定量を用いれば，標本数が大きいほど精度よく母数を推定できることになる．

定理 9.4　母平均と母分散の推定量について，次が成り立つ．
  (1) 標本平均は母平均の一致推定量である．
  (2) 標本分散，不偏分散ともに母分散の一致推定量である．

---

　(1) は大数の弱法則に他ならない．(2) のためには確率収束に関するやや進んだ議論が必要になるので，その証明は省略する．

■ **標本平均と大数の法則（再論）**　これまでに，標本平均が母平均の推定量として優れている点をいくつか示してきた．特に，定理 9.4 に述べた一致性は，標本数が大きければ標本平均が母平均のよい近似になるといういわば常識の理論的根拠になる．そうすると，次に実用的かつ重要な問題は，母平均を与え

られた精度で推定するために必要な標本数を決めることである．これについては，第 9.4 節で典型的な場合を扱う．

　ここでは，一歩戻って，一致性をめぐって注意を述べておきたい．すでに述べたように，標本平均が母平均の一致推定量であることの根拠は大数の法則にある．第 8.2 節で大数の法則のシミュレーションを示した．そこでは，二項母集団（コイン投げ）や正規母集団の場合に，大数の法則が極めて有効に働いていることを見たが，母集団分布がコーシー分布である場合のシミュレーションはうまくいかなかった（そもそもコーシー分布は大数の法則の前提を満たしていない）．一般に，母集団分布の裾野が厚くても平均値が存在しさえすれば大数の法則が成り立つが，標本平均の挙動がなかなか安定しないという現象が起こる．

　一方，第 8.2 節では，コーシー乱数に対するメディアンの挙動は安定していることをシミュレーションで確認した．この観点を発展させると，母集団分布がコーシー分布に準じて厚いすそ野をもち，かつ対称で平均値をもつ場合は，平均値とメディアンが一致するため，母平均を標本メディアンによって推定するというアイデアに至る．実際，この方法は標本平均を使うよりも有利になる場合がある．一方で，正規分布のように裾野が急速に減衰する分布に対しては，標本メディアンより標本平均を用いる方が有利である．詳しくは，メディアンの推定に関する理論が必要になるので，興味のある読者はより上級の数理統計学の文献をあたってほしい．

9.3　最尤推定量

　母集団の分布の形はわかっていて，その分布を決めるパラメータ θ を標本から推定したいことがある．二項母集団の母比率の推定や正規母集団の平均値と分散の推定は典型例になる．母集団分布が離散型であるときは，標本値 x が得られる確率を母集団分布を決めるパラメータを明示して $f(x; \theta)$ とおく．母集団分布が連続型で密度関数をもつときは，その密度関数を $f(x; \theta)$ と書くことにする．いずれの場合も，得られた標本値 $x_1, x_2, \ldots, x_n$ をもとにして，

$$L(x_1,\ldots,x_n;\theta) = \prod_{i=1}^{n} f(x_i;\theta) \tag{9.13}$$

を導入する．これを**尤度関数**という．この尤度関数の最大値を与える θ が一意的に定まるとき，それを $\hat{\theta}$ と書いてパラメータ θ の**最尤推定量**という．なお，尤度関数が最大値をもたないこともあり，そのときは最尤推定量は存在しない．

なお，尤度関数 (9.13) は積で定義されているので，対数をとって

$$\log L(x_1,\ldots,x_n;\theta) = \sum_{i=1}^{n} \log f(x_i;\theta) \tag{9.14}$$

を最大化する方が便利である．これを**対数尤度関数**という．

■ **母比率の最尤推定量**　二項母集団の母比率 p を推定する問題を扱う．二項母集団から取り出した標本 X は成功確率 p のベルヌーイ分布に従い，

$$P(X=1)=p, \qquad P(X=0)=1-p \tag{9.15}$$

が成り立つ．これをひとまとめにして書くために，

$$f(x;p) = p^x(1-p)^{1-x}, \qquad x=0,1 \tag{9.16}$$

とおくと，$P(X=x)=f(x;p)$ が成り立つ[4]．尤度関数 (9.13) は，

$$L(x_1,\ldots,x_n;\theta) = \prod_{i=1}^{n} f(x_i;\theta) = P(X_1=x_1,\ldots,X_n=x_n) \tag{9.17}$$

となり，n 個の標本の実現値が $x_1,\ldots,x_n$ となる確率を与える．この確率は母比率 p とともに変化するので，最大確率を与えるような p をもって母比率の最尤推定量とするのである．

二項母集団の対数尤度関数 (9.14) は，$f(x_i;p)$ に具体形 (9.16) を代入して

---

[4]　しばしば，(9.16) を離散分布における密度関数にあたるものとして，**確率関数**と呼ぶ．ここでは，p を顕わに表示することが重要である．

計算すれば,

$$\log L(x_1, \ldots, x_n; p) = \sum_{i=1}^{n} \{x_i \log p + (1 - x_i) \log(1 - p)\}$$

$$= (\log p - \log(1 - p)) \sum_{i=1}^{n} x_i + n \log(1 - p) \quad (9.18)$$

となる. p の関数として最大値を求めるために,

$$\frac{d}{dp} \log L(x_1, \ldots, x_n; p) = 0 \quad (9.19)$$

となる p を調べる. 実際, (9.18) を p で微分すると,

$$\frac{d}{dp} \log L(x_1, \ldots, x_n; p) = \left(\frac{1}{p} + \frac{1}{1 - p}\right) \sum_{i=1}^{n} x_i - \frac{n}{1 - p}$$

となり, (9.19) を満たす p は

$$\hat{p} = \frac{1}{n} \sum_{i=1}^{n} x_i \quad (9.20)$$

で与えられることがわかる. もし $0 < \hat{p} < 1$ であれば, この $\hat{p}$ が尤度関数 $L(x_1, \ldots, x_n; p)$ の最大値を与える. もし $\hat{p} = 0$ または $\hat{p} = 1$ であれば, 微分法だけでは不十分であるが, $\hat{p} = 0$ はすべての標本が $x_i = 0$ であること, $\hat{p} = 1$ はすべての標本が $x_i = 1$ であることに注意して, 個別に尤度関数 $L(x_1, \ldots, x_n; p)$ を調べることは容易である. 実際, これらの両極端な場合も含めて (9.20) の $\hat{p}$ が尤度関数の最大値を与えることがわかる.

なお, 二項母集団から取り出した標本 X_k の値は 0 または 1 であるから, $\hat{p}$ は取り出した標本のうち値 1 をとるものの相対度数である. これを **標本比率** と呼ぶ.

以上の議論は次の定理にまとめられる.

定理 9.5 二項母集団から取り出した標本を $X_1, X_2, \ldots, X_n$ とするとき, 母比率の最尤推定量は標本比率

$$\hat{p} = \frac{1}{n} \sum_{i=1}^{n} X_i \tag{9.21}$$

で与えられる.

　二項母集団では，母比率 p は母平均に一致し，(9.21) は標本平均に他ならないので，定理 9.1 によって，$\hat{p}$ は p の不偏推定量であり，定理 9.4 によって一致推定量でもある．母比率を標本比率によって推定すること自体は直感的に納得されるが，その妥当性が数理統計学によって保障されているところが重要である．

9.4　区間推定

　母数 θ の点推定では，母集団から取り出された標本 $X_1, \ldots, X_n$ の関数 $\hat{\theta} = T(X_1, \ldots, X_n)$ をもって推定量とする．現実の応用では，1 回の標本調査によって得られる観測値 $x_1, \ldots, x_n$ から推定値 $T(x_1, \ldots, x_n)$ が 1 個の数値として求まるが，それが母数 θ に近いかどうかは，実のところわからない．不偏性や一致性を満たす推定量を用いることで，推定値 $\hat{\theta}$ は母数 θ に近いだろうと期待しているにすぎない．したがって，推定値がどのくらい母数に近いかを確率的に評価することが重要であり，そのための手法が**区間推定**である．

　区間推定では，母数 θ の値そのものではなく，その母数を含む区間を推定する．形式的には，標本 $X_1, \ldots, X_n$ をもとに，区間の両端に対応する 2 つの統計量 $T_1 = T_1(X_1, \ldots, X_n)$, $T_2 = T_2(X_1, \ldots, X_n)$ を作って，母数 θ は区間 $[T_1, T_2]$ の範囲にあることを主張する．この区間を母数 θ に対する**信頼区間**といい，信頼区間の端点 T_1, T_2 を**信頼限界**という．信頼限界は標本に依存して決まる確率変数であり，必ずしも $T_1 \leq \theta \leq T_2$ を満たしているとは限らない．期待される不等式 $T_1 \leq \theta \leq T_2$ が満たされる確率 $P(T_1 \leq \theta \leq T_2)$ を**信頼係数**という．信頼係数は，信頼区間がどのくらい信頼できるかの指標になる．このように区間推定は信頼度付きの推定となるところが，点推定との大きな違いである．

以下，Python による計算では，プログラムの冒頭でいつもの 4 行を実行して始めるものとする．

```
1  import numpy as np
2  import pandas as pd
3  import matplotlib.pyplot as plt
4  from scipy import stats
```

9.4.1　正規母集団の母平均（母分散既知）

正規母集団 $N(\mu, \sigma^2)$ の母分散 σ^2 が既知であるとき，母平均 μ を区間推定しよう．次の定理が基本になる．証明は定理 8.4 と定理 8.5 を組み合わせればよい．

定理 9.6　正規母集団 $N(\mu, \sigma^2)$ から取り出した n 個の標本 $X_1, \ldots, X_n$ の標本平均は正規分布 $N(\mu, \sigma^2/n)$ に従う．すなわち，

$$\bar{X} = \frac{1}{n} \sum_{k=1}^{n} X_k \sim N\left(\mu, \frac{\sigma^2}{n}\right).$$

したがって，その標準化 Z は標準正規分布 $N(0,1)$ に従う．すなわち，

$$Z = \frac{\bar{X} - \mu}{\sigma/\sqrt{n}} \sim N(0,1). \tag{9.22}$$

定理 9.6 で用いた記号をそのまま利用して話を進めよう．今，$0 < \alpha < 1$ に対して，標準正規分布 $N(0,1)$ の上側 $\alpha/2$ 点を $z_{\alpha/2}$ と書くと，定義によって，

$$P(Z > z_{\alpha/2}) = \frac{\alpha}{2}$$

が成り立つ．したがって，正規分布の対称性から，

$$P(|Z| \leq z_{\alpha/2}) = 1 - \alpha \tag{9.23}$$

となる（図 9.2）．

不等式 $|Z| \leq z_{\alpha/2}$ に (9.22) を代入して，少し計算すると，

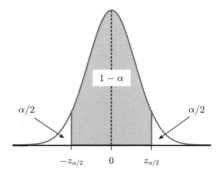

図 9.2 標準正規分布 $N(0, 1)$ の上側 $\alpha/2$ 点

$$\bar{X} - z_{\alpha/2} \frac{\sigma}{\sqrt{n}} \leq \mu \leq \bar{X} + z_{\alpha/2} \frac{\sigma}{\sqrt{n}}$$

が得られる．したがって，(9.23) は，

$$P\left(\bar{X} - z_{\alpha/2} \frac{\sigma}{\sqrt{n}} \leq \mu \leq \bar{X} + z_{\alpha/2} \frac{\sigma}{\sqrt{n}}\right) = 1 - \alpha \tag{9.24}$$

と同値である．ここで，標本平均 $\bar{X}$ を中心とする区間

$$\left[\bar{X} - z_{\alpha/2} \frac{\sigma}{\sqrt{n}}, \ \bar{X} + z_{\alpha/2} \frac{\sigma}{\sqrt{n}}\right] \tag{9.25}$$

を考えれば，(9.24) はその区間の中に母平均 μ を捕える確率が $1 - \alpha$ であることを示している．このことをもって，区間 (9.25) を母平均 μ に対する**信頼係数 $1 - \alpha$ の信頼区間**という．ここまでの議論を定理にまとめておこう．

定理 9.7　　正規母集団 $N(\mu, \sigma^2)$ から取り出したサンプルサイズ n の標本による標本平均を $\bar{X}$ とする．このとき，母平均 μ に対する信頼係数 $1 - \alpha$ の信頼区間は

$$\bar{X} \pm z_{\alpha/2} \frac{\sigma}{\sqrt{n}} \tag{9.26}$$

で与えられる．ただし，$z_{\alpha/2}$ は標準正規分布の上側 $\alpha/2$ 点である．また，(9.26) は信頼限界を示したもので，信頼区間 (9.25) の略記であると理解する．

例題 9.8　次の 12 個の数値は，母分散 $\sigma^2 = 3.2^2$ の正規母集団から取り出した無作為標本である．

$$17.56, \quad 9.21, \quad 10.20, \quad 18.31, \quad 13.92, \quad 14.18,$$
$$16.98, \quad 10.69, \quad 12.70, \quad 10.70, \quad 12.53, \quad 10.45$$

母平均の 95% 信頼区間を求めよ．また，99% 信頼区間を求めよ．

解説　公式 (9.26) を適用するだけであるが，計算は Python で実行しよう．まず，与えられた数値データを NumPy アレイとして準備する．

```
1  data = np.array([17.56, 9.21, 10.2, 18.31, 13.92, 14.18,
2                   16.98, 10.69, 12.7, 10.7, 12.53, 10.45])
```

標準正規分布に従う確率変数は `stats.norm()` で与えられ，上側 α 点は `isf($\alpha$)` メソッドを用いればよい．たとえば，上側 2.5% 点は

```
stats.norm().isf(0.025)
```

で与えられる．したがって，95% 信頼区間は次のようになる．

```
1  cc = 0.95   # 信頼係数
2  a = 1 - cc
3  z = stats.norm().isf(a/2)   # 上側 a/2 点
4
5  s = 3.2
6  n = len(data)   # サンプルサイズ
7  sm = data.mean()   # 標本平均
8  CI = [sm - z*s/np.sqrt(n), sm + z*s/np.sqrt(n)]   # 信頼区間
9  np.round(CI, 2)
```

```
array([11.31, 14.93])
```

プログラム第 5 行目は，既知とした母標準偏差である．最終行で信頼区間を小数第 2 位までの表示に丸めている．もちろん，標本平均と信頼区間の幅を別々に与えることもできる．

```
1  np.round(sm, 2), np.round(z*s/np.sqrt(n), 2)
```

```
(13.12, 1.81)
```

これによって，信頼係数 95% の信頼区間は 13.12 ± 1.81 となることがわかる．同様にして，信頼係数 99% の信頼区間は 13.12 ± 2.38 となる．　　　　□

■ **信頼区間の意味**　観測値 $x_1, \ldots, x_n$ から得られる標本平均 $\bar{x}$ は1個の数値
であり，これを中心に幅をとって作った区間

$$\bar{x} \pm z_{\alpha/2} \frac{\sigma}{\sqrt{n}} \tag{9.27}$$

によって母平均を推定するというのが区間推定のアイデアである．しかし，区
間 (9.27) が母平均を捕えているか否かはいずれかに確定していることである
が，それを知ることはできない．主張できることは，信頼区間の中に母平均 μ
を捕まえている確率が $1 - \alpha$，外している確率が α ということである．大数の
法則によって解釈すると，同一条件下で区間推定を多数回繰り返すとき，相対
頻度 $1 - \alpha$ で母数を区間の中に捉え，α で母数を区間から外すということであ
る．信頼係数はそのような意味で区間推定の信頼度を示している．

　信頼区間の公式 (9.26) あるいは (9.27) において，信頼係数が1に近いほど
上側 $\alpha/2$ 点は大きくなり，信頼区間の幅は広がることになる．信頼係数が1
に近いということは，それだけ高確率で信頼区間が母平均を捕まえることを意
味するので，信頼区間の幅が広がり，いわば曖昧な推定になっていく．逆に，
信頼区間の幅を狭くシャープに推定するためには，上側 $\alpha/2$ 点を0に近づけ
ることになり，信頼係数が小さくなる．点推定は信頼区間の幅を0としたも
のに対応するので，区間推定の観点からは点推定の信頼係数は0となる．こ
のような状況を踏まえて，実用の場面では，信頼係数と信頼区間の幅に折り合
いをつけて運用する．

　信頼係数を1に近くとり，同時に信頼区間の幅を狭くしたいときは標本数
n を増やすしかない．また，信頼区間の幅は $1/\sqrt{n}$ に比例するので，信頼区間
の幅を 1/2 にしたければ標本数は4倍，1/10 にしたければ標本数は100倍必
要になる．

9.4.2　正規母集団の母平均（母分散未知）

　定理 9.7 で述べた区間推定は，母分散 σ^2 が既知であることが前提になる．
母分散が未知のときは，母分散を不偏分散によって推定する必要があり，次の
定理が出発点になる．証明には2変数の微積分が必要になるので省略する．

> **定理 9.9** 正規母集団 $N(\mu, \sigma^2)$ から取り出したサンプルサイズ n の標本の標本平均を $\bar{X}$, 不偏分散を U^2 とするとき,
>
> $$T = \frac{\bar{X} - \mu}{U/\sqrt{n}} \sim t_{n-1} \qquad (9.28)$$
>
> は自由度 $n-1$ の t 分布 t_{n-1} に従う.

これを定理 9.6 と比較しておくのは有益である. 母分散 σ^2 が既知であれば, それを用いて

$$Z = \frac{\bar{X} - \mu}{\sigma/\sqrt{n}} \sim N(0,1)$$

のように Z を導入して, 標準正規分布の議論に持ち込む. しかし, 母分散が未知であるときは, 母分散 σ^2 を不偏分散 U^2 で置き換えて (9.28) に示したように, 正規分布ではなく自由度 $n-1$ の t 分布に持ち込むのである.

母分散既知として信頼区間を導出した議論 (第 9.4.1 項) は, 母分散 σ^2 を不偏分散 U^2 で置き換え, 標準正規分布 $N(0,1)$ を t 分布 t_{n-1} で置き換えれば, 母分散未知の場合にも通用する. そこでは上側 $\alpha/2$ 点の役割も同じであることにも注意する.

> **定理 9.10** 正規母集団 $N(\mu, \sigma^2)$ から取り出したサンプルサイズ n の標本による標本平均を $\bar{X}$, 不偏分散を U^2 とする. このとき, 母平均 μ に対する信頼係数 $1 - \alpha$ の信頼区間は
>
> $$\bar{X} \pm t_{n-1}(\alpha/2) \frac{U}{\sqrt{n}} \qquad (9.29)$$
>
> で与えられる. ただし, $t_{n-1}(\alpha/2)$ は自由度 $n-1$ の t 分布の上側 $\alpha/2$ 点である.

例題 9.11 ある化学物質の合成実験を同一条件下で 6 回行ったところ, 得られた化合物の重量は

$$22.56 \quad 18.21 \quad 22.31 \quad 21.98 \quad 19.70 \quad 20.42$$

となった．この実験で得られる化合物の重量は正規分布に従っているものとして，得られる化合物の平均重量の 95% 信頼区間を求めよ．また，信頼係数 90% ではどうか．

解説 公式 (9.29) を適用すればよい．計算は Python で実行しよう．与えられた数値データを NumPy アレイとして準備して data と名付けることにする．まず，データのサイズ，平均値，不偏分散を確認しておこう．

```
1  data = np.array([22.56, 18.21, 22.31, 21.98, 19.70, 20.42])
2  n = len(data)  # サンプルサイズ
3  sm = np.mean(data)  # 標本平均
4  ustd = np.sqrt(np.var(data, ddof=1))  # 不偏分散の平方根
5  n, sm, ustd
```
```
(6, 20.863333333333333, 1.7209609718603918)
```

自由度 n の t 分布に従う確率変数は stats.t(n) で与えられ，上側 α 点は isf(α) メソッドを用いればよい．信頼係数 95% の信頼区間は次のように得られる．

```
1  c = 0.95  # 信頼係数
2  a = 1 - cc
3  t = stats.t(n-1).isf(a/2)  # 上側 a/2 点
4  CI = [sm - t*ustd/np.sqrt(n), sm + t*ustd/np.sqrt(n)]
5  np.round(CI, 2)
```
```
array([19.06, 22.67])
```

あるいは，

```
1  np.round(sm, 2), np.round(t*ustd/np.sqrt(n), 2)
```
```
(20.86, 1.81)
```

こうして，95% 信頼区間は 20.86 ± 1.81 となる．同様にして，信頼係数 90% の信頼区間は 20.86 ± 1.42 となる． □

9.4.3 二項母集団における母比率の区間推定

母比率 p の二項母集団の母平均と母分散は，

$$\mu = p, \qquad \sigma^2 = p(1-p) \tag{9.30}$$

のように母比率で決まる. 二項母集団から取り出したサンプルサイズ n の標本 $X_1, \ldots, X_n$ の標本平均 $\bar{X}$ は標本比率とも呼ばれ,

$$\hat{p} = \bar{X} = \frac{1}{n} \sum_{k=1}^{n} X_k \tag{9.31}$$

で定義される. 標本平均に対する中心極限定理(定理 8.4)によれば,十分大きな n に対して,

$$\hat{p} \approx N\left(\mu, \frac{\sigma^2}{n} \right)$$

が成り立つ. これ以降は,中心極限定理による近似が入っていることを念頭に置きつつも,簡単のため $\approx$ を明記せずに議論を進めることにする.

標本比率 $\hat{p}$ を標準化すれば,

$$Z = \frac{\hat{p} - \mu}{\sigma / \sqrt{n}} \sim N(0, 1) \tag{9.32}$$

となる. 標準正規分布の上側 $\alpha/2$ 点は $P(|Z| \leq z_{\alpha/2}) = 1 - \alpha$ を満たすから,不等式 $|Z| \leq z_{\alpha/2}$ に (9.32) を代入して書き直せば,

$$P\left(\hat{p} - z_{\alpha/2} \frac{\sigma}{\sqrt{n}} \leq \mu \leq \hat{p} + z_{\alpha/2} \frac{\sigma}{\sqrt{n}} \right) = 1 - \alpha \tag{9.33}$$

が得られる. 母分散 σ^2 が既知であれば,(9.33) から

$$\hat{p} \pm z_{\alpha/2} \frac{\sigma}{\sqrt{n}} \tag{9.34}$$

が母比率 $p = \mu$ に対する信頼係数 $1 - \alpha$ の信頼区間となる. 二項母集団においては母分散 σ^2 は既知ではないが,(9.30) のように母分散は母平均 $\mu = p$ によって定まっている. 大数の法則によって n が大きければ,$\hat{p} \approx p$ であるから,同時に $\sigma^2 \approx \hat{p}(1 - \hat{p})$ も成り立つ. やや進んだ近似の議論が必要であるが,(9.33) の左辺にこの近似を適用して,

$$P\left(\hat{p} - z_{\alpha/2} \frac{\sqrt{\hat{p}(1 - \hat{p})}}{\sqrt{n}} \leq p \leq \hat{p} + z_{\alpha/2} \frac{\sqrt{\hat{p}(1 - \hat{p})}}{\sqrt{n}} \right) = 1 - \alpha$$

が得られる. これは,母比率 p に対して信頼係数 $1 - \alpha$ の信頼区間を与えている. ただし,議論の途中で中心極限定理と大数の法則を用いたので,n が大き

いことが前提になっていることは覚えておこう．以上をまとめて，定理として述べると次のようになる．

> **定理 9.12** 二項母集団から取り出したサンプルサイズ n の標本による標本比率を $\hat{p}$ とするとき，母比率 p に対する信頼係数 $1-\alpha$ の信頼区間は
>
> $$\hat{p} \pm z_{\alpha/2}\sqrt{\frac{\hat{p}(1-\hat{p})}{n}} \tag{9.35}$$
>
> で与えられる[5]．ただし，$z_{\alpha/2}$ は標準正規分布の上側 $\alpha/2$ 点である．

> **例題 9.13** 地域の住民から無作為に選ばれた 500 人に対して，ある施策について賛否の調査を行ったところ，46.8% が賛成していることがわかった．この地域における賛成率の 95% の信頼区間を求めよ．また，信頼係数 99% ではどうか．

解説 定理 9.12 によって，信頼係数 $1-\alpha$ の信頼区間は

$$0.468 \pm z_{\alpha/2} \times \sqrt{\frac{0.468(1-0.468)}{500}}$$

となる．信頼係数 95% では $z_{0.025}=1.96$，99% では $z_{0.005}=2.58$ を用いて，それぞれ

$$0.468 \pm 1.96 \times \sqrt{\frac{0.468(1-0.468)}{500}} = 0.468 \pm 0.0437,$$
$$0.468 \pm 2.58 \times \sqrt{\frac{0.468(1-0.468)}{500}} = 0.468 \pm 0.0576$$

のように計算される．したがって，調査結果の 46.8% に対して $\pm 4.37\%$ の幅をもたせてることで，信頼係数 95% が達成される．そうすると，統計的観点からは 46.8% の 1 の位でさえ当てにならないことがわかる． □

> **例題 9.14** 母比率の区間推定において，95% 信頼区間の幅を 0.02 以下に抑えるために必要な標本数を求めよ．

解説 信頼係数 95% の信頼区間は (9.35) において，$z_{0.025}=1.96$ とおいて与えられる．

---

5) (9.35) は，母分散 σ^2 が既知の場合の母平均に対する区間推定の公式 (9.26) を流用した形になっている．実際，標本平均 $\bar{X}$ が標本比率 $\hat{p}$ に置き換わり，母分散 $\sigma^2 = p(1-p)$ は標本比率 $\hat{p}$ を用いた $\hat{p}(1-\hat{p})$ で置き換わったものになっている．

したがって，その幅は，

$$2 \times 1.96 \sqrt{\frac{\hat{p}(1-\hat{p})}{n}}$$

となるから，これが ≤ 0.02 となるように n を定めればよい．ただし，標本比率 $\hat{p}$ によって求めるべき n は変化する．ここでは $\hat{p}$ が不明なので，$\hat{p}(1-\hat{p})$ が最大値をとる場合を扱う．2 次関数の簡単な考察から $0 \leq \hat{p} \leq 1$ の範囲で $\hat{p}(1-\hat{p})$ の最大値は $1/4$ であるから，

$$2 \times 1.96 \sqrt{\frac{1}{4n}} \leq 0.02$$

が満たされれば，標本比率 $\hat{p}$ によらず，95% 信頼区間の幅が 0.02 以下になる．上の不等式を解いて，$n \geq 9604$ が得られる． □

9.4.4 一般母集団における母平均の区間推定

一般の母集団を考えて，その母平均を μ，母分散を σ^2 とする．その母集団から取り出した標本 $X_1, X_2, \ldots$ は，母集団分布に従う独立同分布な確率変数列になり，中心極限定理（定理 8.4）によって，それらの標本平均 $\bar{X}$ に対して，

$$\bar{X} = \frac{1}{n} \sum_{k=1}^{n} X_k \approx N\left(\mu, \frac{\sigma^2}{n}\right) \tag{9.36}$$

が成り立つ．ただし，n は大きいものと仮定されている．正規母集団のときの議論をそのまま使えば，母平均 μ に対する信頼係数 $1-\alpha$ の信頼区間が

$$\bar{X} \pm z_{\alpha/2} \frac{\sigma}{\sqrt{n}} \tag{9.37}$$

のように与えられる．ここで，(9.37) は母分散 σ^2 が既知でないと使えないことに注意しよう．

母平均の推定の一般的な状況にあれば，あらかじめ母分散 σ^2 が既知であるとは考え難い．母分散が未知であれば，(9.37) の σ^2 をその不偏推定量である不偏分散 U^2 で置き換える．ここで，(9.7) で見たように，不偏分散と標本分散の関係

$$U^2 = \frac{n}{n-1} S^2$$

を思い出すと，n が大きいときは不偏分散 U^2 と標本分散 S^2 の違いは小さい．

そこで，(9.37) において母分散 σ^2 を標本分散 S^2 で代用して，一般の母集団における母平均 μ に対する信頼係数 $1 - \alpha$ の信頼区間を

$$\bar{X} \pm z_{\alpha/2} \frac{S}{\sqrt{n}} \tag{9.38}$$

のように与えて実用に供している．

信頼区間 (9.38) は近似の議論の積み重ねによって導出されたことに注意しておこう．最も重要な前提は，(9.36) が精度良く成り立つほどに n が大きくとられていることである．もちろん n が大きいほど精度はよくなるが，母集団分布がわからなければ，どの程度の精度にあるかを評価することは難しく，議論には本格的な確率論を要する．一方，母集団分布の形が事前に仮定できれば，個別に詳しい議論が可能になる．典型的な場合として，正規母集団と二項母集団を扱った．

9.4.5　正規母集団における母分散の区間推定

一般の母集団において，母分散の点推定のためには母分散 σ^2 の不偏推定量である不偏分散 U^2 が適当である（定理 9.2）．さらに，母分散の区間推定のためには，不偏分散 U^2 の分布が必要になり，正規母集団に対しては厳密な理論ができている．次の定理が出発点になる．

定理 9.15　正規母集団 $N(\mu, \sigma^2)$ から取り出したサンプルサイズ n の標本 $X_1, X_2, \ldots, X_n$ に対して標本平均と不偏分散を

$$\bar{X} = \frac{1}{n} \sum_{k=1}^{n} X_k, \qquad U^2 = \frac{1}{n-1} \sum_{k=1}^{n} (X_k - \bar{X})^2$$

で定義する．このとき，

$$Y = \frac{n-1}{\sigma^2} U^2 \sim \chi_{n-1}^2 \tag{9.39}$$

が成り立つ．つまり，Y は自由度 $n-1$ のカイ二乗分布 χ_{n-1}^2 に従う．

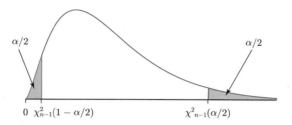

図 9.3 χ^2_{n-1} 分布の上側 $\alpha/2$ 点と上側 $1-\alpha/2$ 点

カイ二乗分布は正規分布や t 分布のような対称な分布ではないが，同様に上側 α 点を考えることができる．つまり，Y を自由度 $n-1$ のカイ二乗分布に従う確率変数とするとき，$P(Y \geq y) = \alpha$ を満たす y を自由度 $n-1$ のカイ二乗分布の上側 α 点と呼び，$\chi^2_{n-1}(\alpha)$ で表す．そうすると，

$$P(Y \geq \chi^2_{n-1}(\alpha)) = \alpha$$

が成り立つ．カイ二乗分布において，上側 $\alpha/2$ 点と下側 $\alpha/2$ 点で上側と下側を切り取れば，切り取られる部分が合わせて α になる．さらに，下側 $\alpha/2$ 点は上側 $1-\alpha/2$ 点 $\chi^2_{n-1}(1-\alpha/2)$ と同じであるから，

$$P(\chi^2_{n-1}(1-\alpha/2) \leq Y \leq \chi^2_{n-1}(\alpha/2)) = 1-\alpha$$

が成り立つ（図 9.3）．左辺の不等式の Y に (9.39) を代入して，不等式を書き直せば，

$$P\left(\frac{(n-1)U^2}{\chi^2_{n-1}(\alpha/2)} \leq \sigma^2 \leq \frac{(n-1)U^2}{\chi^2_{n-1}(1-\alpha/2)} \right) = 1-\alpha$$

となる．左辺に現れた区間をもって，母分散に対する信頼係数 $1-\alpha$ の信頼区間という．以上を定理にまとめておこう．

定理 9.16 正規母集団 $N(\mu, \sigma^2)$ から取り出したサンプルサイズ n の標本の不偏分散を U^2 とする．このとき，母分散 σ^2 に対する信頼係数 $1-\alpha$ の信頼区間は

$$\left[\frac{(n-1)U^2}{\chi^2_{n-1}(\alpha/2)}, \ \frac{(n-1)U^2}{\chi^2_{n-1}(1-\alpha/2)} \right] \tag{9.40}$$

で与えられる[6].

章末問題

9.1　区間 $[0, 2]$ 上の一様分布に従う母集団から取り出したサンプルサイズ 2 の標本 X, Y を考える．このとき，相乗平均 $\sqrt{XY}$ は母平均の不偏推定量ではないことを示せ．

9.2　区間 $[0, L]$ から取り出した n 個の標本 $X_1, X_2, \ldots, X_n$ の最大値を $M = \max\{X_1, X_2, \ldots, X_n\}$ とおく．平均値 $\mathbf{E}[M]$ を計算して，L の不偏推定量を求めよ．

9.3　指数分布に従う母集団のパラメータ λ の最尤推定量を求めよ．

9.4　正規母集団 $N(\mu, \sigma^2)$ から取り出したサンプルサイズ $n = 15$ の標本から標本平均 $\bar{x} = 16.38$ を得た．母分散 $\sigma^2 = 0.42^2$ を既知として，母平均 μ の 95% 信頼区間を求めよ．また，90% 信頼区間を求めよ．

9.5　ある地区で無作為に選ばれた 280 人に対して，ある番組の視聴を調査したところ，視聴率は 18.4% であった．この地区の視聴率の 95% 信頼区間を求めよ．また，90% 信頼区間を求めよ．

9.6　ある地区で番組視聴率を無作為標本から推定するとき，90% 信頼区間の幅を 1% 以下にするために必要な標本数を求めよ．

9.7　次は正規母集団から取り出された 8 個の標本である．

$$136 \quad 148 \quad 153 \quad 142 \quad 145 \quad 161 \quad 141 \quad 164$$

(1) 母平均の 90% 信頼区間を求めよ．
(2) 母分散の 90% 信頼区間を求めよ．

---

6)　カイ二乗分布は対称な分布ではないため，$U^2 \pm \epsilon$ という形にはなっていない．

── 第10章 ──
仮説検定

　本章では仮説検定の基本的な考え方を述べて，最も基本的である母平均・母分散・母比率に関する検定を扱う．さらに，実用上重要な二標本問題に進み，最後にやや進んだ内容を含むノンパラメトリック検定について触れる．

10.1　基本的な考え方

　母集団の分布に関する仮説の妥当性をそこから取り出された標本を用いて検証する方法が**仮説検定**である．たとえば，コインが公平であるか否かの判定では，母集団の分布に関して「表の出る確率が1/2である」ことを仮説として設定して，この仮説から理論的に導かれる結果と実際のコイン投げの結果（これが母集団から取り出された標本にあたる）を比較して仮説が認められるかどうかを判定する．このように最初に設定される母集団分布に関する仮説を**帰無仮説**といい，仮説検定では帰無仮説から導かれる理論的な結果と観測や実験で得られた標本を比較して，帰無仮説を認める（受容する，または採択するという）か認めない（棄却するという）かの二者択一で判定を下す．当然であるが，標本は偶然に左右されるので絶対確実な判定というのはありえず，仮説検定では判定の信頼度を合わせ述べる点が重要であり，合理的な意思決定の役に立つのである．

　仮説検定の基本的な形式と考え方をコイン投げを例にとって説明しよう．

今，コインを 100 回投げて表の回数 x が得られているものとして，これをも
とにコインの公平性を判定する．まず，帰無仮説 H_0 が必要である．このコイ
ンの表が出る確率を p とおけば，帰無仮説 H_0 は

$$H_0 : p = \frac{1}{2}$$

となる．一般に，当然成り立っていると予想される仮説や否定したい仮説を帰
無仮説にとる．さらに，H_0 が棄却（否定）されたときに採用する仮説を予め
準備しておく．それを**対立仮説** H_1 という．ここでは，公平か否かを問題にし
ているので，対立仮説 H_1 は

$$H_1 : p \neq \frac{1}{2}$$

とする．一般に，対立仮説は帰無仮説の否定命題である必要はなく，互いに排
反になっていればよい．詳しくは両側検定・片側検定の議論で扱う．

　次に，帰無仮説の下で理論計算を行う．ここでは，コインを 100 回投げて
得られる表の回数によってコインの公平性を判定するわけだが，その表の回数
X は確率変数であり，その確率分布が必要である．実際，X は二項分布に従
うが，正規分布で近似して，

$$X \sim B\left(100, \frac{1}{2}\right) \approx N(50, 5^2)$$

を用いる方が便利である（図 10.1）．

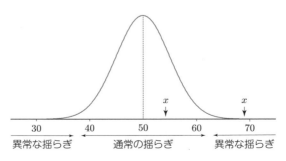

図 10.1　$B(100, 1/2) \approx N(50, 5^2)$ の密度関数

　確率変数 X の密度関数から，その実現値 x は平均値 50 前後に高い確率で

出現し，50 から離れるに従って出現確率は減少することがわかる．そこで，実現値 x に対して，平均値を中心に「通常の揺らぎの範囲」にあるか，あるいは平均値から大きく外れ「異常な揺らぎ」が現れたと見なすかの判定を行う．仮説検定では，「通常の揺らぎ」の範囲を**受容域**または**採択域**といい，「異常な揺らぎ」の範囲を**棄却域**という．実現値 x が受容域にあれば，帰無仮説 H_0 を受容してそれを正しいと認める．一方，実現値 x が棄却域に落ちる場合は，公平なコインにとって極めて稀な事象が起きたことになる．仮説検定では，極めて稀な事象が起きたとは認めずに，議論の前提に疑義を唱える方が合理的であるという立場に立って，初めの帰無仮説 H_0 を棄却する．そうすると，真であるにもかかわらず帰無仮説を棄却してしまうという誤りを犯す可能性があるが，この誤り確率は「異常な揺らぎ」の起こる確率として設定したものになる．仮説検定では，この確率を**有意水準**と呼び，こちらを予め与えておいて，それに対応して棄却域を決める．受容域と棄却域を予め明確に決めたうえで，帰無仮説 H_0 の受容・棄却の判定を行うことで判定に客観性をもたせているのである．

■ **仮説検定の形式**　仮説検定の手順を形式的に述べておく．上に述べたアイデアを念頭において理解するとよい．

(1) 母集団分布に関する**帰無仮説** H_0 と**対立仮説** H_1 を定める．応用の場面では，当然成り立っていると予想される仮説や否定したい仮説を帰無仮説にとる．対立仮説は帰無仮説が棄却されたときに採用する仮説であるが，帰無仮説の否定命題である必要はなく，互いに排反になっていればよい．

(2) 母集団から選ばれた標本 $X_1, X_2, \ldots, X_n$ をもとに**検定統計量**と呼ばれる確率変数 $W = W(X_1, X_2, \ldots, X_n)$ を導入して，帰無仮説の下で W の分布を調べる．たとえば，標本の和や標本平均が基本的である．

(3) **有意水準**と呼ばれる確率 α を決める．これは通常の揺らぎの範囲を越える確率，あるいは第 1 種誤り確率（後述）に相当するので小さめに設定する．習慣的に 1%，5%，10% などが使われるが，実用上のリスクやコストなどを考慮して問題に応じて決める．

(4) 対立仮説を見ながら，$P(W \in R) = \alpha$ を満たす領域 R を定める．これを**棄却域**といい，棄却域の補集合を**受容域**または**採択域**という．

(5) 標本の実現値（観測値）$x_1, x_2, \ldots, x_n$ をもとに，検定統計量の実現値 $w = W(x_1, x_2, \ldots, x_n)$ を計算して，それが棄却域に落ちれば（つまり，$w \in R$ であれば）帰無仮説を棄却し，そうでなければ（つまり，$w \notin R$ であれば）帰無仮説を受容する．

(6) 結果は，「有意水準 α で帰無仮説が棄却された」または「有意水準 α で帰無仮説が受容された」のように述べる．

■ **有意水準の意味**　検定統計量の実現値 $w = W(x_1, x_2, \ldots, x_n)$ が棄却域に落ちる（$w \in R$）ということは，帰無仮説 H_0 の下で想定される自然な揺らぎを越えた異常な揺らぎ，何か意味のある揺らぎを検出したと解釈される．その意味で，有意水準は文字通り「有意の揺らぎを認める基準」になっている．自然な揺らぎの範囲を逸脱した結果が得られたときは，最初の仮説 H_0 を疑うというのが仮説検定の考え方である．しかしながら，H_0 が真であるにもかかわらず，確率 α は小さいかもしれないが，実現値 w が棄却域に落ちることはありうる．したがって，有意水準 α は「真である帰無仮説を棄却してしまう」誤り（これを第 1 種の誤り（第 10.2 節）という）を犯す確率を与える．

例題 10.1　コインが公平であるかどうかを確かめるため，100 回投げてみたところ表が 61 回出た．このコインは公平であると認められるか．

解説　コイン投げで表の出る確率を p とおく．帰無仮説 H_0 と対立仮説 H_1 は

$$H_0 : p = \frac{1}{2}, \qquad H_1 : p \neq \frac{1}{2},$$

となる．対立仮説 H_1 は，p が 1/2 より大きくても小さくても不公平と判定するという題意を反映している．このコインを 100 回投げたときに表の出る回数 X を検定統計量とする[1]．帰無仮説 H_0 の下で，$X \sim B(100, 1/2) \approx N(50, 5^2)$ であることが基本になる．有意水準を α とする．対立仮説 H_1 によって，棄却域は平均値を中心に対称的に設けるのが適当である．つまり，

---

1)　仮説検定の形式 (2) に準ずれば，100 個の標本の和を検定統計量として，それを（W ではなく）X と書いたということになる．

$$P(|X - 50| \geq c) = \alpha$$

を満たす閾値 c によって，棄却域 R を $|x - 50| \geq c$ で与える（図 10.2）．標準正規分布 $N(0,1)$ の上側 $\alpha/2$ 点を用いれば，$c = 5z_{\alpha/2}$ となるから，棄却域は

$$R : |x - 50| \geq 5z_{\alpha/2}, \tag{10.1}$$

または，同じことであるが，

$$R : x \leq 50 - 5z_{\alpha/2} \quad \text{または} \quad x \geq 50 + 5z_{\alpha/2}$$

で与えられる．このように，座標軸の両側に伸びる領域を棄却域に定める検定を**両側検定**という．両側検定を選んだ根拠は対立仮説 H_1 にある．

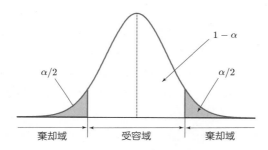

図 10.2 両側検定の受容域と棄却域（有意水準 α）

有意水準を $\alpha = 0.05$ とすれば，$z_{0.025} = 1.96$ を用いて，棄却域が

$$R : |x - 50| \geq 5z_{0.025} = 9.8 \tag{10.2}$$

となる．実現値 $x = 61$ は棄却域に落ちるので，帰無仮説 H_0 は棄却される．こうして，有意水準 $\alpha = 0.05$ の両側検定によって帰無仮説 H_0 は棄却され，対立仮説 H_1 を採択する．

有意水準を $\alpha = 0.01$ とすると，$z_{0.005} = 2.58$ を用いて，棄却域が

$$R : |x - 50| \geq 5z_{0.005} = 12.9$$

となる．実現値 $x = 61$ は棄却域に落ちないので，帰無仮説 H_0 は受容される．したがって，有意水準 $\alpha = 0.01$ の両側検定によって帰無仮説 H_0 は受容される． □

■ 議論の簡略化 上の議論では，コインを 100 回投げたときの表の出る回数 X そのものを検定統計量としたが，標準正規分布の上側 $\alpha/2$ 点を用いることを見越して，X を標準化して扱う方が議論は簡潔になる．つまり，X の標準化

$$Z = \frac{X - 50}{5} \sim N(0, 1)$$

を導入すれば，有意水準 α の棄却域 (10.1) は

$$R : |z| \geq z_{\alpha/2}$$

のように書き直される．実際，Z の実現値は $z = (61 - 50)/5 = 2.2$ となるから，有意水準 $\alpha = 0.05$ では $z = 2.2 > 1.96 = z_{0.025}$ から実現値は棄却域に落ち，有意水準 $\alpha = 0.01$ では $z = 2.2 < 2.58 = z_{0.005}$ から実現値は棄却域に落ちないことがわかる．

■ **高度に有意**　すでに述べたように，有意水準は「真である帰無仮説を棄却してしまう」誤り確率であるから，有意水準を 0 に近くとることで，その誤りを回避する傾向，つまり帰無仮説を棄却せず受容する傾向が強まる．その意味で，有意水準 $\alpha = 0.01$ で H_0 が棄却されるときは，**高度に有意**であるという．

■ **両側検定と片側検定**　例題 10.1 では両側検定を行った．それは，コインの表が出る確率 p が $1/2$ より上にずれても，下にずれても不公正であると判定したいためで，そのことは対立仮説 $H_1 : p \neq 1/2$ に示されている．文脈によっては，片側のずれだけに関心がある場合もあり，その場合の対立仮説は $H_1 : p < 1/2$ あるいは $H_1 : p > 1/2$ のような不等式になる．この場合は片側検定となり，棄却域は片側にとることになる（図 10.3）.

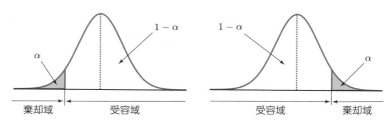

図 10.3　片側検定の受容域と棄却域（有意水準 α）

■ **P 値** 仮説検定の結論は，帰無仮説 H_0 を受容するか，棄却するかの二者
択一で述べることになるが，この結論は有意水準 α に依存する．一方で，帰
無仮説 H_0 の受容・棄却の結果だけではなく，実現値の有意性の度合（実現値
の稀さ）を知りたいことも多い．そのための指標として使われるのが **P 値** で
ある．一般に，検定統計量 W の実現値 w に対して，w を含めてより稀な実現
値が現れる確率を w の P 値という[2]．したがって，P 値は実現値をもとにし
た帰無仮説 H_0 の信頼度の指標ともいえる．

例 10.2（例題 10.1 再論） 帰無仮説 H_0 の下で，コインを 100 回投げたとき
に表の出る回数 X について，$X \sim B(100, 1/2) \approx N(50, 5^2)$ が成り立つ．実
現値 $x = 61$ の P 値を求めるにあたって，より稀な事象を考える必要がある．
対立仮説 H_1 から考えるべき事象は，$\{X \geq 61\} \cup \{X \leq 39\}$ のように平均値
を挟んで対称に現れることに注意しよう．したがって，P 値は

$$P = 2P(X \geq 61) = 2P\left(\frac{X-50}{5} \geq \frac{61-50}{5}\right) = 2P(Z \geq 2.2) = 0.0278$$

となる．例題 10.1 で示したように，帰無仮説 H_0 は有意水準 $\alpha = 0.05$ で棄
却，有意水準 $\alpha = 0.01$ では受容された．この結論は，P 値と有意水準との比
較からも導かれる．

10.2 2種類の誤り

仮説検定において，帰無仮説 H_0 の成否をめぐって次の 4 通りの場合が起こる．

判定 \ 真偽	H_0 は真	H_0 は偽
H_0 を受容	正しい判断	第 2 種の誤り
H_0 を棄却	第 1 種の誤り	正しい判断

特に，判定の間違え方に 2 通りあることに注目しよう．H_0 として「感染して

---

[2] 標本数（試行回数）が大きくなれば，特定の実現値が得られる確率はほとんど 0 である
し，本質的に連続分布を対象にすれば，それは 0 である．したがって，その実現値を含む，
それより稀な事象をすべて考えることは重要である．

いる」「有罪である」など身近な例で確認しておくとよい．表に示したように，帰無仮説 H_0 が真であるのに棄却してしまう誤りを**第 1 種の誤り**といい，帰無仮説 H_0 が偽であるのに採択してしまう誤りを**第 2 種の誤り**という[3]．

　第 1 種の誤りが起こる確率（第 1 種誤り確率）は有意水準 α にほかならない．この確率は他から導かれるものではなく，予め設定されている点が重要である．つまり，第 1 種の誤り確率を制御することで，仮説検定では帰無仮説を棄却することに高い信頼性をもたせている．

　第 2 種の誤りが起こる確率（第 2 種誤り確率）を β で表す．この β をコントロールすることは仮説検定では重要な問題であるが，一般には，第 2 種の誤り確率 β を評価することは困難である．そのため，仮説 H_0 を受容（採択）する場合は，棄却するだけの有意差が認められなかったという理解をするのが好ましい．そこで，「採択する」という積極的な語感を嫌って，「受容する」「棄却できない」ということが多い．

　一般に，α と β はトレードオフの関係にあり，同時に小さくすることができない（例題 10.3）．毒性の検定や副作用の検定などでは，見逃す危険を避けたいので第 2 種誤り確率 β を小さくするために有意水準 α を大きめにとることもありうる．

例題 10.3　コインの公平性を確かめるために，100 回投げてみたところ表が 58 回出た．仮説検定における第 2 種誤り確率について考察せよ．

解説　有意水準 $\alpha = 0.05$ の両側検定を行うことにする．議論の前半は，例題 10.1 の解説と共通であるので省略する．本題における実現値 $x = 58$ は棄却域 (10.2) に落ちないので，帰無仮説 H_0 は受容されることがわかる．つまり，コインは公平である（$p = 1/2$）という結論に至るわけだが，実は公平でないコインを投げていたならば，判定を誤ったことになる．これが第 2 種誤りであり，それが起こる確率が第 2 種誤り確率 β である．

　ところで，コインが公平でないというだけでは，表の出る確率 p を特定することができない．そうすると，β を具体的に計算することができず，その大きさの評価も困難である．仮に，$p = 0.65$ として β を求めてみよう．表の出る確率が $p = 0.65$ であるコインを 100

---

3)　文脈によっては，第 1 種の誤りを**生産者危険**，第 2 種の誤りを**消費者危険**という．たとえば，「H_0：製品は良品である」に対して第 1 種の誤りは生産者にとって損害となり，第 2 種の誤りを犯せば消費者に不良品が届いてしまう．

回投げたとき，表の出る回数を記号を改めて Y とする．Y の分布は既知であり，

$$Y \sim B(100, 0.65) \approx N(65, 4.77^2)$$

となる．この分布を X の分布と重ねて描くとよい（図 10.4）．まず，有意水準 $\alpha = 0.05$ の受容域は 50 ± 9.8 である．$p = 0.65$ のコインを 100 回投げて，表の回数がその受容域に落ちる確率が β であり，

$$\beta = P(50 - 9.8 \leq Y \leq 50 + 9.8) = 0.138 \tag{10.3}$$

となる．実際，Y の密度関数において左端の影響はほとんどないので，$\beta \approx P(Y \leq 59.8)$ としてよい．

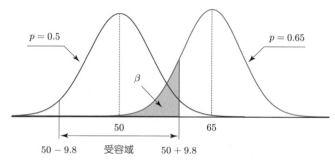

図 10.4　第 2 種誤り確率 β

　では，$p = 0.6$ の場合はどうなるだろうか．このときは，$p = 0.6$ の場合の密度関数の平均値と受容域の右端がほぼ一致するので $\beta \approx 0.5$ がすぐわかる（密度関数の概形を描いてみよ）．実際，上と同様に計算すると，$\beta = 0.484$ となる．さらに，$p = 0.55$ では 2 つの密度関数のグラフが大きく重なるため，β が相当に大きくなることが予想される．実際，計算すると，$\beta = 0.831$ となり，検定結果が受容された場合の信頼度は著しく低いことがわかる．

　まとめると，不公平なコインについて，表の出る確率 p に関する情報が何もなければ，第 2 種誤り確率 β を具体的に評価することはできない．p が 0.5 から大きくずれるほど，第 2 種誤り確率 β は小さくなるが，p が 0.5 に近く公平なコインと見分けが難しい場合は，第 2 種誤り確率は極めて大きくなり，仮説検定の結果が受容となったときの信頼性は著しく低くなる．　　　　　　　　　　　　　　　　　　　　　　　　　　　□

■ **Python** による第 2 種誤り確率の計算　冒頭でいつもの 4 行を実行する．

```
1 | import numpy as np
2 | import pandas as pd
3 | import matplotlib.pyplot as plt
4 | from scipy import stats
```

まず，受容域を求める．

```
 1 | n = 100   # コイン投げの回数
 2 | alpha = 0.05   # 有意水準
 3 | p0 = 0.5   # 帰無仮説 H0
 4 | m0 = n * p0
 5 | s0 = np.sqrt(n * p0 * (1-p0))
 6 | X = stats.norm(m0, s0)   # H0 の下で表の回数
 7 |
 8 | R1 = X.isf(1 - alpha/2)   # 受容域の下限
 9 | R2 = X.isf(alpha/2)       # 受容域の上限
10 | R1, R2   # 値の確認
```

    (40.200180077299734, 59.79981992270027)

次に，対立仮説を $p = 0.65$ として第 2 種誤り確率を計算する．

```
1 | p = 0.65   # 対立仮説 H1
2 | m = n * p
3 | s = np.sqrt(n * p * (1-p))
4 | Y = stats.norm(m, s)   # H1 の下で表の回数
5 | beta = Y.cdf(R2) - Y.cdf(R1)   # 第 2 種誤り確率
6 | np.round(beta,3)
```

    0.138

■ **検出力**　第 2 種誤り確率 β に対して，$1 - \beta$ は偽である帰無仮説を棄却する（正しい判断になる）確率である．この確率を**検出力**といい，仮説検定の設定の役に立つ．

例題 10.4　コインの公平性を確かめるために，帰無仮説 $H_0 : p = 0.5$ と対立仮説 $H_1 : p \neq 0.5$ を立てて仮説検定をする．検出力 $1 - \beta$ を対立仮説に現れる p の関数とみなしたものを**検出力関数**という．検出力関数のグラフを示し，検出力が 80% 以上になるのはどのようなときか述べよ．

解説 例題 10.3 で使ったプログラムの前段をそのまま利用し，後段の p を $0.01 \le p \le$ 0.99 の範囲で 0.01 刻みで動かして，$1 - \beta$ の値を収集してグラフに描画する．

```
1  p_range = np.arange(0.01, 1, 0.01)
2  power_values = []
3  for p in p_range:
4      m = n * p
5      s = np.sqrt(n * p * (1-p))
6      Y = stats.norm(m, s)
7      beta = Y.cdf(R2) - Y.cdf(R1)
8      power = 1 - beta
9      power_values.append(power)
10 plt.plot(p_range, power_values, color='b')
11
12 plt.xticks(np.arange(0, 1.1, 0.1))
13 plt.yticks(np.arange(0, 1.1, 0.2))
14 plt.xlabel('p in H1')
15 plt.ylabel('power (1-beta)')
```

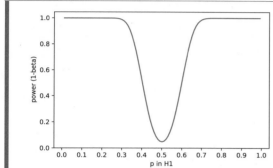

グラフからわかることは $|p - 0.5| \ge 0.2$ であれば，検出力はほぼ 1 に近く，H_0 の受容に対して信頼性が高い．それは，$p \ge 0.7$ あるいは $p \le 0.3$ であるコインを公平なコインであると判定することはほぼないということである．しかし，p が 0.5 に近づくと急激に検出力が減少し，H_0 の受容に対して信頼性が著しく低下することがわかる．なお，$1 - \beta > 0.8$ となるような p を 0.01 刻みで探すと，$p \le 0.36$ または $p \ge 0.64$ であることがわかる． □

10.3 正規母集団に関する検定

正規母集団の母平均や母分散に対する仮説検定は，標本平均や不偏分散の確

率分布が理論的にわかっているため，それらを検定統計量として用いて一般的な形式を適用すればよい．以下では，いくつかの典型的な場合を例題で説明する．

10.3.1　母平均の検定（母分散既知）

正規母集団 $N(\mu, \sigma^2)$ に対して，母平均が与えられた μ_0 と一致するか否かを検定する．帰無仮説は

$$H_0 : \mu = \mu_0$$

となる．対立仮説は文脈に応じて，

$$H_1 : \mu \neq \mu_0 \quad \text{または} \quad \mu < \mu_0 \quad \text{または} \quad \mu > \mu_0$$

となる．初めの場合は両側検定，あとの 2 つの場合は片側検定となる．

例題 10.5　ある正規母集団 $N(\mu, \sigma^2)$ があり，$\sigma = 4.74$ は既知であるが，母平均について $\mu > 115.82$ かどうかが問題になっている．そこで，この母集団からサンプルサイズ $n = 50$ の標本を取り出して，標本平均を求めたところ $\bar{x} = 117.64$ が得られた．はたして $\mu > 115.82$ といえるか，仮説検定で判定せよ．

解説　題意から，帰無仮説と対立仮説は

$$H_0 : \mu = 115.82, \qquad H_1 : \mu > 115.82$$

となる．検証したい本音は対立仮説 H_1 の方であることに注意しておこう．正規母集団 $N(\mu, \sigma^2)$ から取り出されたサンプルサイズ $n = 50$ の標本の標本平均を $\bar{X}$ とすれば，H_0 の下で，

$$\bar{X} \sim N\left(\mu_0, \frac{\sigma^2}{n}\right) = N\left(115.82, \frac{4.74^2}{50}\right) = N(115.82, 0.67^2)$$

となる．標準化して

$$Z = \frac{\bar{X} - 115.82}{0.67} \sim N(0, 1)$$

を検定統計量とするとよい．有意水準を α とする．対立仮説 H_1 の形から右側に棄却域を設定する片側検定となる（図 10.3）．上側 α 点は $P(Z > z_\alpha) = \alpha$ を満たすので，棄却域は

$$R : z > z_\alpha$$

となる. 一方, Z の実現値は

$$z = \frac{117.64 - 115.82}{0.67} = 2.716$$

である.

まず, 有意水準を $\alpha = 0.05$ とすると, $z = 2.716 > 1.64 = z_{0.05}$ から実現値は棄却域に落ちるので, 有意水準 5% の片側検定で H_0 は棄却され, 想定していた H_1 を認める. 有意水準を $\alpha = 0.01$ とすると, $z = 2.716 > 1.64 = 2.33$ からやはり実現値は棄却域に落ちるので, 有意水準 1% の片側検定でも H_0 は棄却される. したがって, 高度な有意差を見出したといえる. □

大きな集団の中である集団が特別な性質をもつかどうかを調べる場面は多くある. 例題 10.5 の形式は, たとえば, 「ある小学校の男子は全国平均に比べて高身長であるか」というような問題に適用できる.

10.3.2 母平均の検定 (母分散未知)

例題 10.6　50 歳男性の平均コレステロールレベルは 241(mg/dl) である. ある地域では, 食生活の影響によってコレステロールレベルが平均より低い, という主張がされている. その地域から 12 人の被験者を抽出して, コレステロールレベルを測定したところ, 平均値 235, 不偏分散 12.5^2 を得た. この結果は, その地域の 50 歳男性ではコレステロールレベルが平均より低いという主張の統計的な証拠となるか, 有意水準 5% で仮説検定せよ. ただし, コレステロールレベルは正規分布に従うとしてよい.

解説　題意から, 帰無仮説と対立仮説は

$$H_0 : \mu = 241, \qquad H_1 : \mu < 241,$$

となる. 正規母集団 $N(\mu, \sigma^2)$ から取り出されたサンプルサイズ $n = 12$ の標本の標本平均 $\bar{X}$ の分布が必要であるが, 本題では母分散 σ^2 が未知であるため, 不偏分散 U^2 を用いて定義される

$$T = \frac{\bar{X} - \mu}{U/\sqrt{n}} \sim t_{n-1}$$

が t 分布に従うことを用いる（定理 9.9）．対立仮説 H_1 の形から棄却域は

$$R : t < -t_{11}(0.05) = t_{11}(0.95) = -1.796$$

となる．ここで，下側 0.05 点は t 分布の対称性によって $-t_{11}(0.05)$ であり，それは上側 0.95 点に一致することを用いた．検定統計量 T の実現値は

$$t = \frac{\bar{X} - \mu}{U/\sqrt{n}} = \frac{235 - 241}{12.5/\sqrt{12}} = -1.663$$

となり，棄却域 R に落ちない．したがって，有意水準 5% の片側検定で H_0 を受容する．すでに注意したが，H_0 を棄却できなかったからといって H_0 を積極的に支持することにはならない（第 2 種の誤りを思い出そう）． $\square$

10.3.3 母分散の検定

> **例題 10.7** ある工作機械は長さが 15.00 cm，標準偏差 0.25 cm の金属製品を作るように調整されている．製造された製品からサンプルを 12 個とってその長さを調べたところ，
>
> 15.08, 15.28, 14.73, 15.37, 14.85, 15.47, 15.64, 15.12, 14.98, 15.19, 14.57, 14.63
>
> となった．この結果から，製品の変動が大きすぎるといえるか．

解説 金属製品の長さは正規分布に従うとしてよいので，正規母集団 $N(\mu, \sigma^2)$ の分散の検定となる．帰無仮説と対立仮説は

$$H_0 : \sigma = 0.25, \qquad H_1 : \sigma > 0.25$$

となる．有意水準は α としておこう．さて，正規母集団 $N(\mu, \sigma^2)$ から取り出したサンプルサイズ n の標本 $X_1, X_2, \ldots, X_n$ の不偏分散 U^2 の分布に関する一般論が必要である．定理 9.15 より，

$$Y = \frac{n-1}{\sigma^2} U^2 \sim \chi_{n-1}^2 \tag{10.4}$$

が自由度 $n-1$ のカイ二乗分布 χ_{n-1}^2 に従うことが知られている．本題では，H_0 と $n = 12$ から，

$$Y = \frac{11}{0.25^2} U^2 \sim \chi_{11}^2$$

を検定統計量とする．対立仮説 H_1 の形から，Y の値が有意に大きいかを判定することに

なるので，棄却域はカイ二乗分布の上側 α 点を用いて

$$R : y > \chi_{11}^2(\alpha)$$

となる．有意水準 $\alpha = 0.05$ であれば $\chi_{11}^2(0.05) = 19.675$，また $\alpha = 0.01$ であれば $\chi_{11}^2(0.01) = 24.725$ となる．

さて，得られた 12 個の標本から

$$\bar{x} = 15.076, \qquad u^2 = 0.337^2$$

が計算によってわかるから，検定統計量 Y の実現値は

$$y = \frac{11}{0.25^2} u^2 = 20.020$$

となる．これをカイ二乗分布 χ_{11}^2 の上側 α 点と比較すればよい．結果は，有意水準 $\alpha = 0.05$ の片側検定によって H_0 は棄却されるが，有意水準 $\alpha = 0.01$ では H_0 は受容される．　□

10.3.4　二項母集団の母比率の検定

二項母集団の母比率に関する検定は，標本が大きければ，二項分布を正規分布で近似することで，正規分布の母平均の検定に持ち込むことができる．

例題 10.8　　ある資格試験は，3 つの選択肢から 1 つの正答をマークする方式の問題 100 題からできている．ある受験生は 44 題を正解した．この正答率は，ランダムに解答するより高いと認められるか．

解説　この受験生の正答率を p とする．全くランダムに解答すれば $p = 1/3$ であるから，勉強の成果が現れていると認めるのは $p > 1/3$ の場合である．したがって，帰無仮説と対立仮説は

$$H_0 : p = \frac{1}{3}, \qquad H_1 : p > \frac{1}{3},$$

となる．H_0 の下で 100 題中の正解数を X とすれば，

$$X \sim B\left(100, \frac{1}{3}\right) \approx N\left(\frac{100}{3}, \frac{200}{9}\right) = N(33.3, 4.71^2)$$

となる．標準化すれば，

$$Z = \frac{X - 33.3}{4.71} \sim N(0, 1)$$

となり，これを検定統計量とする．有意水準を $\alpha = 0.05$ とすれば，対立仮説 H_1 の形から棄却域は

$$R : z > z_{0.05} = 1.645$$

となる. 検定統計量 Z の実現値は

$$z = \frac{44 - 33.3}{4.71} = 2.27$$

となり，棄却域 R に落ちる．したがって，有意水準 5% の片側検定で H_0 は棄却される．この受験生の結果は，全くランダムに解答としたものとは有意の違いがあると認められる．有意水準を $\alpha = 0.01$ とすれば，$z_{0.01} = 2.326$ であるから，実現値 z は棄却域に落ちない．したがって，有意水準 1% の片側検定で H_0 は受容される． □

10.4 母平均の差の検定

　2 つの母集団に対して，取り出した標本を用いて母数を比較する問題を一般に**二標本問題**という．特に，母平均の比較，つまり母平均の差の検定は実用上も非常に重要である．たとえば，2 クラスで実施した学力試験の点数からクラス間に学力差があるか，あるいは，ある薬を投与する前後で被験者の血圧に変化があるかどうか，といった問題がこれに属する．

　以下では，2 つの母集団を母集団 1，母集団 2 と呼ぶことにして，それぞれの母平均と母分散，およびそれぞれから取り出された標本について次のように記号を準備しておく．

	母集団 1	母集団 2
母平均	μ_1	μ_2
母分散	σ_1^2	σ_2^2
標本のサイズ	n_1	n_2
標本平均	$\bar{x}_1$	$\bar{x}_2$
標本分散	s_1^2	s_2^2
不偏分散	u_1^2	u_2^2

さらに，標本分布に関連する確率変数は $\bar{X}_1, S_1^2, U_1^2$ のように大文字を用いることにする．また，断りがない限り，正規母集団を扱うこととして，母集団 1，母集団 2 の母集団分布をそれぞれ $N(\mu_1, \sigma_1^2)$, $N(\mu_2, \sigma_2^2)$ とする．

　母平均の差の検定において，帰無仮説は

$$H_0 : \mu_1 = \mu_2,$$

となり，対立仮説は文脈に応じて，

$$H_1 : \mu_1 \neq \mu_2 \quad \text{または} \quad \mu_1 < \mu_2 \quad \text{または} \quad \mu_1 > \mu_2$$

となる．帰無仮説 H_0 の下で，適切な検定統計量の分布を求めて，実現値と比較することになる．

10.4.1 独立な標本の場合

まず，2組の標本がそれぞれの正規母集団から独立に選ばれている場合を扱う．そうすると，それぞれの標本平均 $\bar{X}_1$ と $\bar{X}_2$ は

$$\bar{X}_1 \sim N\left(\mu_1, \frac{\sigma_1^2}{n_1}\right), \qquad \bar{X}_2 \sim N\left(\mu_2, \frac{\sigma_2^2}{n_2}\right) \tag{10.5}$$

を満たし，さらに $\bar{X}_1$ と $\bar{X}_2$ は独立になる．ここで正規分布の再生性（定理8.5）を用いると，

$$\bar{X}_1 - \bar{X}_2 \sim N\left(\mu_1 - \mu_2, \frac{\sigma_1^2}{n_1} + \frac{\sigma_2^2}{n_2}\right) \tag{10.6}$$

が得られる．帰無仮説 H_0 の下では $\mu_1 - \mu_2 = 0$ となることに注意して，(10.6) を標準化すると，

$$Z = \frac{\bar{X}_1 - \bar{X}_2}{\sqrt{\dfrac{\sigma_1^2}{n_1} + \dfrac{\sigma_2^2}{n_2}}} \sim N(0,1) \tag{10.7}$$

となる．

■ **母分散既知の場合**　母分散 σ_1^2, σ_2^2 が既知であれば，(10.7) で定義した Z を検定統計量とすればよい．母集団が正規分布に従っていなくとも，標本数が大きければ中心極限定理（定理8.4）によって，$Z \sim N(0,1)$ が（近似的に）成り立つので，同様の検定方式でよい．また，標本数が大きければ母分散を不偏分散で置き換えることで，母分散既知の場合の方式を使ってよい．

なお，二項母集団に対する母比率の差の検定も母分散既知の場合に帰着さ

れるのだが，独立性の検定との関係も合わせて後述することにする（第 10.6.3項）．

例題 10.9　　ある工場では，200 人の若手社員と 120 人のベテラン社員が働いている．過去 1 年間の若手社員の平均欠勤日数は 6.6 日，標準偏差は 2.3 日，ベテラン社員の平均欠勤日数は 7.3 日，標準偏差は 2.8 日であった．若手社員とベテラン社員の平均欠勤日数の差は有意であるか．

解説　若手社員を母集団 1，ベテラン社員を母集団 2 として上に述べた記号を用いる．帰無仮説と対立仮説は

$$H_0 : \mu_1 = \mu_2, \qquad H_1 : \mu_1 \neq \mu_2$$

となる．母分散は未知であるが，標本数が大きいので，不偏分散を用いて既知の場合に帰着する．問題では標準偏差 s_1, s_2 が与えられているので，これをもとに不偏分散 u_1, u_2 を求めると，

$$u_1^2 = \frac{n_1}{n_1 - 1} s_1^2 = \frac{200}{199} 2.3^2 = 2.31^2,$$
$$u_2^2 = \frac{n_2}{n_2 - 1} s_2^2 = \frac{120}{119} 2.8^2 = 2.81^2$$

となる[4]．これらを用いて，母分散はそれぞれ $\sigma_1^2 = 2.31^2$, $\sigma_2^2 = 2.81^2$ としてよい．さて，標本平均の差は，帰無仮説 H_0 の下で，

$$\bar{X}_1 - \bar{X}_2 \sim N\Big(\mu_1 - \mu_2, \frac{\sigma_1^2}{n_1} + \frac{\sigma_2^2}{n_2}\Big)$$
$$= N\Big(0, \frac{2.31^2}{200} + \frac{2.81^2}{120}\Big) = N(0, 0.304^2)$$

となり，これを標準化して

$$Z = \frac{\bar{X}_1 - \bar{X}_2}{0.304} \sim N(0, 1)$$

がわかる．一方，Z の実現値は

$$z = \frac{\bar{X}_1 - \bar{X}_2}{0.304} = \frac{6.6 - 7.3}{0.304} = -2.30$$

である．有意水準を α とすれば，対立仮説の形から両側検定になるので，棄却域は

$$R : |z| \geq z_{\alpha/2}$$

---

4)　標本数が大きいので，標本分散 s^2 と不偏分散 u^2 の違いはわずかであるから，標本標準偏差の 2 乗を母分散としても検定結果に違いは出ない．

となる．有意水準 $\alpha = 0.05$ では，実現値 $z = -2.30$ は棄却域 $|z| \geq z_{0.025} = 1.96$ に落ちるので，H_0 は棄却され，有意差を認める．有意水準 $\alpha = 0.01$ では，実現値 $z = -2.30$ は棄却域 $|z| \geq z_{0.005} = 2.58$ に落ちないので，H_0 受容され，有意差を認めない． □

■ **母分散が等しい場合**　母分散 σ_1^2, σ_2^2 が未知である場合は，(10.7) を使うことができない．しかしながら，2 つの母分散が等しいときは，

$$T = \frac{\bar{X}_1 - \bar{X}_2}{\sqrt{\dfrac{(n_1 - 1)U_1^2 + (n_2 - 1)U_2^2}{n_1 + n_2 - 2}\left(\dfrac{1}{n_1} + \dfrac{1}{n_2}\right)}} \sim t_{n_1+n_2-2} \qquad (10.8)$$

が成り立つことが知られているので，この T を検定統計量として用いる．ここで，(10.8) の右辺は，(10.7) の右辺で $\sigma^2 = \sigma_1^2 = \sigma_2^2$ とおいて，σ^2 を 2 つの不偏分散 U_1^2 と U_2^2 の加重平均

$$\frac{(n_1 - 1)U_1^2 + (n_2 - 1)U_2^2}{n_1 + n_2 - 2} \qquad (10.9)$$

で置き換えたものである．(10.9) を**プールされた分散**または**併合分散**という．
　なお，(10.8) は標本分散を用いて，

$$T = \frac{\bar{X}_1 - \bar{X}_2}{\sqrt{\dfrac{n_1 S_1^2 + n_2 S_2^2}{n_1 + n_2 - 2}\left(\dfrac{1}{n_1} + \dfrac{1}{n_2}\right)}} \qquad (10.10)$$

と書き直すことができる．また，正規母集団でなくとも，標本数が大きければ，近似的に $T \sim N(0, 1)$ が成り立つことにも注意しておこう．

例題 10.10　ある作物に対して，2 種類の収穫促進肥料の効果を比較するため，畑を 15 分割して 9 箇所では肥料 1 を，残りの 6 箇所では肥料 2 を用いて栽培実験を行った．その結果，それぞれの肥料について 1 箇所当たりの収穫量 (kg) の平均値と不偏分散は

$$\bar{x}_1 = 8.35, \quad u_1^2 = 0.54^2, \quad \bar{x}_2 = 8.96, \quad u_2^2 = 0.38^2$$

であった．上の結果から 2 種類の肥料の効果に有意差があるといえるかを検定せよ．ただし，従来の知見から 2 種類の収穫促進肥料による栽培

実験において，収穫量は分散の等しい正規分布に従っているとしてよい．

解説　肥料 1 に対応する母集団を母集団 1，肥料 2 に対応する方を母集団 2 として，先の記号を用いるものとする．題意から，帰無仮説と対立仮説を

$$H_0 : \mu_1 = \mu_2, \qquad H_1 : \mu_1 \neq \mu_2$$

とする．検定統計量は (10.10) の T を用いる．本題では，

$$T = \frac{\bar{X}_1 - \bar{X}_2}{\sqrt{\dfrac{(9-1)\cdot U_1^2 + (6-1)\cdot U_2^2}{9+6-2}\left(\dfrac{1}{9}+\dfrac{1}{6}\right)}} = 6.841 \times \frac{\bar{X}_1 - \bar{X}_2}{\sqrt{8U_1^2 + 5U_2^2}} \sim t_{13}$$

となる．T の実現値は

$$t = 6.841 \times \frac{8.35 - 8.96}{\sqrt{8 \times 0.54^2 + 5 \times 0.38^2}} = -2.388$$

である．有意水準を α とすれば，棄却域は $R = \{|t| \geq t_{13}(\alpha/2)\}$ となる．たとえば，$\alpha = 0.05$ とすれば，$t_{13}(0.025) = 2.160$ より，実現値は棄却域に落ちて，母平均が等しいという帰無仮説 H_0 は棄却される．つまり，2 種類の肥料の効果に有意差を認める．

□

上の例題では，2 つの正規母集団の分散が等しいものと仮定したが，まず，等分散と見なせるかどうかの検定をするのが本来の姿である．等分散の検定については第 10.4.3 項で扱うのだが，不偏分散の比較によって本題では等分散と見なしてよいことがわかる（例題 10.13）．なお，2 つの母分散が未知で等しいと想定できないときは，**ウェルチの検定**が使われる．これについては，さらに進んだ統計学の文献をあたってほしい．

10.4.2　対標本の場合

前節では，2 つの母集団から取り出した標本がすべて独立になる場合を扱った．ここでは，2 組のデータが同一対象に対する 2 つの観測値の対となっている**対標本**を扱う．たとえば，個体に何らかの処置を施すとき，処置前と処置後のデータからその処置の有効性を検定する場合や，個体に対して同じ量を 2 つの方法で測定したとき，その測定方法に差があるかを検定する場合などがある．したがって，対標本の場合に扱うデータは 2 変量データ (x_i, y_i) となる．

これを第 1 変量と第 2 変量を分離して，x_i を母集団 1 からの標本，y_i を母集団 2 からの標本と見なして，第 10.4.1 項の方法を適用するのは不適切である．各個体ごとに，2 つの観測値の差

$$d_i = x_i - y_i$$

を考えて，これらがある正規母集団 $N(\mu, \sigma^2)$ からの標本と見なされるものとして帰無仮説 $H_0 : \mu = 0$ を検定する．具体例でみておこう．

例題 10.11 ある薬剤が血圧降下に効果があるかどうかを調べるために，8 人の被験者に対して服用前後の血圧を測定して次の結果を得た．はたして，その効果を認めることができるだろうか．

被験者	1	2	3	4	5	6	7	8
服用前	174	143	112	123	137	145	126	124
服用後	158	124	114	118	123	148	133	109

解説 服用前の血圧を B，服用後の血圧を A とおいて，その差 $X = A - B$ が正規分布 $N(\mu, \sigma^2)$ に従うものとして，データから $\mu < 0$ と認められるかを検定する．したがって，帰無仮説と対立仮説を

$$H_0 : \mu = 0, \qquad H_1 : \mu < 0$$

として片側検定を行う．本題においては，母分散 σ^2 は未知であるので，不偏分散を用いた

$$T = \frac{\bar{X} - \mu}{U/\sqrt{n}} \sim t_{n-1} \tag{10.11}$$

を検定統計量とする（本題では，$\mu = 0$，$n = 8$ である）．

以下，Python を使って計算することにしよう．プログラムの冒頭で，いつもの 4 行（第 10.2 節）を実行して始める．

```
1  rawdata=[(174, 158), (143, 124), (112, 114), (123, 118),
2          (137, 123), (145, 148), (126, 133), (124, 109)]
3  Data = pd.DataFrame(rawdata)
4  Data.rename(columns={0:'before', 1:'after'}, inplace=True)
5  Data['d'] = Data['after'] - Data['before']
6  Data
```

	before	after	d
0	174	158	-16
1	143	124	-19
2	112	114	2
3	123	118	-5
4	137	123	-14
5	145	148	3
6	126	133	7
7	124	109	-15

まず，与えられたデータを直接入力して，Data と名付けられた DataFrame で読み込み，プログラム 4 行目でカラム名を変更している（デフォルトでは番号が自動的に振られる）．5 行目で，服用前後の血圧の差を計算して新しいカラム d として追加した．

カラム d のデータについて t 検定を行う．まず，標本のサイズ，標本平均，不偏分散を求め，(10.11) で与えた検定統計量 T の実現値を計算する．

```
1 size = len(Data['d'])
2 sample_mean = np.mean(Data['d'])
3 unbiased_var = np.var(Data['d'], ddof=1)
4 t = sample_mean / (np.sqrt(unbiased_var)/np.sqrt(size))
5 size, sample_mean, unbiased_var, t
```
```
  (8, -7.125, 102.69642857142857, -1.9886217811387379)
```

一方で，(10.11) にあるように，T は自由度 7 の t 分布に従うので，その分布に従う確率変数を準備して T7 とする．この分布の上側 α 点は T7.isf(α) で与えられる．ここでは有意水準を $\alpha = 0.05$ とする．対立仮説 H_1 の形から，棄却域は左側にとることになるから，下側 5% 点あるいは上側 95% 点が必要である．

```
1 T7 = stats.t(size - 1)
2 a = 0.05
3 T7.isf(1 - a)
```
```
  -1.8945786050613054
```

こうして，検定統計量 T の実現値 $t = -2.13$ は下側 5% 点 $-t_7(0.05) = t_7(0.95) = -1.89$ を下回るので，有意水準 5% の片側検定で H_0 が棄却され，血圧降下の効果を認める．対立仮説 H_1（片側検定）を念頭にすれば，実現値 t の P 値は $P(T \le t)$ である．

```
1 np.round(T7.cdf(t), 3)
```
```
  0.044
```

確かに，0.05 を下回っているので，有意水準 5% の片側検定で H_0 が棄却されるのである．　　　　　　　　　　　　　　□

10.4.3 等分散の検定

第 10.4.1 項では，母分散が等しい 2 つの正規母集団に対して，母平均の差の検定は t 検定に帰着できることを述べた．しかし，予め母分散が等しいことが想定できることは少なく，母分散が等しいことを検定で確認する必要がある．次の定理はそのための理論的基礎を与える．

定理 10.12 等しい分散をもつ 2 つの正規母集団 $N(\mu_1, \sigma^2)$, $N(\mu_2, \sigma^2)$ から，それぞれ独立に取り出されたサンプルサイズ m, n の標本を $X_1, \ldots, X_m$ と $Y_1, \ldots, Y_n$ とする．このとき，それぞれの不偏分散

$$U_1^2 = \frac{1}{m-1} \sum_{k=1}^{m} (X_k - \bar{X})^2, \qquad U_2^2 = \frac{1}{n-1} \sum_{k=1}^{n} (Y_k - \bar{Y})^2,$$

の比について

$$F = \frac{U_1^2}{U_2^2} \sim F_{n-1}^{m-1} \tag{10.12}$$

が成り立つ．ここで，F_{n-1}^{m-1} は自由度 $(m-1, n-1)$ の F 分布である．

例題 10.13 例題 10.10 の栽培実験において 2 種類の肥料による収穫量について，それらの分散は等しいといえるか検定せよ．ただし，収穫量は正規分布に従っているとしてよい．

解説 仮定によって，肥料 1,2 による収穫量はそれぞれ正規分布 $N(\mu_1, \sigma_1^2)$ と $N(\mu_2, \sigma_2^2)$ に従うものとする．帰無仮説と対立仮説は

$$H_0 : \sigma_1^2 = \sigma_2^2, \qquad H_1 : \sigma_1^2 \neq \sigma_2^2$$

となる．正規母集団 $N(\mu_1, \sigma_1^2)$ から取り出されたサンプルサイズ 9 の標本の不偏分散を U_1^2, $N(\mu_2, \sigma_2^2)$ から取り出されたサンプルサイズ 6 の標本の不偏分散を U_2^2 とする．定理 10.12 によれば，帰無仮説 H_0 の下で，不偏分散の比

$$F = \frac{U_1^2}{U_2^2} \sim F_5^8$$

は自由度 $(8, 5)$ の F 分布 F_5^8 に従う．

有意水準を $\alpha = 0.05$ とする．対立仮説の形から両側検定となるので，F_5^8 の上側 2.5%
点 $F_5^8(0.025) = 6.757$ と下側 2.5% 点 $F_5^8(0.975) = 0.208$ を用いて[5]，棄却域が

$$R : f \leq 0.208 \quad \text{または} \quad f \geq 6.757$$

となる（図 10.5）．一方，検定統計量 F の実現値は

$$f = \frac{u_1^2}{u_2^2} = \frac{0.54^2}{0.38^2} = 2.019$$

であり，これは棄却域に落ちない．したがって，有意水準 5% の両側検定で H_0 は受容さ
れ，2 つの母集団の分散は等しいと認める．　　　　　　　　　　　　　　　　□

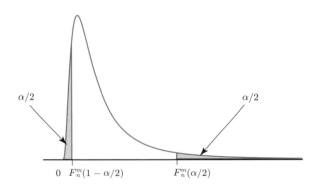

図 10.5　F 分布と棄却域（有意水準 α）

10.5　ノンパラメトリック検定

　前節までに扱った仮説検定では，正規母集団や二項母集団を対象として，母
集団分布を規定するパラメータ（母平均・母分散・母比率など）に関する仮説
を検定するという形をとっている．このような検定を**パラメトリック検定**と総
称する．一方で，母集団分布に特定の分布を仮定しない検定を**ノンパラメトリ
ック検定**という．制約はあるもののどんな母集団に対してでも適用できること
は大きな利点となる．本節では，2 群を比較するために使われる基本的なノン
パラメトリック検定を紹介する．

---

5)　定理 7.17 から $F_n^m(1-\alpha) = 1/F_m^n(\alpha)$ が成り立つことを使ってもよい．

10.5.1　符号検定

　母集団分布が対称であるとき，その平均値を標本の符号のみに注目して検定することができる．標本の数値そのものを使わないという点では粗っぽい検定となるが，一方で，数値そのものに意味がない順序データの場合などに有効である．たとえば，2つのメニュー A, B の美味しさをモニターによる官能評価で判定する場合では，美味しさを数値化したとしても数値そのものに客観的な意味をもたせることは難しい．符号検定の基本的な考え方を例題を使って説明しよう．

> 例題 10.14　　2つのメニュー A, B の美味しさを確認するために，14人の
> モニターによる官能評価を行った．各モニターは，2つのメニューを食
> べ比べて，それぞれを 1（不味い）〜5（美味しい）の5段階で評価した．
> その結果をまとめたものが次の表である．2つのメニューの美味しさに違
> いはあるか.

メニュー A	メニュー B	メニュー A	メニュー B
5	2	5	2
1	5	4	2
4	5	5	3
3	2	3	2
5	2	3	3
2	4	4	2
4	4	4	5

解説　2群 A, B において評点の差をとり，その符号に注目する.

A	B	差	符号	A	B	差	符号
5	2	3	+	5	2	3	+
1	5	−4	−	4	2	2	+
4	5	−1	−	5	3	2	+
3	2	1	+	3	2	1	+
5	2	3	+	3	3	0	0
2	4	−2	−	4	2	2	+
4	4	0	0	4	5	−1	−

　もし，2 つのメニュー A, B 間に違いがなければ，符号の現れ方が成功確率 1/2 のベルヌーイ分布に従うだろうというのが符号検定の基本的な考え方である．したがって，符号化してしまえば，二項母集団において母比率 $p = 1/2$ を検定する問題に帰着される．

　まず，帰無仮説は H_0：「違いなし」とすればよい．対立仮説は，2 つのメニューの単なる比較であれば H_1：「違いなし」（両側検定），あるいは H_1：「メニュー A の方が B よりも美味しい」（片側検定）となる．ここでは，一例として有意水準 5% の片側検定を行う．官能評価の結果では，符号が付かない 0 判定を除外すると，12 人中 8 人がメニュー A の方が美味しいという ＋ 判定を下したことになる．そこで，12 人中 ＋ 判定を下した人数 S を検定統計量とする．帰無仮説の下では，$S \sim B(12, 1/2)$ となる．二項分布 $B(n, p)$ において，n が小さいときは離散性が大きいため，与えられた有意水準に丁度該当する限界値を整数で与えることはできないが，二項分布を直接計算して

$$P(S \geq 9) = 0.073, \qquad P(S \geq 10) = 0.019$$

と比較すれば，S の実現値 $s = 8$ は棄却域に落ちないことがわかる[6]．したがって，H_0 は棄却されず，2 つのメニューには違いがないことを認める．　　　　　　　　　□

　上の例題で述べた考え方を踏襲すれば，符号検定は母集団分布のメディアン θ の検定に使うことができる．帰無仮説と対立仮説は

$$H_0 : \theta = \theta_0, \qquad H_1 : \theta \neq \theta_0 \quad \text{または} \quad \theta > \theta_0 \quad \text{または} \quad \theta < \theta_0$$

とする．サンプルサイズ n の標本 $X_1, X_2, \ldots, X_n$ に対して，$X_i > \theta_0$ となる i の個数 S を検定統計量とする．帰無仮説の下では，$S \sim B(n, 1/2)$ となることを使って，対立仮説 H_1 と適当な有意水準 α の下に棄却域を設定すればよい．

---

6)　n が大きければ $B(n, p) \approx N(np, np(1 - p))$ によって正規分布を用いればよい．二項母集団の母比率の検定と同じである．

10.5.2 ウィルコクソンの順位和検定（マン-ホイットニー検定）

これは，2つ母集団の分布が一致するかどうかを検定する方法である．母集団1から取り出した標本を $X_1, \ldots, X_m$ とし，母集団2から取り出した標本を $Y_1, \ldots, Y_n$ とする．得られた標本を併合して，値の小さい方から順位（順位は1位から始める）を付けることで，各標本に対して**順位データ**を作る．こうして，2組の標本 $X_1, \ldots, X_m$ と $Y_1, \ldots, Y_n$ をそれらの順位データ $R_1, \ldots, R_m$ と $S_1, \ldots, S_n$ で置き換えることができる[7]．このとき，それぞれの順位データの和

$$W = \sum_{i=1}^m R_i, \qquad V = \sum_{i=1}^n S_i$$

を**順位和**という．ここで $N = m+n$ とおくと，関係式 $W+V = N(N+1)/2$ が成り立つから，W, V の一方（たとえば小さい方）を使えば十分である．

さて，帰無仮説 H_0：「2つの母集団分布は一致する」の下では，それぞれの順位データは $\{1, 2, \ldots, m+n\}$ に均等に分布する．つまり，$r_1, r_2, \ldots, r_m$ を $1 \leq r_i \leq N = m+n$ を満たす互いに異なる m 個の整数とすれば，

$$P(R_1 = r_1, R_2 = r_2, \ldots, R_m = r_m) = \frac{1}{N(N-1)\ldots(N-m+1)}$$

が成り立つ．このとき，順位和 W の平均値と分散は，

$$\mathbf{E}[W] = \frac{m(N+1)}{2}, \qquad \mathbf{V}[W] = \frac{mn(N+1)}{12}$$

となることが示される．したがって，順位和 W の実現値がその平均値からどれほど離れているかを確率的に評価することで H_0 を検定することができる．そのためにはP値を計算する必要があるが，m, n が小さい場合は直接計算し，m, n が大きいときは順位和 W を標準化して，正規分布近似

$$Z = \frac{W - m(N+1)/2}{\sqrt{mn(N+1)/12}} \sim N(0,1) \tag{10.13}$$

を用いる．次の例題で順位和検定の基本的なアイデアを確認しよう．

---

[7] 本来の理論では連続分布を仮定しており，同順位の値は現れない（現れる確率は0である）．実際の応用では，同順位の値に対してはそれらが該当する順位の平均値を使う．

例題 10.15　A 組 3 名と B 組 5 名に対して計算ドリルを行ったところ，誤
答数は次のようであった.

$$A 組： 6, 12, 7 \qquad B 組： 13, 8, 9, 16, 17,$$

A 組には従前から特別なトレーニングを施してきたのだが，その効果を
認めることはできるだろうか. 順位和検定によって判定せよ.

解説　A 組，B 組をそれぞれ母集団 1, 2 として，いつもの記号を使うことにする. 題意から，帰無仮説 H_0 は「両組の出来は同等である」であり，対立仮説は題意から「A 組の方が出来がよい」となる[8)].

まず，与えられたデータを 1 列に並べて小さい方から順位（1 位から始める）を付けて，もとのデータを順位データで置き換える. そうすると，

$$A : 1, 5, 2 \qquad B : 6, 3, 4, 7, 8$$

となり，A 組の順序和 W に注目するとすれば，その実現値は $w = 1 + 5 + 2 = 8$ となる. 題意より片側検定なので，P 値は $W = 8$ を含めてそれよりも稀な事象の確率の総和 $P(W \leq 8)$ で与えられる. 帰無仮説 H_0 の下では順位に現れる 1 から 8 の数字の並び方はすべて等確率で起こるので，組合せ数の計算によって，

$$P(W \leq 8) = P(W = 8) + P(W = 7) + P(W = 6)$$
$$= \frac{1}{8 \cdot 7 \cdot 6} (12 + 6 + 6) = \frac{1}{14} = 0.0714 \tag{10.14}$$

となる. したがって，有意水準 $\alpha = 0.1$ であれば有意差を認め H_0 を棄却するが，有意水準 $\alpha = 0.05$ であれば H_0 は棄却されない. □

■ **Python による順位和検定**　`stats.mannwhitneyu()` 関数を使えば簡単に P 値が求められるが，後に述べるように使用するための条件がある.

```
1  x = [6, 12, 7]
2  y = [13, 8, 9, 16, 17]
3  stats.mannwhitneyu(x, y, alternative='less')
```

---

8)　この述べ方は数学的ではないが，ここでは素朴に理解しておけばよい. 正しくは，それぞれの母集団分布の分布関数 $F_1(x)$, $F_2(x)$ を用いて，H_0 を「すべての x に対して $F_1(x) = F_2(x)$」として，H_1 を「すべての x に対して $F_1(x) \geq F_2(x)$ であり，H_0 ではない」とする. 対立仮説 H_1 の直感的意味は，母集団 1 の分布は母集団 2 の分布より左側にずれているということである.

```
MannwhitneyuResult(statistic=2.0, pvalue=0.06801856405707181)
```

オプション `alternative='less'` によって，左端を棄却域とする片側検定の
P 値が計算される．得られた P 値 0.0680... は (10.14) に一致していないこ
とに注意しよう．実は，`stats.mannwhitneyu()` 関数は (10.13) の正規分布近
似を用いているため，m, n が小さいと精度が劣るのである[9]．

　ここで，正規分布近似 (10.13) の使い方を確認しておこう．求めたい確率は
$P(W \leq 8)$ である．本題の場合は，

$$Z = \frac{W - m(N+1)/2}{\sqrt{mn(N+1)/12}} = \frac{W - 13.5}{3.3541} \sim N(0,1)$$

となるから，

$$P(W \leq 8) \approx P\left(Z \leq \frac{8 - 13.5}{3.3541}\right) = P(Z \leq -1.6398) = 0.0505$$

が得られる．厳密値 (10.14) に比べてかなり精度が悪い．

　一般に，離散的な確率分布を連続分布で近似するときには，**連続補正**をした
方が精度が上がる．特に，今の場合のように，m, n が小さく離散性が高い場
合は有効である．連続補正とは $P(W \leq 8)$ を計算するときに，W が離散的な
値しかとらないことを念頭において，$P(W \leq 8.5)$ に正規分布近似を適用する
のである．実際，

$$P(W \leq 8) = P(W \leq 8.5)$$
$$\approx P\left(Z \leq \frac{8.5 - 13.5}{3.3541}\right) = P(Z \leq -1.4907) = 0.0680$$

となり，ほぼ厳密値 (10.14) が得られている．さらに，Python による結果と
一致することからわかるように，`stats.mannwhitneyu()` 関数にはデフォル
トでこの補正が適用されている[10]．

---

9) 付属のマニュアル（`stats.mannwhitneyu?` で見ることができる）には，$m > 20$, $n > 20$ の下で使うようにとの注意書きがしてある．より詳しくは関連する文献や Web 上の記事なども参照されたい．
10) わざわざ精度の悪い計算をする必要はないが，オプションに `use_continuity=False` を加えれば，連続補正なしの結果が得られる．

10.5.3 ウィルコクソンの符号付き順位検定

これは，対標本の差（第 10.4.2 項）に関するノンパラメトリック検定であり，独立な n 個の対標本 (X_i, Y_i) に対して，差 $Z_i = Y_i - X_i$ が共通のメディアン θ に関して対称な連続分布をもつ（各 i ごとに母集団は異なってよい）ときに有効な方法である.

対標本の差の絶対値 $|Z_i|$ を小さい方から並べて順位を付けたとき，Z_i の順位が R_i になったとする（連続分布を仮定し，$Z_i = 0$ は起こらないとしている）．このとき，$Z_i > 0$ である R_i の総和を W^+，$Z_i < 0$ である R_i の総和を W^- として，$S = \min\{W^+, W^-\}$ を検定統計量とする．帰無仮説 $H_0 : m = 0$ の下で，n が大きいときは，近似的に

$$S \sim N\left(\frac{n(n+1)}{4}, \frac{n(n+1)(2n+1)}{24}\right) \tag{10.15}$$

が成り立つことを用いる．次の例題を通して，アイデアを見ておこう.

例題 10.16　　例題 10.11 において，血圧降下の効果が認められるか．符号付き順位検定で調べよ.

解説　例題 10.11 では，血圧の変化 $X = A - B$ が被験者によらず共通の正規分布 $N(\mu, \sigma^2)$ に従うものとして t 検定を適用した．しかしながら，正規分布が仮定できない場合や正規分布であっても被験者ごとに分布が異なる場合もある．そのときに使われるのが符号付き順位検定である.

例題 10.11 の計算結果から，符号付き順位を表にすると次のようになる.

被験者	1	2	3	4	5	6	7	8
差 d	-16	-19	2	-5	-14	3	7	-15
符号付順位	7	8	1	3	5	2	4	6

そうすると，W^+ と W^- の実現値は

$$w^+ = 1 + 2 + 4 = 7, \qquad w^- = 7 + 8 + 3 + 5 + 6 = 29,$$

となり，したがって S の実現値は $s = \min\{w^+, w^-\} = 7$ である．題意より片側検定となるから，P 値は $P(W^+ \leq 7)$ で与えられる．この確率は組合せの計算に帰着する．たとえば，$W^+ = 7$ となるのは，

$$7 = 1 + 6 = 2 + 5 = 3 + 4 = 1 + 2 + 4$$

のように 5 通りある. 帰無仮説 H_0 の下で, それぞれは確率 $(1/2)^8$ で起こるから $P(W^+ = 7) = 5(1/2)^8$ となる. 同様にして, 与えられた k を異なる自然数の和で表す組合せ数を求めれば,

$$P(W^+ \leq 7) = \sum_{k=0}^{7} P(W^+ = k)$$
$$= (1 + 1 + 1 + 2 + 2 + 3 + 4 + 5)\left(\frac{1}{2}\right)^8 = \frac{19}{256} = 0.07422$$

が得られる. 有意水準を $\alpha = 0.05$ とすれば, P 値はこれを上回るため, 帰無仮説 H_0 は棄却されず, 血圧降下の効果を認めない.

　同じ問題を扱ったのだが, 例題 10.11 では, 有意水準 $\alpha = 0.05$ で帰無仮説 H_0 が棄却された. そこでは, 血圧の変化が被験者によらず共通の正規分布 $N(\mu, \sigma^2)$ に従うものと仮定したが, 本題では, 血圧変化の分布に関して大幅に情報を減らしたことになる. このことを反映して, 観測で得られた程度の差では有意差とはいえないという結論に至ったのである.　　　　　　　　　　　　　　　　　　　　　　　　　　　　　　　　　　□

■ **Python による符号付き順位検定**　stats.wilcoxon() 関数を使えば簡単に P 値が求められる. 標本数が 25 個以下であれば, デフォルトで厳密値が計算され, それを越えると正規分布近似が適用される[11].

```
1  stats.wilcoxon(Data['after'], Data['before'],
2            alternative='less')

   WilcoxonResult(statistic=7.0, pvalue=0.07421875)
```

オプション alternative='less' によって, 左端を棄却域とする片側検定の P 値が計算される. もちろん, 上の解説で求めた P 値と一致している.

10.6　カイ二乗検定

10.6.1　適合度の検定

　母集団が個体の属性によって k 個の集団 $A_1, A_2, \ldots, A_k$ に分割されているとして, それぞれの比率を $p_1, p_2, \ldots, p_k$ とする. $k = 2$ の場合は二項母集団に他ならない. この母集団から標本を取り出して, 各属性をもつ標本数をもと

---

11)　詳しくは stats.wilcoxon? でマニュアルを参照されたい.

に，各属性が特定の比率 $p_1^0, p_2^0, \ldots, p_k^0$ になっているかどうかを検定する．

母集団から n 個の標本を取り出すこととして，属性 A_j をもつものが f_j 個得られたとする．簡単のため，母集団分布を $\pi = (p_1, p_2, \ldots, p_k)$ と書いて，想定される分布を $\pi_0 = (p_1^0, p_2^0, \ldots, p_k^0)$ とする．検定のための帰無仮説と対立仮説は，

$$H_0 : \pi = \pi_0, \qquad H_1 : \pi \neq \pi_0$$

となる．帰無仮説 H_0 の下で，属性 A_j をもつ標本の平均個数は np_j^0 である．これを理論度数と呼んで実際に観測された度数と比較する[12]．比較のために，次のような表がわかりやすい．

属性	A_1	$\cdots$	A_j	$\cdots$	A_k	合計
理論分布	p_1^0	$\cdots$	p_j^0	$\cdots$	p_k^0	1
理論度数	np_1^0	$\cdots$	np_j^0	$\cdots$	np_k^0	n
観測度数	f_1	$\cdots$	f_j	$\cdots$	f_k	n

要は，理論度数と観測度数との乖離を確率的に評価して，有意水準と比較すればよいのである．そのために使われるのが**ピアソンのカイ二乗値**であり，

$$\chi^2 = \sum_{j=1}^{k} \frac{(f_j - np_j^0)^2}{np_j^0} \tag{10.16}$$

で定義される．観測度数と理論度数の乖離が大きいほどカイ二乗値は大きくなるので，大きなカイ二乗値が得られたときは，H_0 を棄却することになる．

一般に，取り出された n 個の標本のうち属性 A_j をもつものの個数 X_j は確率変数になる．実際，$X_1, X_2, \ldots, X_n$ は**多項分布**と呼ばれる分布に従う．さらに，

$$\chi^2 = \sum_{j=1}^{k} \frac{(X_j - np_j^0)^2}{np_j^0}$$

---

12) 記号として，観測度数を O_j，理論（期待）度数を E_j と表す文献も多い．

は，$n \to \infty$ の極限で，自由度 $k-1$ のカイ二乗分布に従うことが証明される．そこで，標本数が大きい（実用上は $np_j^0 \geq 5$ が目安とされる）ときは，(10.16) を自由度 $k-1$ のカイ二乗分布の実現値として検定に用いるのである．

例題 10.17　次の表は，サイコロを 120 回投げて出た目を記録したものである．このサイコロは公平といえるだろうか検定せよ．

目 (j)	1	2	3	4	5	6	合計
観測度数 (f_j)	24	18	16	22	23	17	120

解説　帰無仮説と対立仮説を

$$H_0 : (p_1, \ldots, p_6) = \left(\frac{1}{6}, \ldots, \frac{1}{6}\right), \qquad H_1 : (p_1, \ldots, p_6) \neq \left(\frac{1}{6}, \ldots, \frac{1}{6}\right)$$

として，有意水準 5% で検定しよう．$n = 120$ なので $np_j^0 = 20 \geq 5$ が満たされるから，上に述べた適合度検定が適用できる．ピアソンのカイ二乗値は，

$$\chi^2 = \sum_{j=1}^{6} \frac{(f_j - 20)^2}{20} = 2.9$$

となる．一方，自由度 5 のカイ二乗分布の上側 5% 点は $\chi_5^2(0.05) = 11.07$ であり，実現値は棄却域に落ちない．したがって，有意水準 5% で H_0 は棄却されず，サイコロは公平であると認める．なお，P 値は $P(\chi_5^2 \geq 2.9) = 0.715$ である．　　　　　□

ここでは，母集団が k 個の属性によって分割されているとしたが，$k = 2$ の場合は二項母集団である．その場合は，第 10.3.4 項で述べた母比率の検定が適用できる．それと本節の適合度検定は見かけ上異なるが同値である．

■ **Python による適合度検定** `stats.chisquare()` 関数によって実行できる．

```
1  observed = [24, 18, 16, 22, 23, 17]
2  expected = [20, 20, 20, 20, 20, 20]
3  stats.chisquare(observed, expected)
```

```
Power_divergenceResult(statistic=2.9000000000000004,
pvalue=0.7153995143435801)
```

プログラム 1 行目が観測度数をリストにしたもの，2 行目は対応する理論度数である．出力は，ピアソンのカイ二乗値とその P 値である．

10.6.2　独立性の検定

母集団の個体に対して 2 種類の属性 A, B が考えられ，属性 A は $A_1, \ldots, A_r$ に分割され，属性 B は $B_1, \ldots, B_s$ に分割されているものとする．母集団から取り出された標本から，属性 A, B が独立であるかどうかを検定する．

この母集団から n 個の標本を取り出して，属性 A_i と B_j をもつものの個数を X_{ij} とすると，次のような一覧表が得られる．このような表を $r \times s$ の**分割表**という．表中の $X_{i\cdot}$ は行和であり，属性 A_i をもつ標本の個数になる．同様に，$X_{\cdot j}$ は列和であり，属性 B_j をもつ標本の個数になる．

	B_1	$\cdots$	B_j	$\cdots$	B_s	合計
A_1	X_{11}	$\cdots$	X_{1j}	$\cdots$	X_{1s}	$X_{1\cdot}$
$\vdots$		$\cdots$		$\cdots$		$\vdots$
A_i	X_{i1}	$\cdots$	X_{ij}	$\cdots$	X_{is}	$X_{i\cdot}$
$\vdots$		$\cdots$		$\cdots$		$\vdots$
A_r	X_{r1}	$\cdots$	X_{rj}	$\cdots$	X_{rs}	$X_{r\cdot}$
合計	$X_{\cdot 1}$	$\cdots$	$X_{\cdot j}$	$\cdots$	$X_{\cdot s}$	n

仮説検定のための帰無仮説と対立仮説は，

$$H_0 : 属性\ A\ と\ B\ は独立である，\quad H_1 : 属性\ A\ と\ B\ は独立でない，$$

とすればよい．さて，この母集団から選ばれた標本が属性 A_i をもつ事象を同じ記号を流用して A_i で表そう．同様に，属性 B_j をもつ事象を B_j とする．帰無仮説の下では，

$$P(A_i \cap B_j) = P(A_i)P(B_j) \tag{10.17}$$

が成り立つので，実測値がこの関係式からどのくらいずれているかを評価することで検定を行う．実際，左辺と右辺に対応する実測値は，それぞれ

$$\frac{X_{ij}}{n}, \quad \frac{X_{i\cdot}}{n}\frac{X_{\cdot j}}{n}$$

となる．検定統計量は

$$\chi^2 = n\sum_{i=1}^{r}\sum_{j=1}^{s}\frac{\left(\dfrac{X_{ij}}{n} - \dfrac{X_{i\cdot}}{n}\dfrac{X_{\cdot j}}{n}\right)^2}{\dfrac{X_{i\cdot}}{n}\dfrac{X_{\cdot j}}{n}} \tag{10.18}$$

を使う．これも**ピアソンのカイ二乗値**と呼ばれる．ここで，

$$E_{ij} = n\frac{X_{i\cdot}}{n}\frac{X_{\cdot j}}{n} \tag{10.19}$$

とおくと，(10.18) は

$$\chi^2 = \sum_{i=1}^{r}\sum_{j=1}^{s}\frac{(X_{ij} - E_{ij})^2}{E_{ij}} \tag{10.20}$$

と変形される．E_{ij} を X_{ij} の理論値とみなせば，(10.20) は前節で定義したピアソンのカイ二乗値 (10.16) と同じ形になっていることがわかる．

第 10.6.1 項の適合度検定を発展させた議論によって，n が大きいとき，χ^2 が自由度 $(r-1)(s-1)$ のカイ二乗分布に近似的に従うことが示される．そこで，与えられた有意水準 α に対して，カイ二乗分布の上側 α 点 $\chi^2_{(r-1)(s-1)}(\alpha)$ を棄却域の限界値として，ピアソンのカイ二乗値の実現値をその限界値と比較して H_0 を棄却を判断する．

例題 10.18 次の表は，44 人の子供のうち予防注射をしたかどうか，インフルエンザに罹患したかどうかで人数を調べたものである．予防注射は効果を認めることはできるか検定せよ．

	罹患無し	罹患有り	合計
予防注射をした	15	5	20
予防注射をしない	6	18	24
合計	21	23	44

解説　帰無仮説を H_0：「予防接種と罹患は独立である」とし，対立仮説を H_1：「予防接種と罹患は独立でない」とする．ピアソンのカイ二乗値を (10.18) または (10.20) を用いて直接計算すれば，$\chi^2 = 10.9317$ が得られる．自由度 1 のカイ二乗分布の上側 1% 点は $\chi_1^2(0.01) = 6.6349$ であり，実現値はこれを上回る．したがって，実現値は有意水準 $\alpha = 0.01$ の棄却域に落ちるため，帰無仮説 H_0 は棄却され予防接種の効果を認める．なお，P 値は $P(\chi_1^2 \geq 10.9317) = 0.000945$ である．　　　　　□

■ **Python による独立性の検定**　stats.chi2_contingency() 関数によって実行できる．

```
data=[[15, 5], [6, 18]]
stats.chi2_contingency(data, correction=False)
  (10.931677018633541,
   0.0009453388665651732,
   1,
   array([[ 9.54545455, 10.45454545],
          [11.45454545, 12.54545455]]))
```

プログラム 1 行目で，本題で扱うデータ（2 × 2 分割表）をリストとして準備した．2 行目のオプション correction=False は不必要な補正を排除するためである．出力結果は，上から順にピアソンのカイ二乗値，P 値，用いたカイ二乗分布の自由度，そして最後は (10.19) で計算される期待度数のリストである．

10.6.3　母比率の差の検定

第 10.4 節で扱った母平均の差の検定を二項母集団に適用すれば，母比率の差の検定ができる．一方で，二項母集団を 2 つ扱う場合は 2 × 2 分割表に対する独立性の検定も適用できるのだが，実はこの 2 つの検定方法は同等になる．このことを確認しておこう．

まず，属性 E に関する二項母集団を 2 つ考えて，母集団 1 から取り出されたサンプルサイズ n_1 の標本のうち，属性 E をもつものが x_1 個，母集団 2 から取り出されたサンプルサイズ n_2 の標本のうち，属性 E をもつものが x_2 個得られたとする．結果は次のような 2 × 2 分割表になる．

	E	E^c	合計
母集団 1 からの標本	x_1	y_1	n_1
母集団 2 からの標本	x_2	y_2	n_2
合計	$x_1 + x_2$	$y_1 + y_2$	n

(10.21)

ただし，$x_1 + y_1 = n_1, x_2 + y_2 = n_2, n = n_1 + n_2$ とおいた.

■ **母比率の差の検定**　二項母集団 1, 2 の母比率を p_1, p_2 として，帰無仮説と対立仮説を

$$H_0 : p_1 = p_2 = p, \qquad H_1 : p_1 \neq p_2$$

とする．簡単のため，H_0 では等しい母比率を p とおいている.

一般に，母集団 1 からサンプルサイズ n_1 の標本を取り出すとき，属性 E をもつ個体数を X_1 とすれば，X_1 は二項分布 $B(n_1, p_1)$ に従い，n_1 が大きければ正規分布 $N(n_1 p_1, n_1 p_1 (1 - p_1))$ で近似される．したがって，標本比率について

$$\hat{p}_1 = \frac{X_1}{n_1} \sim N\left(p_1, \frac{p_1(1 - p_1)}{n_1}\right) \tag{10.22}$$

がわかる．母集団 2 についても同様であり，標本比率 $\hat{p}_2$ について

$$\hat{p}_2 = \frac{X_1}{n_2} \sim N\left(p_2, \frac{p_2(1 - p_2)}{n_2}\right) \tag{10.23}$$

が成り立つ．帰無仮説 H_0 の下で，標本比率の差について

$$\hat{p}_1 - \hat{p}_2 \sim N\left(0, \left(\frac{1}{n_1} + \frac{1}{n_2}\right)p(1 - p)\right)$$

が得られる．さらに，H_0 の下で p は合併した標本比率

$$\hat{p} = \frac{X_1 + X_2}{n}$$

に置き換えると，

$$Z = \frac{\hat{p}_1 - \hat{p}_2}{\sqrt{\left(\frac{1}{n_1} + \frac{1}{n_2}\right)\hat{p}(1-\hat{p})}} \sim N(0,1) \qquad (10.24)$$

が n が大きいときに近似的に成り立つ．これを検定に用いる．すなわち，与えられた有意水準 α に対して，棄却域を $|z| \geq z_{\alpha/2}$ と定めて，Z の実現値が棄却域に落ちるかどうかを判定すればよい．

例題 10.19　　ある地域において，無作為に抽出された男性 200 人と女性 300 人に対して，ある意見を支持するかどうかを調査したところ，次の表のような結果になった．男女で支持率に違いがあるか検定せよ．

	支持	不支持	合計
男性	32	168	200
女性	72	228	300
合計	104	396	500

解説　男性集団と女性集団の母比率（支持率）をそれぞれ p_1, p_2 とする．標本比率と合併した標本比率は

$$\hat{p}_1 = \frac{32}{200} = 0.16, \qquad \hat{p}_2 = \frac{72}{300} = 0.24, \qquad \hat{p} = \frac{104}{500} = 0.208$$

となる．したがって，検定統計量 (10.24) の実現値は

$$z = \frac{\hat{p}_1 - \hat{p}_2}{\sqrt{\left(\frac{1}{n_1} + \frac{1}{n_2}\right)\hat{p}(1-\hat{p})}} = \frac{0.16 - 0.24}{\sqrt{\left(\frac{1}{200} + \frac{1}{300}\right) \times 0.208 \times 0.792}} = -2.159$$

となる．有意水準 $\alpha = 0.05$ の棄却域は $|z| \geq z_{\alpha/2} = 1.96$ であるから，実現値は棄却域に落ちる．したがって，有意水準 5% の両側検定で H_0 は棄却され，男女間での支持率に差を認める．P 値は $P(|Z| \geq 2.159) = 0.0308$ である．　　　　□

■ **独立性の検定**　(10.21) は 2×2 分割表であるから，2 つの属性（性別，支持・不支持の別）に対してピアソンの χ^2 値を用いた独立性の検定を適用することができる．まず，ピアソンの χ^2 値は定義 (10.18) によって，

$$\chi^2 = \frac{1}{n}\left\{ \frac{(nx_1 - n_1(x_1 + x_2))^2}{n_1(x_1 + x_2)} + \frac{(ny_1 - n_1(y_1 + y_2))^2}{n_1(y_1 + y_2)} \right.$$
$$\left. + \frac{(nx_2 - n_2(x_1 + x_2))^2}{n_2(x_1 + x_2)} + \frac{(ny_2 - n_2(y_1 + y_2))^2}{n_2(y_1 + y_2)} \right\} \quad (10.25)$$

である．これを $n_1 y_2 - n_2 y_1 = n_2 x_1 - n_1 x_2$ と $n = n_1 + n_2 = x_1 + x_2 + y_1 + y_2$ に注意して計算すると，

$$\chi^2 = \frac{n_1 n_2}{n}\left(\frac{x_1}{n_1} - \frac{x_2}{n_2}\right)^2 \times \frac{1}{\dfrac{x_1 + x_2}{n} \times \dfrac{y_1 + y_2}{n}}$$

となる．したがって，

$$\chi^2 = \frac{n_1 n_2}{n_1 + n_2}(\hat{p}_1 - \hat{p}_2)^2 \times \frac{1}{\hat{p}(1 - \hat{p})}$$
$$= \frac{(\hat{p}_1 - \hat{p}_2)^2}{\left(\dfrac{1}{n_1} + \dfrac{1}{n_2}\right)\hat{p}(1 - \hat{p})}$$

が得られる．(10.24) と比較すると，

$$\chi^2 = Z^2$$

がわかる．さらに，定理 7.13 によって，$Z \sim N(0,1)$ から Z^2 が自由度 1 のカイ二乗分布に従う．したがって，$z_{\alpha/2}^2 = \chi_1^2(\alpha)$ が成り立ち，Z の実現値 z が $|z| \geq z_{\alpha/2}$ を満たすことと，ピアソンの χ^2 値が $\chi^2 \geq \chi_1^2(\alpha)$ を満たすことは同値である．言い換えれば，2 つの二項母集団の母比率の差の検定と 2×2 分割表としての独立性の検定は同等である．

例題 10.20 例題 10.19 を独立性の検定によって答えよ．

解説 Python を使おう．

```
1 data=[[32, 168], [72, 228]]
2 stats.chi2_contingency(data, correction=False)
```

```
(4.662004662004662,
 0.0308371678289004243,
 1,
 array([[ 41.6, 158.4],
        [ 62.4, 237.6]]))
```

例題 10.19 の解説の中で計算した Z の実現値 z に対して $z^2 = 4.662$ であり，ピアソンの
カイ二乗値に一致することがわかる．さらに，母比率の差の検定でも独立性の検定でも得
られる P 値は一致している．これは 2 つの検定方法が同等であることの証左である．　□

章末問題

10.1　分散 10^2 の正規母集団から取り出された 8 個の標本が，

$$64, \quad 41, \quad 62, \quad 48, \quad 59, \quad 35, \quad 65, \quad 56$$

となった．この標本は正規母集団 $N(50, 10^2)$ から取り出された無作為標本といえるか検
定せよ．

10.2　公平なコインと表の出る確率が 0.6 に調整されたコインが紛れてしまい，見た目で
は区別できない．そこで，コインを実際に 150 回振ってみたところ表が 84 回出た．この
コインは公平なコインであるといえるか検定せよ．さらに，その際の第 2 種誤り確率も求
めよ．

10.3　ある英語の資格試験の全国平均は 69 点であった．ある特訓コースを受講した 7 名
の結果は

$$82, \quad 65, \quad 84, \quad 68, \quad 79, \quad 86, \quad 71$$

であった．特訓の効果は認められるか検定せよ．ただし，受験生の得点分布は正規分布で
あると仮定してよい．

10.4　A 組 24 名，B 組 30 名に対して学習達成度を確認するために同じ試験をしたとこ
ろ，A 組の平均点は 65.6，B 組の平均点は 62.2 であった．両組の学習達成度に有意差はあ
るか検定せよ．ただし，成績は両組のとも試験の点数は正規分布に従うとしてよく，その
分散は A 組 7.3^2, B 組 8.6^2 が知られている．

10.5　次の表は，慢性頭痛に対して薬治療とリラックス治療の 2 種類の治療法の効果を比
較するため，被験者をランダムに 2 群に分けて，頭痛がなくなるまでの回復時間（分）を
調べたものである．ただし，標準偏差は標本分散の平方根である．等分散の検定で母分散
は等しいことを確認したうえで，2 種類の治療法の回復時間に有意差があるといえるか検
定せよ．

	人数	平均回復時間	標準偏差
薬治療群	15	33.8	2.65
リラックス治療群	15	22.4	3.10

10.6　ある運動療法には血圧を下げる効果があるといわれている．次の表は，8 名の被験者に対して運動療法の前後で血圧を測定した結果である．運動療法に効果があったかどうか検定せよ．

被験者番号	1	2	3	4	5	6	7
療法前	137	152	165	148	130	152	142
療法後	135	146	158	135	139	147	145

10.7　次の表は左利きと右利きの 2 群に対してある運動能力を測定した結果である．この 2 群で運動能力に有意差があるかを順位和検定を用いて検定せよ．

左利き	2.0	0.5	1.6	2.8	1.8	9.0	1.7	3.1	1.0
右利き	0.8	0.6	1.5	1.3	0.7	0.3	1.2		

10.8　次の表は，ある町の成人を母集団として無作為抽出された 800 人の血液型を調べたものと，全国の血液型の分布を示している．この町の血液型の分布は全国の血液型の分布に適合しているといえるか検定せよ．

	AB	A	B	O	合計
ある町（人）	83	318	168	231	800
全国（比率）	0.09	0.37	0.22	0.32	1.00

10.9　次の表は，300 人の自動車所有者を年齢と過去 2 年間に起こした事故数に応じて分類したものである．年齢と事故数の間に関係はあるだろうか．独立性の検定によって答えよ．

	事故数 0	事故数 1 ～ 2	事故数 3
21 歳以下	6	23	14
22 ～ 26 歳	21	45	12
27 歳以上	68	90	21

10.10　ある映画の客層に男女の違いはあるかを調べるために，無作為に選んだ 100 名を調べたところ，男性 44 人，女性 56 人であった．(1) 二項母集団の母比率の検定 (2) 適合度の検定，の 2 つの方法で検定せよ．

—— 第 11 章 ——

回帰分析

　複数の変量があって，ある変量を他の変量で説明することができると現象の解明や制御に大変役に立つ．まさに，変量（変数）間の関係性を追究することは統計学やデータ科学の本質的な課題である．本章では，変数間の線形的な関係性を中心に回帰分析と呼ばれる手法への入門を図る．実際の研究データを利用することで現象が解明される様子も垣間見ていきたい．

11.1　単回帰分析

　単回帰分析とは，2つの変数間の線形的な関係性をデータから捉え，1つの変数の値からもう1つの変数の値を予測するための統計的手法である．

例 11.1　図 11.1 は，スウェーデンにおけるヘラジカの雄と雌それぞれの成体量 (kg) を，生息地の緯度（北緯）に対してプロットした散布図である[1]．ドイツの生物学者，クリスティアン・ベルクマンが 1847 年に提唱した「ベルクマンの法則」では，恒温動物においては，同種であっても寒冷な地域に生息するものほど成体量が大きいと主張しているが，この散布図からは，そのような

---

1)　H. Sand, G. Cederlund and K. Danell: Geographical and latitudinal variation in growth patterns and adult body size of Swedish moose (*Alces alces*), Oecologia 102 (1995), 433-442. 散布図の元のデータは章末問題 11.3 にある．

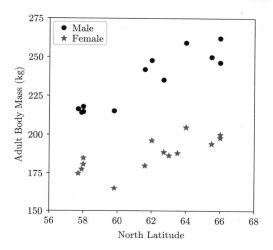

図 11.1 スウェーデンのヘラジカの雄 (males, $n = 12$) と雌 (fe-males, $n = 14$) の成体量を緯度（北緯）に対してプロットしたもの

傾向が見られる．このデータに単回帰分析を適用すれば，緯度が1度上がると雌のヘラジカの成体量がどのくらい増加するかという問いに答えることができる．

例 11.2 図 11.2 は，ある時期に東京都における日ごとの平均気温 (x) とその日の炭酸飲料の販売数を表す変数「販売指数」(y) を観測した，1126 組のデータの散布図である[2]．このデータから2つの変数 x, y の相関係数を計算すると 0.92 となる．散布図と相関係数の値から，気温の上昇とともに炭酸飲料の販売指数が増加する傾向が推察される．このデータに単回帰分析を適用することで，平均気温が 25°C の日の販売指数はどのくらいか，さらに，気温が1度上昇すると炭酸飲料の販売指数はどの程度上がるのか，という問いに答えることができる．

観測にはさまざまな意味で誤差が伴うため，上で見た散布図ではデータ点

---

2) 全国清涼飲料連合会. http://j-sda.or.jp/about-jsda/weather/kekka4.php

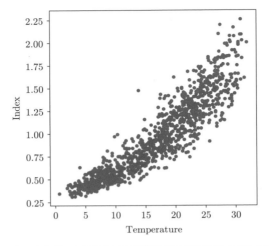

図 11.2　東京都における毎日の炭酸飲料の販売指数を平均気温に
対してプロットしたもの

の並び方に明確な規則を見出すことはできない．しかしながら，このような誤
差を含む 2 変量データ (x_i, y_i) をもとに，2 つの変数 x と y の関係を何らかの
数式 $y = f(x)$ で近似できれば，新たに x が観測されたとき y の値を予測でき
る．言い換えれば，$x = x_i$ に対して $y = y_i$ は

$$y_i = f(x_i) + \varepsilon_i$$

のように，本来の値 $f(x_i)$ に誤差 ε_i を伴って現れていると考えるのである．
このとき，2 変量 x, y の関係を

$$y = f(x) + \varepsilon \tag{11.1}$$

と表して，一般に **(単) 回帰モデル**という．上の式では，x を用いて y を予測
する形になっており，このとき y を**目的変数**，x を**説明変数**という．一般に，
回帰モデル (11.1) では 2 つの変数 x, y は対称的な役割になく，x を目的変数，
y を説明変数とする回帰モデルは (11.1) を x について解き直せばよいという
ことではなく，別に考えることになるので注意しよう．特に，(11.1) におい
て，$f(x)$ が 1 次関数であり，

$$y = \beta_0 + \beta_1 x + \varepsilon \qquad (11.2)$$

の形のものを**線形（単）回帰モデル**と呼ぶ．このとき，定数 β_0, β_1 を**回帰係数**という．しばしば，(11.2) から誤差項を除いた式 $y = \beta_0 + \beta_1 x$ も線形回帰モデルと呼ばれるが，本書では**回帰式**または**回帰方程式**と呼んで区別する．

　線形回帰モデルは，データ (x_i, y_i) をもとに回帰係数 β_0, β_1 を最適に定めることで得られる．データを散布図に描けば，回帰式 $y = \beta_0 + \beta_1 x$ は β_0 を切片，β_1 を傾きとする直線（**回帰直線**という）として現れるので，散布図に最もよくあてはまる直線を求めることが問題である．

■ **最小二乗法**　散布図に引かれた直線は必ずしもデータ点を通過するとは限らないので，データ点に対して直線が y 方向にどれだけずれているかに注目する．このずれは**誤差**あるいは**偏差**と呼ばれ，その値は正や負の値をとる（図11.3）．

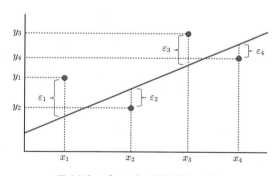

図 11.3　データ点，回帰直線，誤差

　直線 $y = \beta_0 + \beta_1 x$ とデータ点 (x_i, y_i) との誤差 ε_i を

$$y_i = \beta_0 + \beta_1 x_i + \varepsilon_i, \ \ i = 1, 2, \cdots, n, \qquad (11.3)$$

で定める．散布図に最もよくあてはまる直線は，散布図と直線との「ずれ」が最小になる直線である．その「ずれ」を各データ点との誤差の二乗和

$$S = S(\beta_0, \beta_1) = \sum_{i=1}^{n} \varepsilon_i^2 = \sum_{i=1}^{n} \{y_i - (\beta_0 + \beta_1 x_i)\}^2 \tag{11.4}$$

で定義して，S を最小にする β_0, β_1 を求める問題に帰着する．この方法を**最小二乗法**といい，この方法で得られる $\hat{\beta}_0, \hat{\beta}_1$ を回帰係数の**最小二乗推定量**という．こうして，y を目的変数，x を説明変数とする線形回帰モデル

$$y = \hat{\beta}_0 + \hat{\beta}_1 x + \varepsilon \tag{11.5}$$

が決定される．得られた回帰式 $y = \hat{\beta}_0 + \hat{\beta}_1 x$ を用いて，与えられた x に対する y の値を予測するのである．

■ **回帰係数の決定**　誤差の二乗和 $S = S(\beta_0, \beta_1)$ の最小化は 2 次関数の極値問題となる．(11.4) を回帰係数 β_0, β_1 それぞれで偏微分した式を 0 とおいて得られる連立方程式

$$\frac{\partial S(\beta_0, \beta_1)}{\partial \beta_0} = -2 \sum_{i=1}^{n} \{y_i - (\beta_0 + \beta_1 x_i)\} = 0, \tag{11.6}$$

$$\frac{\partial S(\beta_0, \beta_1)}{\partial \beta_1} = -2 \sum_{i=1}^{n} x_i \{y_i - (\beta_0 + \beta_1 x_i)\} = 0, \tag{11.7}$$

を解くことで回帰係数の最小二乗推定量が得られる．ここで，平均値

$$\bar{x} = \frac{1}{n} \sum_{i=1}^{n} x_i, \qquad \bar{y} = \frac{1}{n} \sum_{i=1}^{n} y_i$$

を用いると，(11.6), (11.7) はそれぞれ

$$\beta_0 + \beta_1 \bar{x} - \bar{y} = 0, \tag{11.8}$$

$$n\bar{x}\beta_0 + \beta_1 \sum_{i=1}^{n} x_i^2 - \sum_{i=1}^{n} x_i y_i = 0, \tag{11.9}$$

となる．(11.8) から

$$\beta_0 = \bar{y} - \beta_1 \bar{x}$$

が得られる．これを (11.9) に代入して整理すると，

$$n\bar{x}(\bar{y} - \beta_1\bar{x}) + \beta_1 \sum_{i=1}^{n} x_i^2 - \sum_{i=1}^{n} x_i y_i = 0$$

となり，これを解いて，

$$\beta_1 = \frac{\displaystyle\sum_{i=1}^{n} x_i y_i - n\bar{x}\bar{y}}{\displaystyle\sum_{i=1}^{n} x_i^2 - n\bar{x}^2} \tag{11.10}$$

が得られる．さらに，s_x^2 を（標本）分散，s_{xy} を共分散とすると，

$$ns_x^2 = \sum_{i=1}^{n} (x_i - \bar{x})^2 = \sum_{i=1}^{n} x_i^2 - n\bar{x}^2, \tag{11.11}$$

$$ns_{xy} = \sum_{i=1}^{n} (x_i - \bar{x})(y_i - \bar{y}) = \sum_{i=1}^{n} x_i y_i - n\bar{x}\bar{y}, \tag{11.12}$$

が成り立ち，これらを (11.10) に代入すると，

$$\beta_1 = \frac{s_{xy}}{s_x^2} = r_{xy} \frac{s_y}{s_x}$$

が得られる．ただし，r_{xy} は相関係数である．以上の結果を整理しておこう．

定理 11.3　与えられた 2 変数のデータ (x_i, y_i) の平均値を $\bar{x}$, $\bar{y}$, （標本）分散を s_x^2, s_y^2, 共分散を s_{xy}, 相関係数を r_{xy} とする．このとき，x を説明変数，y を目的変数とする線形回帰モデル $y = \beta_0 + \beta_1 x + \varepsilon$ の回帰係数 β_0, β_1 の最小二乗推定量は次で与えられる．

$$\hat{\beta}_0 = \bar{y} - \hat{\beta}_1\bar{x}, \tag{11.13}$$

$$\hat{\beta}_1 = \frac{s_{xy}}{s_x^2} = r_{xy} \frac{s_y}{s_x}. \tag{11.14}$$

■ **決定係数**　2 変数のデータ (x_i, y_i) に対して線形回帰モデル $y = \beta_0 + \beta_1 x + \varepsilon$ を考えたとき，それによって説明変数 x が目的変数 y をどの程度説明できて

いるかを知ることは重要である．観測値 (x_i, y_i) に対して，同じ x_i に対して
回帰式による y の予測値は

$$\hat{y}_i = \beta_0 + \beta_1 x_i$$

で与えられ，$y_i - \hat{y}_i$ は観測値と予測値との差となる．これを 2 乗して総和した

$$\mathrm{RSS} = \sum_{i=1}^{n} (y_i - \hat{y}_i)^2 \tag{11.15}$$

を**残差平方和**という．一方，y_i の変動に対して**総平方和**を

$$\mathrm{TSS} = \sum_{i=1}^{n} (y_i - \bar{y})^2 = n s_y^2$$

で定義する．残差平方和 RSS は観測値と予測値との乖離を測るが，測定単位
のとり方により値が変化し，値の範囲も決まっていないため，その数値そのも
のを比較・評価することはできない．そこで，**決定係数（R^2 値）**を

$$R^2 = 1 - \frac{\mathrm{RSS}}{\mathrm{TSS}} \tag{11.16}$$

で定義する．決定係数 R^2 は $0 \le R^2 \le 1$ を満たし，測定単位に無関係に y の
変動のうち説明変数 x で説明できた割合を与えるので，回帰モデルの当ては
まりの良さの指標となる．

最小二乗推定量 $\hat{\beta}_0, \hat{\beta}_1$ は，その定め方から RSS を最小に，つまり r^2 を最
大にするような回帰係数である．この場合は，**回帰平方和**を

$$\mathrm{ESS} = \sum_{i=1}^{n} (\hat{y}_i - \bar{y})^2$$

で定義すると，

$$\mathrm{TSS} = \mathrm{RSS} + \mathrm{ESS} \tag{11.17}$$

が成り立つ．この等式は，定理 11.3 に述べた回帰係数の具体形を用いた計算
によって示される．そうすると，決定係数 (11.16) は

$$R^2 = \frac{\text{ESS}}{\text{TSS}} \tag{11.18}$$

を満たす。これを見ても，決定係数 R^2 が 1 に近いほど RSS が小さくなり，モデルの当てはまりは良いことがわかる。

■ **回帰係数の不偏性**　母集団が線形回帰モデル

$$y = \beta_0 + \beta_1 x + \varepsilon \tag{11.19}$$

に従っているものとする。ただし，β_0, β_1 は定数であり，ε は平均値 0，分散 σ^2 の確率変数である。この母集団から取り出された標本 (x_i, y_i) において，x_i は（確率変数ではなく）定数であり，y_i は (11.19) において ε を独立同分布な確率変数列 ε_i としたものである。このとき，定理 11.3 で述べた回帰係数の最小二乗推定量は標本の関数であるから，それ自身も確率変数であることに注意しよう。

まず，(11.14) より

$$
\begin{aligned}
\hat{\beta}_1 = \frac{s_{xy}}{s_x^2} &= \frac{1}{ns_x^2}\sum_{i=1}^{n}(x_i - \bar{x})(y_i - \bar{y}) \\
&= \frac{1}{ns_x^2}\left\{\sum_{i=1}^{n}(x_i - \bar{x})y_i - \sum_{i=1}^{n}(x_i - \bar{x})\bar{y}\right\} \\
&= \frac{1}{ns_x^2}\sum_{i=1}^{n}(x_i - \bar{x})y_i
\end{aligned}
\tag{11.20}
$$

のように変形しておいて，平均値をとると，

$$
\begin{aligned}
\mathbf{E}[\hat{\beta}_1] &= \frac{1}{ns_x^2}\sum_{i=1}^{n}(x_i - \bar{x})\,\mathbf{E}[y_i] \\
&= \frac{1}{ns_x^2}\sum_{i=1}^{n}(x_i - \bar{x})(\beta_0 + \beta_1 x_i) \\
&= \frac{1}{ns_x^2}\sum_{i=1}^{n}(x_i - \bar{x})\{\beta_1(x_i - \bar{x}) + \beta_1\bar{x}\} \\
&= \beta_1
\end{aligned}
\tag{11.21}
$$

が得られる．したがって，$\hat{\beta}_1$ は β_1 の不偏推定量である．

同様に，$\hat{\beta}_0$ の平均値を計算すると，$\mathbf{E}[\hat{\beta}_0] = \beta_0$ となり，$\hat{\beta}_0$ も β_0 の不偏推定量であることがわかる．要するに，単回帰モデルにおいて，回帰係数の最小二乗推定量は不偏推定量ということである．

■ **回帰係数の区間推定・仮説検定** 回帰モデル $y = \beta_0 + \beta_1 x + \varepsilon$ において回帰係数 β_0, β_1 はデータ (x_i, y_i) から決まる統計量となる．したがって，回帰係数は区間推定や仮説検定の対象になり，実用上も重要であるが，これについては次節でより一般的な枠組み（重回帰分析）で述べることにする．

■ **Python による回帰分析** 例 11.2 で用いたデータは，2014 年 4 月から 2017 年 3 月までの 1126 日間にわたる東京都の日別平均気温（変数名「平均気温」）と炭酸飲料の販売数（変数名「販売指数」）を含む時系列データであり，CSV ファイル tansan.csv に収められている[3]．これをもとにして，平均気温から炭酸飲料の販売指数を予測する回帰モデルを構成しよう．

回帰分析のために statsmodels ライブラリを用いるので，プログラムの冒頭で次の 4 行を実行してから始める[4]．

```
1 import numpy as np
2 import pandas as pd
3 import matplotlib.pyplot as plt
4 import statsmodels.api as sm
```

続いて，データファイル tansan.csv を読み込もう．ファイルの読み込みにあたっては，tansan.csv のパスを適切に指定する必要がある（第 3.1 節）．ここでは，読み込んだ DataFrame を mydat と名付けた．

```
1 mydat = pd.read_csv('tansan.csv', encoding='shift-jis')
2 mydat.head()
```

---

[3] 先に述べたように，全国清涼飲料連合会の公式サイトからダウンロードしたものである．本書（共立出版）のウェブサイトからも入手できる．

[4] なお，機械学習でよく使われる scikit-learn ライブラリを用いても同等の回帰分析ができる．関連する文献や Web 上の記事を参照されたい．

	年月日	平均気温	販売指数	週別指数	週別気温
0	2014/4/1	13.9	1.479172	NaN	NaN
1	2014/4/2	15.2	1.039874	NaN	NaN
2	2014/4/3	13.8	0.965123	NaN	NaN
3	2014/4/4	15.3	0.827481	NaN	NaN
4	2014/4/5	11.4	0.755488	0.785091	13.157143

今，注目する変数は「平均気温」と「販売指数」だけである．これらを半角
英字の変数名 temp と index に変更しておくと便利である．

```
1  mydat.rename(columns={'平均気温':'temp', '販売指数':'index'},
2               inplace=True)
```

平均気温 (temp) を横軸，販売指数 (index) を縦軸とした散布図（図 11.2）
は次のプログラムによって描いたものである．

```
1  plt.figure(figsize=(5, 5))
2  plt.scatter(mydat['temp'], mydat['index'], color='blue', s=15)
3  plt.xlabel('Temperature')
4  plt.ylabel('Index')
```

次に，回帰式 $y = \beta_0 + \beta_1 x$ を求めよう．

```
1  X = sm.add_constant(mydat['temp'])
2  y = mydat['index']
3  mylm = sm.OLS(y, X)
4  mylm_out = mylm.fit()
```

まず，プログラムの 1 行目において，mydat['temp'] に収められている説明
変数のデータ x_i を，切片の項に対応するダミー変数（その値は 1 とする）を
追加した $(1, x_i)$ の形のデータに修正して，新たな説明変数として X と名付け
た[5]．こうすることで，$y = \beta_0 1 + \beta_1 x$ を行列表示する形式が整う．2 行目は，
目的変数にあたるデータ mydat['index'] を単に y と明示したかっただけで
ある．3, 4 行目で線形回帰モデルが生成される．

得られた線形回帰モデルに関するさまざまな情報は一括して表示される．

---

[5]　このように定数を追加せず，もとの変数のまま先に進むと得られる回帰式は $y = \beta_1 x$ の
形になる．つまり，原点を通る直線の中から最適なものが得られる．

```
1  mylm_out.summary()
```

```
OLS Regression Results
     Dep.Variable:              index      R-squared:        0.845
            Model:                OLS      Adj.R-squared:    0.845
           Method:      Least Squares      F-statistic:      6144.
             Date:        20 Jan 2023      Prob(F-statistic): 0.00
             Time:           11:13:05      Log-Likelihood:  406.57
  No.Observations:               1126      AIC:             -809.1
      Df Residuals:               1124      BIC:             -799.1
         Df Model:                  1
   Covariance Type:          nonrobust

               coef    std err        t   P>|t|    [0.025   0.975]
       const  0.1047      0.012    8.851   0.000     0.081    0.128
        temp  0.0511      0.001   78.383   0.000     0.050    0.052
                                (以下省略)
```

回帰係数 β_0, β_1 はそれぞれ変数 const と temp の係数 coef として示されている. 実際, $\beta_0 = 0.1047$, $\beta_1 = 0.0511$ である. また, R-squared は決定係数 $R^2 = 0.845$ を示している. 決定係数は十分に大きく, 得られた回帰直線はデータをよく説明しているといえる. 他の項目の説明は省略する (次節以降で追加説明をする). なお, 回帰係数だけなら, mylm_out.params で出力される. 個別には, 変数名または番号を指定し, たとえば, mylm_out.params['const'] によって β_0 が, mylm_out.params[1] によって β_1 が出力される.

こうして, 販売指数 (index) を目的変数, 平均気温 (temp) を説明変数とする線形回帰モデル

$$(\mathrm{index}) = 0.1047 + 0.0511 \times (\mathrm{temp}) + (\mathrm{error})$$

が得られた. 与えられた平均気温 t に対する推定値は mylm.predict([1, t]) によって計算される. ここで [1, t] の 1 はダミー変数の値である.

```
1  mylm_out.predict([1, 23.4])
   array([1.29936098])
```

最後に, 回帰直線を散布図に書き込もう.

```
1  plt.figure(figsize=(5,5))
2  plt.scatter(mydat['temp'], mydat['index'], color='blue', s=15)
3  plt.plot(X['temp'], mylm_out.predict(X), color='k', lw=2)
4
5  plt.xticks(np.arange(0, 40, 5))
6  plt.yticks(np.arange(0, 3, 0.5))
7  plt.xlabel('Temperature')
8  plt.ylabel('Index')
```

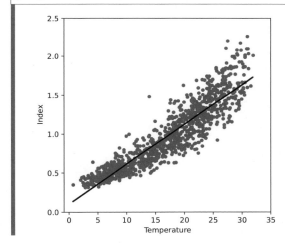

プログラム 3 行目で，変数 X の temp カラムのデータを x 座標，それらから計算した推定値 mylm_out.predict(X) を y 座標とする点群を折れ線でつないで回帰直線を描いている[6]．

■ **アンスコムの数値例** 統計学者のアンスコムは，4 組のサンプルサイズ n = 11 の 2 変量データ (x_i, y_i) を例示して，データを可視化することの重要性を訴えた[7]．

---

6) 直線を引くためには両端の座標を指定するだけで十分であるが，ここでは各 temp データに対して推定される index を求めてそれらをつなぐという方式を用いた．回帰曲線の描画にも応用できるが，曲線の場合は関係する x 座標の区間を細分して描いた方がよい．

7) F. J. Anscombe: Graphs in statistical analysis, The American Statistician 27 (1973), 17-21. https://doi.org/10.2307/2682899

	Data 1		Data 2	Data 3	Data 4	
x	y	y	y	x	y
10.0	8.04	9.14	7.46	8.0	6.58
8.0	6.95	8.14	6.77	8.0	5.76
13.0	7.58	8.74	12.74	8.0	7.71
9.0	8.81	8.77	7.11	8.0	8.84
11.0	8.33	9.26	7.81	8.0	8.47
14.0	9.96	8.10	8.84	8.0	7.04
6.0	7.24	6.13	6.08	8.0	5.25
4.0	4.26	3.10	5.39	19.0	12.50
12.0	10.84	9.13	8.15	8.0	5.56
7.0	4.82	7.26	6.42	8.0	7.91
5.0	5.68	4.74	5.73	8.0	6.89

ただし，Data 1-3 では x_i が共通になっている．ここで注目すべきは，この 4 組のデータについて，平均値・分散・標準偏差・共分散・相関係数が

$$\bar{x} = 9.00, \qquad \bar{y} = 7.50, \qquad \sigma_x^2 = 10.00, \qquad \sigma_y^2 = 3.75,$$

$$\sigma_x = 3.16, \qquad \sigma_y = 1.94, \qquad \sigma_{xy} = 5.00, \qquad r_{xy} = 0.82$$

のように共通になっていることである[8]．したがって，回帰直線も一致し，

$$y = 0.50x + 2.97$$

で与えられる．しかしながら，それぞれの散布図（図 11.4）は大きく異なり，回帰直線だけで統計的な特徴を抽出したとはとてもいえない．

　アンスコムが指摘するように，データを可視化して傾向を把握することは重要である．統計分析の手法のほとんどは，データの振舞いに何らかの仮定をおいた理論を踏まえて開発されているので，適用するための前提条件がある．このような前提条件を確認せずに行った統計分析は，当然のことながら，誤った結論を招く危険性がある．データの可視化は，そのような誤りを避けるための

---

[8]　変量 x の平均値と分散は厳密に一致し，他の統計量は小数第 2 位まで一致する．なお，x の不偏分散は 11.00，y の不偏分散は初めの 2 つが 4.13，後の 2 つは 4.12 である．

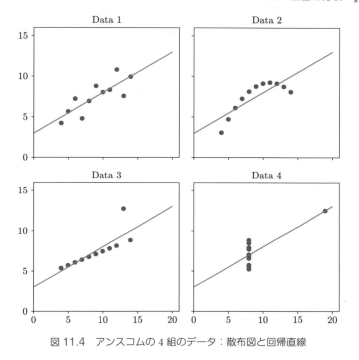

図 11.4 アンスコムの 4 組のデータ：散布図と回帰直線

基本となる．

11.2 重回帰分析

　前節では，東京都における毎日の平均気温 (x) から炭酸飲料水の販売指数 (y) を推定する線形回帰モデルを求めた．しかしながら，直感的に考えても，販売指数が平均気温だけで決まるとは思えず，その日の曜日や湿度，降水量など関連しそうな要因はいくらでも思いつく．また，ベルクマンの法則（例 11.1）を日本国内のヒトで確認してみたいと思ったとき，出身地域または居住地域の都道府県の緯度別に平均身長を見るだけでよいだろうか．ヒトの身長を測るというだけでは，さまざまな年齢層や性別が混ざることになり，適切な比較になりそうもない．年齢や性別などで分類（層別）する必要があることは容易に想像できる．ほかにも，都道府県別のコーヒーチェーン店舗数や観光客数

を推定したい場合，気候，人口増加率，文化財数など複数の要因が互いに関連
しながら推定の対象に影響を与えていると考えるのが自然である．

このように考えると，前節の単回帰分析を一般化して，複数の説明変数で目
的変数を推定する**重回帰分析**のアイデアが必要になる．重回帰分析では説明変
数が複数あるため，変数間の関連性を考慮したり，最も良い変数の組合せを探
し出す必要があり，モデルの良さをどのように評価するかという観点が重要に
なる．

■ **線形重回帰モデル**　数学的には，単回帰分析が 1 変数関数 $y = f(x)$ を扱
うのに対して，重回帰分析では多変数関数 $y = f(x_1, \ldots, x_p)$ を扱うことにな
る．ここで，$x_1, \ldots, x_p$ が説明変数，y が目的変数である．目的変数 y を

$$y = \beta_0 + \beta_1 x_1 + \cdots + \beta_p x_p + \varepsilon \tag{11.22}$$

の形で与えるものを**線形（重）回帰モデル**という．単回帰の場合と区別して，
係数 $\beta_0, \beta_1, \ldots, \beta_p$ を**偏回帰係数**という．

問題は，与えられた $p + 1$ 変量データ $(y_i, x_{i1}, \ldots, x_{ip})$ において，y_i を

$$y_i = \beta_0 + \beta_1 x_{i1} + \cdots + \beta_p x_{ip} + \varepsilon_i \tag{11.23}$$

と表したとき，定数 $\beta_0, \beta_1, \ldots, \beta_p$ を何らかの意味で最適化することにある．
前節の単回帰モデルでは最小二乗法を用いたが，ここでは最小二乗法と最尤法
の 2 つの方法について説明する．

■ **最小二乗法による偏回帰係数の推定**　(11.23) で定まる誤差 ε_i の二乗和を

$$
\begin{aligned}
S = S(\beta_0, \beta_1, \cdots, \beta_p) &= \sum_{i=1}^{n} \varepsilon_i^2 \\
&= \sum_{i=1}^{n} \{y_i - (\beta_0 + \beta_1 x_{i1} + \cdots + \beta_p x_{ip})\}^2
\end{aligned} \tag{11.24}
$$

とおく．単回帰モデルと同様に，誤差の二乗和 S を最小にする $\beta_0, \beta_1, \ldots, \beta_p$
をもって偏回帰係数の推定値とするのである．S は 2 次関数であるが，変数の
個数が多いので，ベクトルと行列で表現すると便利である．

まず，データ，係数，誤差を

$$
\boldsymbol{y} = \begin{bmatrix} y_1 \\ y_2 \\ \vdots \\ y_n \end{bmatrix}, \quad
\boldsymbol{X} = \begin{bmatrix} 1 & x_{11} & \cdots & x_{1p} \\ 1 & x_{21} & \cdots & x_{2p} \\ \vdots & \vdots & \ddots & \vdots \\ 1 & x_{n1} & \cdots & x_{np} \end{bmatrix}, \quad
\boldsymbol{\beta} = \begin{bmatrix} \beta_0 \\ \beta_1 \\ \vdots \\ \beta_p \end{bmatrix}, \quad
\boldsymbol{\varepsilon} = \begin{bmatrix} \varepsilon_1 \\ \varepsilon_2 \\ \vdots \\ \varepsilon_n \end{bmatrix},
$$

$$(11.25)$$

のようにベクトルと行列で表示する．ここで，$\boldsymbol{X}$ は本来の変数 $x_1, \ldots, x_p$ に
ダミー変数を追加して，その値を 1 とした拡張されたデータ行列である．そ
うすれば，(11.23) は

$$
\boldsymbol{y} = \boldsymbol{X}\boldsymbol{\beta} + \boldsymbol{\varepsilon} \tag{11.26}
$$

のように簡潔に書き直され，形式的には数と同様に計算できるようになる．

さらに，転置行列 $\boldsymbol{\varepsilon}^T$ を用いると，

$$
\boldsymbol{\varepsilon}^T \boldsymbol{\varepsilon} = \sum_{i=1}^{n} \varepsilon_i^2
$$

であるから，誤差の二乗和 (11.24) は

$$
S = S(\boldsymbol{\beta}) = (\boldsymbol{y} - \boldsymbol{X}\boldsymbol{\beta})^T (\boldsymbol{y} - \boldsymbol{X}\boldsymbol{\beta})
$$

と書くことができる．S の最小値はその偏導関数をすべて 0 とおいた連立方程
式の解 $\boldsymbol{\beta} = \hat{\boldsymbol{\beta}}$ で達成される．ベクトル微分の記法を用いれば，その連立方程
式は

$$
\frac{\partial S(\boldsymbol{\beta})}{\partial \boldsymbol{\beta}} = -2\boldsymbol{X}^T \boldsymbol{y} + 2\boldsymbol{X}^T \boldsymbol{X} \boldsymbol{\beta} = \boldsymbol{0}
$$

と簡潔に書くことができる．これを解いて，

$$
\hat{\boldsymbol{\beta}} = (\boldsymbol{X}^T \boldsymbol{X})^{-1} \boldsymbol{X}^T \boldsymbol{y} \tag{11.27}
$$

が得られる[9]．これが求めるべき偏回帰係数の最小二乗推定量である．上の議論を $p = 1$ の場合に適用すれば，単回帰モデルが再現される．

■ **最尤法による偏回帰係数の推定**　(11.23) の誤差項 ε_i が独立同分布で，その共通の分布が正規分布 $N(0, \sigma^2)$ である場合を扱う．ベクトル表記された誤差項 $\boldsymbol{\varepsilon}$ について，平均値（平均ベクトル）は

$$\mathbf{E}[\boldsymbol{\varepsilon}] = \begin{bmatrix} \mathbf{E}[\varepsilon_1] \\ \mathbf{E}[\varepsilon_2] \\ \vdots \\ \mathbf{E}[\varepsilon_n] \end{bmatrix} = \begin{bmatrix} 0 \\ 0 \\ \vdots \\ 0 \end{bmatrix} = \mathbf{0} \tag{11.28}$$

となり，分散と共分散（分散共分散行列）は，

$$\mathbf{E}[\boldsymbol{\varepsilon}\boldsymbol{\varepsilon}^T]$$
$$= \begin{bmatrix} \mathbf{E}[\varepsilon_1^2] & \mathbf{E}[\varepsilon_1\varepsilon_2] & \cdots & \mathbf{E}[\varepsilon_1\varepsilon_n] \\ \mathbf{E}[\varepsilon_2\varepsilon_1] & \mathbf{E}[\varepsilon_2^2] & \cdots & \mathbf{E}[\varepsilon_2\varepsilon_n] \\ \vdots & \vdots & \ddots & \vdots \\ \mathbf{E}[\varepsilon_n\varepsilon_1] & \mathbf{E}[\varepsilon_n\varepsilon_2] & \cdots & \mathbf{E}[\varepsilon_n^2] \end{bmatrix} = \begin{bmatrix} \sigma^2 & 0 & \cdots & 0 \\ 0 & \sigma^2 & \cdots & 0 \\ \vdots & \vdots & \ddots & \vdots \\ 0 & 0 & \cdots & \sigma^2 \end{bmatrix} = \sigma^2 I \tag{11.29}$$

となる．ただし，I は $n \times n$ の単位行列である．したがって，$\boldsymbol{\varepsilon}$ は n 次元正規分布 $N(\mathbf{0}, \sigma^2 I)$ に従うことになる[10]．このことを

$$\boldsymbol{y} = \boldsymbol{X}\boldsymbol{\beta} + \boldsymbol{\varepsilon}, \qquad \boldsymbol{\varepsilon} \sim N(\mathbf{0}, \sigma^2 I) \tag{11.30}$$

---

9)　正確には，$\boldsymbol{X}^T\boldsymbol{X}$ が逆行列をもつことを仮定して初めて $\boldsymbol{\beta}$ が（一意的に）求められる．この辺りの事柄を理解するには線形代数の知識が必要なので，興味のある読者はより進んだ多変数解析の文献を参照してほしい．

10)　平均ベクトル $\boldsymbol{\mu}$，分散共分散行列 Σ で定まる多次元（n 次元）正規分布を $N(\boldsymbol{\mu}, \Sigma)$ で表す．その密度関数は，

$$f(\boldsymbol{x}) = \frac{1}{\sqrt{(2\pi)^n |\Sigma|}} \exp\left\{ -\frac{1}{2}(\boldsymbol{x} - \boldsymbol{\mu})^T \Sigma^{-1} (\boldsymbol{x} - \boldsymbol{\mu}) \right\}$$

で与えられる．ただし，$|\Sigma|$ は行列 Σ の行列式である．

と書くと便利である.これを**ガウス型線形回帰モデル**という.ベクトル $\boldsymbol{y}$ は n 次元正規分布 $N(\boldsymbol{X}\boldsymbol{\beta}, \sigma^2 I)$ に従うことがわかる.

最尤法では,尤度関数を最大にするパラメータ $\boldsymbol{\beta}, \sigma^2$ をもって最適なモデルを構成する.尤度関数は,与えられたデータ $\boldsymbol{X}, \boldsymbol{y}$ に対して,確率密度関数をパラメータ $\boldsymbol{\beta}, \sigma^2$ の関数とみなしたものであり,

$$L(\boldsymbol{\beta}, \sigma^2) = \frac{1}{(2\pi\sigma^2)^{n/2}} \exp\left\{-\frac{1}{2\sigma^2}(\boldsymbol{y} - \boldsymbol{X}\boldsymbol{\beta})^T(\boldsymbol{y} - \boldsymbol{X}\boldsymbol{\beta})\right\} \tag{11.31}$$

で定義される.最大化のためには,(11.31) の対数をとった対数尤度関数

$$l(\boldsymbol{\beta}, \sigma^2) = \log L(\boldsymbol{\beta}, \sigma^2) = -\frac{n}{2}\log(2\pi\sigma^2) - \frac{1}{2\sigma^2}(\boldsymbol{y} - \boldsymbol{X}\boldsymbol{\beta})^T(\boldsymbol{y} - \boldsymbol{X}\boldsymbol{\beta})$$

が便利である.この対数尤度関数を最大にするパラメータ $\boldsymbol{\beta}, \sigma^2$ は,尤度方程式

$$\frac{\partial l(\boldsymbol{\beta}, \sigma^2)}{\partial \boldsymbol{\beta}} = \frac{1}{\sigma^2}(\boldsymbol{X}^T\boldsymbol{y} - \boldsymbol{X}^T\boldsymbol{X}\boldsymbol{\beta}) = \boldsymbol{0},$$

$$\frac{\partial l(\boldsymbol{\beta}, \sigma^2)}{\partial \sigma^2} = -\frac{n}{2\sigma^2} + \frac{1}{2\sigma^4}(\boldsymbol{y} - \boldsymbol{X}\boldsymbol{\beta})^T(\boldsymbol{y} - \boldsymbol{X}\boldsymbol{\beta}) = 0,$$

の解として求められる.実際,上の連立方程式を解くと,

$$\hat{\boldsymbol{\beta}} = (\boldsymbol{X}^T\boldsymbol{X})^{-1}\boldsymbol{X}^T\boldsymbol{y}, \tag{11.32}$$

$$\hat{\sigma}^2 = \frac{1}{n}(\boldsymbol{y} - \boldsymbol{X}\hat{\boldsymbol{\beta}})^T(\boldsymbol{y} - \boldsymbol{X}\boldsymbol{\beta}) \tag{11.33}$$

が得られる.こうして,(11.32) で与えられる最尤推定量 $\hat{\boldsymbol{\beta}}$ は最小二乗推定量 (11.27) と一致することがわかる.

■ **自由度調整済み決定係数** 決定係数 R^2 そのものは単回帰分析の場合と同様に定義され,最小二乗推定であれば (11.17) と (11.18) もそのまま成り立つ.一方で,重回帰分析では複数の変数を扱うため,変数を選択してできる異なるモデルを比較する必要がある.一般に,変数の個数を増やすと決定係数が大きくなるので,決定係数をそのままモデルの当てはまりの良さを表す指標として使うことは不適切である.そのため,変数の個数によって修正した

$$\text{Adjusted } R^2 = 1 - \frac{n-1}{n-p-1}(1 - R^2)$$

を用いる．これを**自由度調整済み決定係数**という．ただし，右辺が負になった
ときは 0 とする．

■ **偏回帰係数の区間推定と仮説検定**　　母集団が線形回帰モデル

$$y = \beta_0 + \beta_1 x_1 + \cdots + \beta_p x_p + \varepsilon, \qquad \varepsilon \sim N(0, \sigma^2), \qquad (11.34)$$

に従っているものとする．この母集団から取り出された標本 $(y_i, x_{i1}, \ldots, x_{ip})$
において，$x_{i1}, \ldots, x_{ip}$ は（確率変数ではなく）定数であり，y_i は (11.34) に
おいて ε を独立同分布な確率変数 ε_i として得られる独立な確率変数列にな
る．母数は $\beta_0, \beta_1, \ldots, \beta_p, \sigma^2$ であり，これらが区間推定や仮説検定の対象に
なる．

回帰係数の最小二乗推定量

$$\hat{\boldsymbol{\beta}} = (\boldsymbol{X}^T \boldsymbol{X})^{-1} \boldsymbol{X}^T \boldsymbol{y} \qquad (11.35)$$

は $p + 1$ 次元正規分布 $N(\boldsymbol{\beta}, \sigma^2 (\boldsymbol{X}^T \boldsymbol{X})^{-1})$ に従うことが示される．特に，

$$\mathbf{E}[\hat{\beta}_j] = \beta_j, \qquad \mathbf{V}[\hat{\beta}_j] = \sigma^2 [(\boldsymbol{X}^T \boldsymbol{X})^{-1}]_{jj}$$

となる．ここで，$[(\boldsymbol{X}^T \boldsymbol{X})^{-1}]_{jj}$ は $\boldsymbol{X}^T \boldsymbol{X}$ の逆行列の j 行 j 列の成分である
が，$\beta_0, \beta_1, \ldots, \beta_p$ に対応して，$j = 0, 1, \ldots, p$ とする．また，残差平方和

$$\mathrm{RSS} = \sum_{i=1}^{n} (y_i - \hat{y}_i)^2 = (\boldsymbol{y} - \boldsymbol{X}\hat{\boldsymbol{\beta}})^T (\boldsymbol{y} - \boldsymbol{X}\hat{\boldsymbol{\beta}})$$

に関して，RSS/σ^2 が自由度 $n - p - 1$ のカイ二乗分布に従い，$\hat{\boldsymbol{\beta}}$ と独立にな
ることが知られている．さらに，$\hat{\boldsymbol{\beta}}$ は回帰係数 $\boldsymbol{\beta}$ の不偏推定量であり，

$$\hat{\sigma}^2 = \frac{\mathrm{RSS}}{n - p - 1} = \frac{1}{n - p - 1} (\boldsymbol{y} - \boldsymbol{X}\hat{\boldsymbol{\beta}})^T (\boldsymbol{y} - \boldsymbol{X}\hat{\boldsymbol{\beta}}) \qquad (11.36)$$

が σ^2 の不偏推定量になる[11]．回帰係数 $\hat{\beta}_j$ の分布には未知母数 σ^2 が含まれて
いるので，それを $\hat{\sigma}^2$ で置き換えて $\hat{\beta}_j$ を標準化した

---

[11]　最尤推定量 (11.33) と同じ記号を用いたが，定数倍の違いがあるので注意しよう．

$$T = \frac{\hat{\beta}_j - \beta_j}{\hat{\sigma}\sqrt{a_j}} \sim t_{n-p-1}, \qquad a_j = [(\boldsymbol{X}^T\boldsymbol{X})^{-1}]_{jj}, \qquad (11.37)$$

は自由度 $n - p - 1$ の t 分布に従うことが知られている.

上で導入した T を用いて回帰係数の区間推定と仮説検定を行う.まず,回帰係数の信頼係数 $1 - \alpha$ の信頼区間は,

$$\hat{\beta}_j \pm t_{n-p-1}(\alpha/2) \times \hat{\sigma}\sqrt{a_j}$$

で与えられる.次に,(11.37) において $\beta_j = 0$ とおいて得られる統計量

$$t_j = \frac{\hat{\beta}_j}{\hat{\sigma}\sqrt{a_j}}$$

を回帰係数 β_j の **t 値**といい,帰無仮説 $H_0 : \beta_j = 0$ の下で仮説検定を行うときの検定統計量になる.この帰無仮説は,回帰モデルにおいて説明変数 x_j が目的変数 y の説明に全く役に立っていないことを意味する.こうして,H_0 に対する両側検定は P 値 $P(|t_{n-p-1}| \geq t_j)$ と有意水準との比較に帰着する[12].

さらに,統計量

$$F = \frac{(\mathrm{TSS} - \mathrm{RSS})/p}{\mathrm{RSS}/(n-p-1)} \qquad (11.38)$$

が自由度 $(p, n - p - 1)$ の F 分布 F_{n-p-1}^p に従うことが知られている.これを用いると,帰無仮説と対立仮説を

$$H_0 : \beta_1 = \beta_2 = \cdots = \beta_p = 0$$

$$H_1 : \beta_j \text{ には } 0 \text{ でないものが含まれる}$$

のように立てて仮説検定を行うことができる.その結果から,説明変数をひとまとめにした有効性を知ることができる.データから計算される F 値 (11.38) に対して,その P 値が $P(F_{n-p-1}^p \geq F)$ で与えられるので,これと予め決め

---

12) Python では,summary メソッドによって回帰分析の結果の一覧が得られる.その中に,各変数の t 値とその P 値も含まれている.

ておいた有意水準を比較すればよい[13].

■ **モデル選択** 実際には，観測された説明変数のすべてが目的変数の予測に
有効であるとは限らないので，予測の観点からモデルを評価しながら回帰式に
用いる説明変数の組を選ぶ必要がある．一般に，モデル評価基準を定めて適切
なモデルを選択する問題は**モデル選択**と呼ばれる．その中でも特に，説明変数
の選択を目的とするモデル選択を**変数選択**と呼ぶ．これまでにいくつかの汎用
的な基準が提唱されてきたが，ここでは，現象の確率構造をもとに情報量の概
念を用いてモデルの良さを捉えた**赤池情報量規準（AIC）**をモデル評価基準
として紹介しよう[14]．モデルの評価において AIC は極めて基本的であり，広
く用いられている．

赤池情報量規準 AIC は，モデルの最大対数尤度と自由パラメータ数を用い
て，

$$\text{AIC} = -2\,(\text{最大対数尤度}) + 2\,(\text{自由パラメータ数}) \tag{11.39}$$

によって定義される．一般に，パラメータ数の多い複雑なモデルを採用すれ
ば，データへの適合度が向上するが，そのようなモデルは必ずしも適切ではな
い．AIC はデータへの適合度（第 1 項）と複雑さ（第 2 項）のトレードオフ
を適切に制御した指標であり，AIC が小さいほど良いモデルであるといえる．

ガウス型線形回帰モデルの AIC を求めよう．最尤法による偏回帰係数の決
定の項で述べたように，対数尤度関数 $l(\boldsymbol{\beta}, \sigma^2)$ は，(11.32), (11.33) で与えた
$\hat{\boldsymbol{\beta}}, \hat{\sigma}^2$ において最大値

$$l(\hat{\boldsymbol{\beta}}, \hat{\sigma}^2) = -\frac{n}{2}\log(2\pi\hat{\sigma}^2) - \frac{n}{2} \tag{11.40}$$

をとる．また，このモデルの自由パラメータは $p+1$ 個の回帰係数 $\beta_0, \beta_1, \ldots,$
β_p と誤差の分散 σ^2 であるから，その個数は $p+2$ となる．したがって，ガウ
ス型線形回帰モデルの AIC は

---

13) Python では，summary メソッドによって示される一覧の中に F 値 (F-statistic)
  とその P 値も含まれている．
14) 評価「基準」と情報量「規準」の使い分けは慣例による．たとえば，参考文献 [19].

$$\mathrm{AIC} = n\log\left(2\pi\hat{\sigma}^2\right) + n + 2(p+2)$$

$$= n\log(2\pi) + n + n\log\left(\hat{\sigma}^2\right) + 2(p+2)$$

となる．AIC がデータへの適合度 $n\log(\hat{\sigma}^2)$ と複雑さ $2(p+2)$ のトレードオフを取り込んでいるところに注意しておこう．

11.3　フラミンガム研究データの重回帰分析

　アメリカをはじめ先進国では，死因の半数が心血管系疾患であると報告されており，数々の研究が世界中で行われている．その中でも NIH[15]のフラミンガム研究 (Framingham Heart Study) は最初の長期コホート研究の１つである．1948 年にマサチューセッツ州フラミンガムで開始して以来，心血管系疾患 (CVD) の危険因子を明らかにするため，3 世代にわたる被験者の CVD発症を長期にわたって追跡調査している[16]．たとえば，Lloyd-Jones ら[17]は，Wilson ら[18]によって提唱されたフラミンガム 10 年リスク方程式が，特定の年齢で冠動脈性心疾患 (CHD) を発症していない男女に対して，CHD の生涯リスクを確実に層別化できるかについて回帰モデルを用いて検討した．

　本節では，Kaggle で公開されているフラミンガム研究のデータ[19]を使って，収縮期血圧を他の変数から推定する重回帰モデルを構成してみよう．ただし，分析に用いるデータは本来ある 15 変数のうち主要なもの 6 変数に絞ったもので CSV ファイル `fram06.csv` に収録されている．

　まず，プログラムの冒頭でいつものライブラリを読み込んだ後，CSV ファイルを読み込んで DataFrame（ここでは `fr` と名付けた）を準備する．

15)　National Institutes of Health（アメリカ国立衛生研究所）.

16)　https://www.framinghamheartstudy.org/

17)　D. M. Lloyd-Jones *et al.*: Framingham risk score and prediction of lifetime risk for coronary heart disease, The American Journal of Cardiology, 94 (2004), 20-24.

18)　P. W. Wilson *et al.*: Prediction of coronary heart disease using risk factor categories, Circulation 97 (1998), 1837-1847.

19)　Framingham heart study dataset. https://www.kaggle.com/

```
1  import numpy as np
2  import pandas as pd
3  import matplotlib.pyplot as plt
4  from scipy import stats
5  import statsmodels.api as sm
6
7  fr = pd.read_csv('fram06.csv')
8  fr.head()
```

	male	age	education	prevalentHyp	sysBP	BMI
0	1	39	1	0	106.0	26.97
1	0	46	0	0	121.0	28.73
2	1	48	0	0	127.5	25.34
3	0	61	1	1	150.0	28.58
4	0	46	1	0	130.0	23.10

```
1  fr.shape
```
```
(3658, 6)
```

扱うデータは 6 変数であり，サンプルサイズは 3658 であることが示されている．各変数の意味は次のとおりである．

> male: 性別．男性を 1, 女性を 0 として数値化[20]．
>
> age: 年齢．
>
> education: 教育歴．大学入学以上を 1, それ以外を 0 として数値化．
>
> prevalentHyp: 高血圧の既往歴．有を 1, 無を 0 として数値化．
>
> sysBP: 収縮期血圧．
>
> BMI: ボディ・マス指標

はじめの 3 つは人口統計学的な情報，4 つ目は病歴に関する情報，最後の 2 つは現在の健康状態に関する情報となる．これら 6 変数の中で，収縮期血圧 sysBP を目的変数 y, そのほかの変数を説明変数 x の候補として，収縮期血圧を最もよく予測する回帰モデルを構築することが目的である．

---

20) 性別に male という変数名を付けたことで，暗黙のうちに男性 (male) を 1, 女性 (female) を 0 で表していることが了解される．また，male1 という変数名もよく使われる．

まず，基本的な統計量は `fr.describe()` によって確認できる．実際，6 変数のそれぞれについて，データのサイズ，平均値，最大値，最小値，メディアン，および標準偏差（ただし，この標準偏差は不偏分散の平方根なので注意を要する）などの基本的な統計量の一覧が得られる．

次に，各変量について，データの分布状況を見ておこう．ここでは，pandas の `hist` メソッドを用いて，6 変量の各変量についてのヒストグラムを一斉に描画する．オプションは描画領域全体の大きさを指定したものである．1 つ 1 つのヒストグラムは，座標軸の設定などの点で必ずしも適正ではなく，個別に修正することはできないが，概観を把握するのに大変便利である．

```
1 | fr.hist(figsize=(20,10))
```

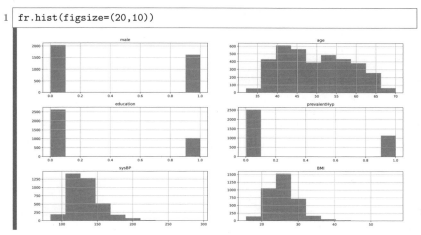

次に，量的データ age，sysBP，BMI を取り出した DataFrame を作り，相関行列を見ておく．

```
1 | frnum = fr.drop(['male', 'education', 'prevalentHyp'], axis=1)
2 | np.round(frnum.corr(), 3)
```

	age	sysBP	BMI
age	1.000	0.388	0.138
sysBP	0.388	1.000	0.331
BMI	0.138	0.331	1.000

年齢，BMI ともに収縮期血圧とは弱い正の相関が認められる．さらに，年齢，

BMI には弱いが相関があるため，独立な説明変数とはならないことが示唆される．

質的データ male，education，prevalentHyp が収縮期血圧に影響しているかを調べよう．まず，male 変数の影響を調べるためには，収縮期血圧のデータを性別で 2 群に分ける．

```
1  fem = fr[fr['male']==0]['sysBP']
2  mal = fr[fr['male']==1]['sysBP']
```

こうして，fem は sysBP のデータから女性だけを取り出した配列，mal は男性だけを取り出した配列になる．これら 2 組の標本に対して，平均値に有意差があるかを検定しよう．標本数が十分に大きいので，それぞれの群の不偏分散（標本分散でも違いは出ない）を母分散とみなして，母分散既知の場合の母平均の差の検定が使える．さらに，標本数が大きいので t 分布の代わりに正規分布を使って検定を行えば，P 値 0.00494 が得られる．これは十分に小さいので母平均に有意差を認め，性別は収縮期血圧に影響しているといえる．

なお，この P 値は stats.ttest_ind() 関数で直ちに得られる．

```
1  stats.ttest_ind(fem, mal, equal_var=False)
```
```
   Ttest_indResult(statistic=2.8107366702018286,
   pvalue=0.004969138480649681)
```

等分散性を仮定できないので，オプション equal_var=False が必要である．この場合は，t 検定の名の下に，実はウェルチの検定が適用される．標本数が大きいので，正規分布を用いて計算した上の P 値とほぼ同じ P 値が得られている．

同様にして，教育歴，高血圧の既往歴について収縮期血圧の平均値の差を検定すると，P 値はそれぞれ 7.796×10^{-9}, 0.0 となる．したがって，教育歴，高血圧の既往歴ともに収縮期血圧に影響しているといえる．

■ **散布図と相関係数の図示**　多変量のデータを扱うとき，そこから取り出した 2 変量間の散布図や相関係数の概略を摑むことは有益である．そのために seaborn ライブラリが便利である．

```
1  import seaborn as sns
2  sns.heatmap(frnum_corr, cmap='Blues')
```

また，`sns.pairplot(frnum)` によって，すべての組合せについて散布図が一斉に描画される（試みよ）．

■ **重回帰モデルの構築**　相関係数と t 検定の結果から，5 個の説明変数候補はいずれも拡張期血圧と関連がありそうである．そこで，5 個の変数全部を説明変数に用いた重回帰分析を行って，結果の概要を表示してみる．

```
1  y = fr['sysBP']
2  X = fr.drop(['sysBP'], axis=1)
3  X_con = sm.add_constant(X)
4  frlm = sm.OLS(y, X_con)
5  frlmout = frlm.fit()
6  frlmout.summary()
```

```
OLS Regression Results
     Dep.Variable:          sysBP    R-squared:              0.537
          Model:            OLS      Adj.R-squared:          0.537
         Method:  Least Squares      F-statistic:            848.7
           Date:    18 Feb 2023      Prob(F-statistic):       0.00
           Time:       23:02:24      Log-Likelihood:        -15101.
No.Observations:           3658      AIC:                 3.021e+04
  Df Residuals:            3652      BIC:                 3.025e+04
      Df Model:               5
Covariance Type:    nonrobust
```

```
                   coef    std err        t    P>|t|   [0.025   0.975]
        const   84.0186      2.171   38.698    0.000   79.762   88.275
         male   -2.2524      0.502   -4.487    0.000   -3.237   -1.268
          age    0.4733      0.031   15.473    0.000    0.413    0.533
    education   -1.4814      0.556   -2.664    0.008   -2.572   -0.391
prevalentHyp   28.7131      0.587   48.941    0.000   27.563   29.863
          BMI    0.6737      0.065   10.422    0.000    0.547    0.800
                          （以下省略）
```

　結果を眺めてみる．まず，当てはめた重回帰式に意味があるかどうかは，F 値 848.7 とその P 値 0.00 から，モデルの有意性が示されている．重回帰モデルでは説明変数の異なるモデルの比較が必要であるので，`Adj.R-squared` に示されている自由度調整済み決定係数 0.537 を用いる．モデル比較のために用いられる AIC, BIC はそれぞれ 3.021×10^4, 3.025×10^4 であり，他のモデルとの比較に用いることができる[21]．

　次に，各説明変数の偏回帰係数をみてみよう．そこには，偏回帰係数の推定値 coef に続いて，t 値 t とその P 値 P>|t|，および 95% 信頼区間 [0.025, 0.975] が示されている．たとえば，年齢 age の偏回帰係数の推定値は 0.4733 であり，他の観測された説明変数が同じであるとき，年齢が 1 歳あがると，収縮期血圧は 0.47（単位）だけ上昇することになる．また，教育歴 education をみると，偏回帰係数の推定値は -1.4814 である．したがって，大学入学以上の教育歴をもつ人の収縮期血圧はそうでない人より平均的に 1.48 小さくなると解釈される．

■ **交互作用**　フラミンガム研究データでは，年齢の収縮期血圧への影響は性別によって異なるのか，高血圧の既往歴によって BMI の収縮期血圧への影響は異なるのか，など自然な疑問がわく．一般に，目的変数を説明するための説明変数の目的変数への影響の大きさや方向が，他の変数の影響で変化することを，**交互作用**という．

　重回帰モデルに交互作用を取り込むために，2 つの説明変数の積を新たに説明変数として追加する．特別な仮説がなく探索的に最適なモデルを選ぼうとす

---

21)　BIC はベイズ型モデル評価基準 (Bayesian Information Criterion) である．本書では扱わないので，興味ある読者は参考文献 [19] などをあたってほしい．

る場合は，可能な交互作用の選び方は多数ある（もとの説明変数が5個あれば，交互作用の取り込み方は 2^{10} 通りある）ため，効率的なアルゴリズムが必要になる．広く使われている方法に**ステップワイズ法**というアルゴリズムがあり，さらに大きく分けると次の3種類がある．

変数増加法：切片だけのモデルから開始し，AICなどの基準値が最適になるように（AICであれば小さくなる）変数を1つずつモデルに追加していく方法である．基準値に変化がなくなるまでステップを繰り返す．

変数減少法：説明変数をすべて含むモデル（交互作用項がある場合はこれらも含める）から開始し，AICなどの基準値が最適になるように変数を1つずつモデルから削除していく方法である．

変数増減法：上の2つの方法では，一度追加または削除した変数はあとから削除または追加されることはない．変数増減法では，そのような操作を許して変数を増減させる．上の2つに比べて，より柔軟な方法となっており最もよく用いられる．

■ **モデルの改良** 変数減少法のアルゴリズムに基づき全変数を含めたモデルから開始してAICを最適化したところ，(性別) × (年齢), (性別) × (既往歴), (年齢) × (既往歴), (既往歴) × (ボディ・マス指標) の4つの交互作用項が選ばれた．このモデルについて述べておく．

```
1  X_mod = X_con
2  X_mod['male*age'] = X['male'] * X['age']
3  X_mod['male*prev'] = X['male'] * X['prevalentHyp']
4  X_mod['age*prev'] = X['age'] * X['prevalentHyp']
5  X_mod['prev*BMI'] = X['prevalentHyp'] * X['BMI']
6
7  model_mp = sm.OLS(y, X_mod)
8  model_mp_out = model_mp.fit()
9  model_mp_out.summary()
```

```
   OLS Regression Results
      Dep.Variable:          sysBP        R-squared:        0.548
            Model:            OLS    Adj.R-squared:        0.547
           Method:  Least Squares      F-statistic:        491.6
             Date:    19 Feb 2023  Prob(F-statistic):       0.00
```

```
        Time:        09:32:32   Log-Likelihood:    -15059.
No.Observations:         3658              AIC:   3.014e+04
   Df Residuals:         3648              BIC:   3.020e+04
      Df Model:            9
Covariance Type:    nonrobust
```

	coef	std err	t	P>|t|	[0.025	0.975]
const	81.1283	2.913	27.853	0.000	75.418	86.839
male	11.2371	2.995	3.752	0.000	5.365	17.110
age	0.4546	0.047	9.724	0.000	0.363	0.546
education	-1.2113	0.551	-2.198	0.028	-2.292	-0.131
prevalentHyp	20.4634	5.003	4.090	0.000	10.655	30.272
BMI	0.7904	0.086	9.160	0.000	0.621	0.960
male*age	-0.2422	0.061	-3.962	0.000	-0.362	-0.122
male*prev	-4.1236	1.140	-3.616	0.000	-6.360	-1.888
age*prev	0.3665	0.067	5.481	0.000	0.235	0.498
prev*BMI	-0.3391	0.129	-2.621	0.009	-0.593	-0.085

（以下省略）

この結果を見ると，交互作用項を含めたモデルでは，修正済み決定係数は想定通り大きくなり，AIC の値は減少している．したがって，交互作用を含めたモデルの方が予測の意味で良いモデルであることがわかる．

　こうして構成されたモデルでは，収縮期血圧 (sysBP) の予測式は const も含めた 6 変数および交互作用の 4 項の線形結合で表される[22]．ここで，性別 (male)，教育歴 (education)，高血圧の既往歴 (prevalentHyp) は 0, 1 のいずれかをとる 2 値変数であることに注目すれば，全体を $2^3 = 8$ 個の集団に分類して，それぞれについて収縮期血圧 (sysBP) の予測式を書き下すことができる．たとえば，女性 (male $= 0$) で教育歴が大学入学以上 (education $= 1$) であり，高血圧の既往歴がない (prevalentHyp $= 0$) 集団に対しては，収縮期血圧の予測値は，

$$(\text{sysBP}) = 81.13 + 0.45(\text{age}) - 1.21 + 0.79(\text{BMI})$$

$$= 79.92 + 0.45 \times (\text{年齢}) + 0.79 \times (\text{ボディ・マス指標})$$

となる．同様にして，男性 (male $= 1$) で教育歴が大学入学以上 (education

---

22)　ただし，修正済み決定係数 0.547 はまだまだ 1 からは遠いため，実際の適用のためにはさらなる考察が必要である．

$= 1$) であり,高血圧の既往歴がある (`prevalentHyp` $= 1$) 集団に対しては,
収縮期血圧の予測値は,

$$(\text{sysBP}) = 81.13 + 11.24 + 0.45(\text{age}) - 1.21 + 20.46 + 0.79(\text{BMI})$$
$$-0.24(\text{age}) - 4.12 + 0.37(\text{age}) - 0.34(\text{BMI})$$
$$= 107.5 + 0.58 \times (年齢) + 0.45 \times (ボディ・マス指標)$$

となる.これらの予測式から交互作用項の効果を実感することができるだろう.

11.4 ロジスティック回帰モデル

目的変数 y が 0 または 1 の値だけをとる 2 値変数の場合や,値が $0 \leq y \leq 1$ に限られる(たとえば,y が割合や確率となる)場合には,線形回帰モデルの適用は不適切であり,ロジスティック回帰モデルを用いる.

ロジスティック回帰分析では,

$$g(x) = \frac{e^x}{1 + e^x} = \frac{1}{1 + e^{-x}}$$

によって定義される(標準)**ロジスティック関数**が基本になる.これは,実数全体を定義域,開区間 $(0, 1)$ を値域とする単調増加関数である(図 11.5).

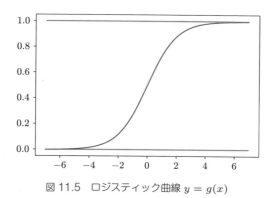

図 11.5 ロジスティック曲線 $y = g(x)$

図 11.6 は説明変数 x は連続変数であるが,目的変数 y が 2 値変数となっている場合の散布図の一例である.このような散布図に対して,良くあてはまる

線形回帰モデル（回帰直線）は考え難いが，最も良くあてはまるロジスティック曲線を求めることはできそうである．結果として，反応確率（$y = 1$ が得られる確率）を推定するロジスティック回帰モデルが構築される．

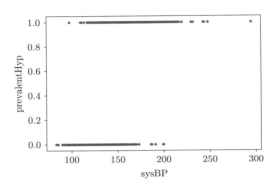

図 11.6　y が 2 値変数である場合の散布図

■ **ロジスティック回帰モデル**　目的変数 y が 0 または 1 の値をとる 2 値変数となるような $p + 1$ 変量データ $(y_i, x_{i1}, \ldots, x_{ip})$ を **2 値反応データ**という．つまり，システムに $x_{i1}, \ldots, x_{ip}$ を入力したときに得られる出力 y を反応の有無（対応して y の値をそれぞれ 1, 0 とする）と解釈するのである．2 値反応データから，目的変数 y を反応確率として推定することが目的である．

第 11.2 節のベクトル表記に準じて，説明変数にあたる列ベクトル

$$\boldsymbol{x}_i = [1 \ x_{i1} \ \cdots \ x_{ip}]^T$$

を導入する．本来の説明変数にダミー変数を追加して，その値を 1 とおいてあることに注意しておこう．そうすると，

$$\boldsymbol{x}^T \boldsymbol{\beta} = \beta_0 + \beta_1 x_1 + \beta_2 x_2 + \cdots + \beta_p x_p \tag{11.41}$$

は線形回帰式になる．これをロジスティック関数に代入して，反応確率 $\theta(\boldsymbol{x})$ を

$$\theta(\boldsymbol{x}) = g(\boldsymbol{x}^T \boldsymbol{\beta}) = \frac{\exp(\boldsymbol{x}^T \boldsymbol{\beta})}{1 + \exp(\boldsymbol{x}^T \boldsymbol{\beta})} \tag{11.42}$$

の形で推定するのがロジスティック回帰モデルである.

■ **パラメータの推定** ロジスティック回帰モデルでは,説明変数 $\boldsymbol{x}$ に対して目的変数は成功確率 $\theta(\boldsymbol{x})$ のベルヌーイ分布に従う確率変数である.それを Y とすると,

$$P(Y = y|\boldsymbol{x}) = \theta(\boldsymbol{x})^y \{1 - \theta(\boldsymbol{x})\}^{1-y}, \qquad y = 0, 1,$$

が成り立つ[23].したがって,ロジスティック回帰モデルの対数尤度関数は,

$$l(\boldsymbol{\beta}) = \log \left[\prod_{i=1}^n \theta(\boldsymbol{x}_i)^{y_i} \{1 - \theta(\boldsymbol{x}_i)\}^{1-y_i} \right]$$
$$= \sum_{i=1}^n \left\{ y_i \boldsymbol{x}_i^T \boldsymbol{\beta} - \log \left(1 + \exp(\boldsymbol{x}_i^T \boldsymbol{\beta})\right) \right\}$$

で与えられる.ここで n はデータのサイズである.この $l(\boldsymbol{\beta})$ の最大値を与える $\boldsymbol{\beta} = \hat{\boldsymbol{\beta}}$ が $\boldsymbol{\beta}$ の最尤推定量である.こうして,ロジスティック回帰モデル

$$\hat{\theta}(\boldsymbol{x}) = \frac{\exp\left(\boldsymbol{x}^T \hat{\boldsymbol{\beta}}\right)}{1 + \exp\left(\boldsymbol{x}^T \hat{\boldsymbol{\beta}}\right)} \tag{11.43}$$

が得られる.ただし,$\hat{\boldsymbol{\beta}}$ を明示的に簡潔な式で表すことはできないため,ニュートン・ラフソン法などの数値解法を用いて近似解を求めるのが一般的である.

■ **オッズ比** ロジスティック回帰分析では,「オッズ比」によって各説明変数と目的変数の関連の強さを測る.これを説明するために,2つの2値変数 X, Y を考えよう.その同時確率分布は,次のような 2×2 分割表の形で与えられているものとする.

	$Y = 1$	$Y = 0$	オッズ
$X = 1$	a	b	a/b
$X = 0$	c	d	c/d

---

23) この表示は第 9.3 節の母比率の最尤推定でも用いた.

ただし，$a = P(X = 1, Y = 1)$ であり，b, c, d も同様である．たとえば，ある大学の「統計学入門」受講者が n 人あり，e-learning 教材を使用したか否か，期末試験に合格したか否かを考えると，受講者全体は $2 \times 2 = 4$ 個の集団に分割される．このとき，受講生全員から 1 名をランダムに選んだとき，e-learning 教材を使用していれば $X = 1$，期末試験に合格していれば $Y = 1$ というふうに，2 値変数 X, Y を定義することができる．このとき，確率 a は e-learning 教材を使用し，かつ期末試験に合格した者の人数を，全体の人数で割った割合になる．

では，2 つの確率変数 X, Y の関連性について考えよう．$X = 1$ で条件付けたときの $Y = 1$ となる確率と $Y = 0$ となる確率の比

$$\frac{P(Y = 1|X = 1)}{P(Y = 0|X = 1)} = \frac{a/(a+b)}{b/(a+b)} = \frac{a}{b}$$

を $X = 1$ の下で，$Y = 0$ に対する $Y = 1$ の**オッズ**という．同様に，$X = 0$ の下で $Y = 0$ に対する $Y = 1$ のオッズは，

$$\frac{P(Y = 1|X = 0)}{P(Y = 0|X = 0)} = \frac{c/(c+d)}{d/(c+d)} = \frac{c}{d}$$

で与えられる．この両者の比

$$\phi = \frac{P(Y = 1|X = 1)}{P(Y = 0|X = 1)} \Big/ \frac{P(Y = 1|X = 0)}{P(Y = 0|X = 0)} = \frac{ad}{bc} \qquad (11.44)$$

を**オッズ比**という[24]．もし X と Y が独立であれば，条件付き確率に関して

$$P(Y = 1|X = 1) = P(Y = 1|X = 0) = P(Y = 1)$$

が成り立つので，オッズ比は $\phi = 1$ となる．このことから，オッズ比が 1 に近いかどうかで 2 つの変数の関連性の指標として使うことができる．

ロジスティック回帰モデルでは，ロジステック関数の逆関数を用いると，(11.42) から

---

[24] もともとオッズ比は，イギリスの競馬に由来があり，$X = 0$ という馬に比べて $X = 1$ という馬が勝つ強さをオッズ比 (11.44) で表し，この値が大きいほど大きなお金を $X = 1$ に賭ける指標として使われてきた．

$$\boldsymbol{x}^T \boldsymbol{\beta} = \log \frac{\theta(\boldsymbol{x})}{1 - \theta(\boldsymbol{x})} = \log \frac{P(y = 1|\boldsymbol{x})}{P(y = 0|\boldsymbol{x})} \qquad (11.45)$$

が得られる．最後の等式において，$\theta(\boldsymbol{x}) = P(y = 1|\boldsymbol{x})$ は $\boldsymbol{x}$ に対する y の反応確率，$1 - \theta(\boldsymbol{x}) = P(y = 0|\boldsymbol{x})$ はその余事象の確率であることを用いた．右辺にオッズ $P(y = 1|\boldsymbol{x})/P(y = 0|\boldsymbol{x})$ が現れていることに注意しよう．こうして，$\boldsymbol{x}$ の下でのオッズは

$$\frac{P(y = 1|\boldsymbol{x})}{P(y = 0|\boldsymbol{x})} = \exp(\boldsymbol{x}^T \boldsymbol{\beta})$$

で与えられることがわかる．特に，$p = 1$ で説明変数 x も 2 値であれば，上で述べた 2 つの 2 値変数の場合に帰着して，

$$\frac{P(Y = 1|X)}{P(Y = 0|X)} = \exp(\beta_0 + \beta_1 X)$$

が成り立つ．したがって，オッズ比の対数をとると，

$$\begin{aligned}
\log \phi &= \log \frac{P(Y = 1|X = 1)}{P(Y = 0|X = 1)} \Big/ \frac{P(Y = 1|X = 0)}{P(Y = 0|X = 0)} \\
&= \log \frac{P(Y = 1|X = 1)}{P(Y = 0|X = 1)} - \log \frac{P(Y = 1|X = 0)}{P(Y = 0|X = 0)} \\
&= (\beta_0 + \beta_1) - \beta_0 = \beta_1
\end{aligned}$$

が得られる．つまり，ロジスティック回帰モデルの偏回帰係数 β_1 は対数オッズ比と一致する．そうすると，偏回帰係数 β_1 が推定されたら，オッズ比 e^{β_1} を用いて，$X = 1$ であるときの $Y = 1$ となる確率は，$X = 0$ であるときの e^{β_1} 倍である，と，得られたロジスティック回帰モデルが解釈できる．X が連続量の場合は，X の 1 単位の変化として同様に考えればよい．

　回帰モデルが構築されたら，重回帰モデルと同様に，各説明変数にかかる偏回帰係数 β_j が 0 かどうかの検定や，情報量規準 AIC など何らかの基準を用いてモデルを評価し，最適な変数選択を行う．また，信頼度 95 % のオッズ比の信頼区間を与えることは，結果の解釈に有用である．

11.5 新生児脳症データのロジスティック回帰分析

この節では，実際の研究現場でロジスティック回帰分析が実データへ適用され，データに内在する情報が抽出される様子を眺めてみよう．

新生児低酸素性虚血性脳症 (HIE) は，出生時に何らかの原因で新生児の脳への酸素や血液の供給が滞ることによって引き起こされる脳障害で，約30%程度が死亡や重篤な後遺症を残すことがわかっている．その治療法として，2010 年には低体温療法といわれる一定期間体温（脳温）を 32 ～ 34°C まで低下させる治療法の有効性が，大規模臨床試験の解析結果により明らかになった[25]．近年，日本は世界で最もエビデンスに忠実な低体温療法を執行する地域として認識されており[26]，2012 年以降は低体温療法実施施設の大半の参加により，低体温療法全国症例登録（Baby Cooling Registry of Japan, 略称BCJ）が開始された．これは世界でも有数のデータベースへと成長しており，得られたビッグデータの分析により，世界をリードする低体温療法の開発が進められている．

Tsuda ら[27]は，2012 年 1 月から 2016 年 12 月までに BCJ に登録された中で染色体異常などを除いた 756 人の乳児の臨床データに対して，18 か月時点での死亡または重度障害[28]を不良予後と定めて体温や心拍数などの共変量との関係を分析した．データは，BCJ から入院時の体温や心拍数，血圧などの臨床情報を入手し，乳児の予後に関する重度障害に関する転帰は，小児科医によって診断され記録された．冷却前，冷却中の体温や心拍数と転帰の関係は，ロジスティック分析を用いて評価された．この際，経験的に体温や心拍数と転帰に関連すると知られている共変量をロジスティックモデルの説明変数に含め

25) A. D. Edwards *et al* : Neurological outcomes at 18 months of age after moderate hypothermia for perinatal hypoxic ischaemic encephalopathy: synthesis and meta-analysis of trial data, BMJ 340 (2010), c363.

26) O. Iwata *et al.*: The baby cooling project of Japan to implement evidence-based neonatal cooling, Therapeutic Hypothermia and Temperature Management 4 (2014), 173-179.

27) K. Tsuda *et al.*: Baby Cooling Registry of Japan. Body temperature, heart rate and long-term outcome of cooled infants: an observational study, Pediatric Research 91 (2022), 921-928.

28) 難聴，視力障害，神経運動機能，面接式発達検査，呼吸管理や経管栄養の必要性など．

て調整を行った．その結果，756名のうち604名の乳児において，生後18か月での転帰が確認された．この分析により，冷却時の体温が高いことが，（ロジスティックモデルの）単変量解析および，胎在週数，入院時のサルナト脳症ステージ，冷却方法について調整した（ロジスティックモデルの）多変量解析ともに不良予後と関連していたことが明らかになった．

いくつかの具体的なオッズ比とその95%信頼区間（下限，上限），そしてP値を参考までに示す．冷却時の体温Xを説明変数，不良予後Yを目的変数とする単変量解析では$2.14\,(1.43, 3.20)$，$P < 0.001$となる．また，胎在週数，入院時のサルナト脳症ステージ，冷却方法を説明変数に含めて調整した多変量解析では$1.97\,(1.17, 3.34)$，$P = 0.012$となる．さらに，冷却中の平均心拍数が速いことが，単変量解析でも，胎在週数，入院時のサルナト脳症ステージ冷却方法，冷却中の平均体温，冷却中の平均血圧を調整した多変量解析のいずれでも不良予後と関連していた．単変量解析のオッズ比と信頼区間，P値は$2.31\,(1.94, 2.75)$，$P < 0.001$となり，多変量解析ではそれらは，$1.98\,(1.61, 2.44)$，$P < 0.001$となる．

■ **HIE データ** 同様の分析を試みよう．冒頭で必要なライブラリを読み込んでから，データファイル hie.csv を読み込む[29]．

```
1  import numpy as np
2  import pandas as pd
3  import matplotlib.pyplot as plt
4  from scipy import stats
5  import statsmodels.api as sm
6  import statsmodels.formula.api as smf
7
8  hie = pd.read_csv('hie.csv')
9  hie.head()
```

---

[29] このデータは，実際に Tsuda ら（2022）が解析したものを教材用に少し加工したものであり，もとのデータとほぼ同質である．

	Y	gesage	clbtemp	clhead	clhr	clbp	stage3over
0	2	40.0	34.326855	1.0	91.00	43.375	0.0
1	2	40.0	34.035780	0.0	113.75	53.625	0.0
2	2	37.0	33.813757	0.0	98.25	43.750	0.0
3	0	39.0	NaN	1.0	NaN	NaN	0.0
4	0	38.0	NaN	NaN	NaN	NaN	NaN

```
1  hie.shape
```
```
   (756, 7)
```

データは 7 変数で 756 個あることがわかる．各変数の意味は次のとおりである．

Y: 生後 18 か月時点での死亡または重度障害
　（無 = 0,　有 = 1,　検討対象外 = 2）
gesage: 胎在週数
clbtemp: 冷却中の体温
clhead: 頭部冷却
clhr: 冷却時間
clbp: 冷却中血圧
stage3over : 入院時のサルナト脳症ステージ III 以上

生後 18 か月時点での死亡または重度障害の有無をほかの変数から予測するためのロジスティック回帰モデルの構築を目的とする．

　最初の 5 個のデータを出力しただけであるが，データには欠損値が含まれていることがわかる[30]．また，Y の値を予測するときに，Y = 2 となっているデータは役に立たない．そこで，Y = 2 または欠損値を含む個体（行）を削除して，それを改めて hie と名付ける[31]．

```
1  hie.drop(hie.index[hie['Y']==2], inplace=True)
```

---

30)　各変数ごとの欠損値 (NaN) の個数は hie.isna().sum() でわかる．
31)　欠損値だからといって削除せず，適切な値で埋める方法も研究されている．実際，Tsuda らの論文（前掲）では多重補完法という手法で欠損値が埋められた．

```
2 hie.dropna(inplace=True)
3 hie.head()
```

	Y	gesage	clbtemp	clhead	clhr	clbp	stage3over
6	0	38.0	34.405357	1.0	125.375	40.875	0.0
8	0	41.0	33.909496	1.0	110.000	49.375	0.0
9	1	39.0	33.881845	1.0	135.625	51.125	1.0
10	0	40.0	33.992846	1.0	103.750	51.000	1.0
11	0	39.0	33.915410	1.0	92.000	42.875	0.0

プログラム第1行の `hie.index[hie['Y']==2]` は，$Y = 2$ となるインデックスを集めた配列であり，`drop` メソッドによって，そのインデックスをもつ行を削除している．第2行では，NaN を含む行をすべて削除している．

```
1 hie.shape
```

```
(534, 7)
```

こうして，実際に分析に用いる個体数は $n = 534$ となった．

　各変数の分布を視覚化して確認するとよい．ここでは，pandas の hist メソッドを用いて一括表示している．

```
1 hie.hist(figsize=(20,10))
```

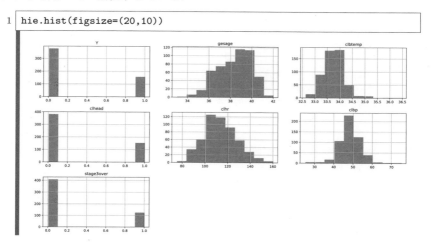

　さらに，第11.3節と同様に，各変数の記述統計量，変数間の関係性の確認などが必要であるが，紙面の関係からここでは省略する．

■ **モデルの構成** ロジスティックモデルは statsmodels ライブラリに含まれている gml() 関数によって得られる．この関数は一般化線形モデルと呼ばれる回帰モデルをサポートしており，ロジスティック回帰モデルはその1つである．オプション formula で目的変数と説明変数を指定している．

```
1  logist_hie = smf.glm(
2      formula='Y ~ gesage + clbtemp + clhead + stage3over',
3      data=hie,
4      family=sm.families.Binomial()).fit()
5  logist_hie.summary()
```

```
     Generalized Linear Model Regression Results
         Dep.Variable:              Y  No.Observations:       534
                Model:            GLM  Df Residuals:          529
         Model Family:       Binomial  Df Model:                4
        Link Function:          logit  Scale:              1.0000
               Method:           IRLS  Log-Likelihood:    -237.06
                 Date:   21 Feb 2023  Deviance:           474.13
                 Time:       22:09:05  Pearson chi2:         531.
        No.Iterations:              4
       Covariance Type:      nonrobust

        coef   std err    z   P>|z|   [0.025   0.975]
     Intercept  -30.1847  10.133  -2.979  0.003  -50.045  -10.325
        gesage    0.0292   0.068   0.429  0.668   -0.104    0.162
       clbtemp    0.8111   0.289   2.805  0.005    0.244    1.378
        clhead   -0.2103   0.279  -0.753  0.451   -0.757    0.337
     stage3over    2.8949   0.254  11.375  0.000    2.396    3.394
```

説明変数に冷却中平均血圧 clbp を追加したモデル（モデル2）を考えて，上のモデル（モデル1）と AIC を比較してみよう．

```
1  logist_hie_clbp = smf.glm(
2      formula='Y ~ gesage + clbtemp + clhead + stage3over + clbp',
3      data=hie,
4      family=sm.families.Binomial()).fit()
5
6  print('モデル1:', np.round(logist_hie.aic, 3))
7  print('モデル2:', np.round(logist_hie_clbp.aic, 3))
```

```
   モデル1:  484.129 モデル2:  485.943
```

このように，モデル1はモデル2より優れている．

さらに，モデル1で知りたいこととして，冷却時体温のオッズ比とその信頼区間がある．モデル1において，`clbtemp`変数の偏回帰係数から求められる．

```
1  np.round(np.exp(0.811), 3)
```
```
   2.25
```

```
1  round(np.exp(0.244),3), round(np.exp(1.378),3)
```
```
   (1.276, 3.967)
```

つまり，ほかの変数が一定であるとき，冷却中の平均体温が$1°C$上昇すると，不良予後になる確率は2.25倍になる．この倍率の95%信頼区間$[1.276, 3.967]$である．

最後に，冷却時体温の上昇とともに予後不良の確率が上昇する様子を，推定したロジスティック回帰曲線の描写により表してみよう．

```
1  sns.lmplot(x='clbtemp', y='Y', data=hie, logistic=True,
2          scatter_kws={'color':'blue', 's':[10]},
3          line_kws={'color':'blue'})
```

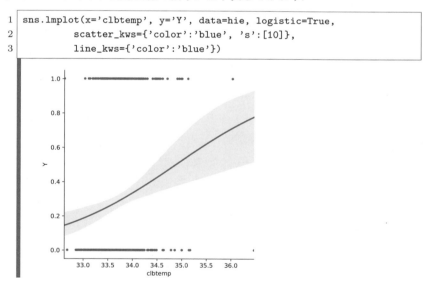

11.6　回帰モデルの広がり

ここまで，複数の説明変数から目的変数の値を予測するための回帰モデルに

ついて述べてきた．つまり回帰モデルでは，X で条件付けたときの Y の平均値を求めていることになる．回帰モデルは統計モデルの中でも最も基本的な手法の 1 つであり，百年以上にわたり幅広い分野で用いられてきた．現象が実際にこのような線形モデルで捉えられる場合に役立つことは勿論のこと，複雑な現象の場合にも，あえてシンプルなモデルで概要をつかみたいときなどにたいへん有用である．

　一方で，線形回帰モデルの説明変数間に強い相関がある場合に偏回帰係数の推定値は，データの値が少し変化しただけで推定値が大きく変化し不安定になったり，説明変数の組み合わせによって変回帰係数の推定値の符号が変化するなど，**多重共線性**とよばれる問題が生じることがある．この解決策の 1 つとして，偏回帰係数がとりうる値に制約を付ける正則化法がある．正則化法の中には，偏回帰係数の値を縮小して過適合を抑える**リッジ回帰**という方法がある[32]．

　そして，説明変数の数が膨大になったときの正則化法として，地球物理学で最初に導入され，そのあと 1996 年に Robert Tibshirani が一般化して注目を集めた **Lasso** とよばれる方法に代表される**スパース推定**がある．これは，偏回帰係数の推定の際，誤差二乗和の項に，回帰係数の絶対値の和がある一定の値以下になる，という正則化項を付与して条件付き最小化を行うことで，いくつかの偏回帰係数の推定値を強制的に 0 と，変数選択とパラメータ推定を同時に行うことができる方法である．この便利な性質のため，スパース推定は近年多くの分野で用いられている．その一方で，遺伝子の分析の一部の分野で見られるように，数多くの変数が少しずつ目的変数の予測に関わっており，予測には多くの変数のうちの一部だけが必要であるという，スパース推定を用いるために必要な仮定が成り立たない場合もある[33]．

　また，線形回帰モデルでは誤差に等分散性を仮定しているが，これは説明変数 X の値にかかわらず，目的変数 Y の誤差分布が一定であるという仮定で

32)　A. E. Hoerl and R. W. Kennard: Ridge regression: biased estimation for non-orthogonal problems, Thechnometrics 12 (1970), 69-82.

33)　M. Aoshima and K. Yata: High-dimensional quadratic classifiers in non-sparse settings, Methodology and Computing in Applied Probability 21 (2019), 663-682.

ある．この仮定が成り立たず Y が偏りのある分布であったり外れ値があるような場合に有効な回帰モデルとして，**分位点回帰**が提唱されている（Koenker and Bassett 1978）．分位点回帰の発展として，より柔軟に複雑な現象を捉えることのできる非線形モデルやベイズモデルによる分位点回帰モデルの開発が進んでいる．

さらに，説明変数が観測誤差を伴って観測されると考えた回帰モデルや，同じ個体から時間や空間の推移に伴い複数回の観測が得られた場合に同一個体から得られた観測値の相関を変量効果という項で捉えるモデルをはじめとして，回帰モデルにはほかにも数多くの種類があり，データの性質や分析の狙いに応じて使い分けられている．

ここまで述べてきた線形回帰モデルは，目的変数と説明変数の線形的な関係を捉えるものであったが，回帰モデルを軸として主に 1990 年代から非線形回帰モデルが発展し，複雑な非線形構造を有する現象を捉えることができるようになってきた[34]．一般に，非線形回帰モデルでは基底関数展開とよばれる非線形関数の一次結合を用いた回帰モデルが広く知られている．この基底関数展開に基づく非線形モデルのパラメータ推定において，線形モデルと同様の最小二乗法や最尤法ではモデルのデータへの過適合や推定の不安定性，または尤度の発散など不都合が起こることもあるため，正則化項を加えてこの問題を防ぐ方法がある．正則化項には，モデルの複雑さとデータへの当てはまりの良さを調整する超パラメータがあり，その選択法についてもモデル選択の問題としてさまざまな提案がされている．非線形回帰モデルには，基底展開法以外にも，ベイズ推定を用いた方法やガウス過程を用いた回帰モデル，さらにカーネル関数を用いたカーネル回帰モデルなど，さまざまな方法が開発されている．また，医療現場の MRI などイメージデータや遺伝子データなどに見られる，変数の多い超高次元データに対して，変数の次元縮小を工夫したモデルも開発さ

34）　巻末の参考文献 [31–33] を参照されたい．次の論文も基本的である．
　S. N. Wood: Modelling and smoothing parameter estimation with multiple quadratic penalties, Journal of the Royal Statistical Society: Series B, 62 (2000), 413–428.
　G. Wahba and Y. Wang: When is the optimal regularization parameter insensitive to the choice of the loss function?, Communications in Statistics - Theory and Methods 19 (1990), 1685–1700.

れている.

　さらに，1 個体が時間や空間の関数として表され，これら関数の集合がデータである場合の統計的分析手法である**関数データ解析**が Ramsay and Silverman (2005) によって提唱されている．関数データ解析では，従来の多変量解析の各手法が関数集合に対して拡張される．関数回帰モデルにおいては，関数からスカラーを予測したり，関数から関数を予測するためのモデルが提唱されており，高次元データや時空間データの分析に有用であることが報告されている[35].

　データ科学の一端を担う回帰モデルは，従来の方法が依然として強力でありつつも，実社会のデータ解析現場と学術界の研究最先端の両方からの近年の高い期待に答える形で，高次元で複雑な非線形構造を内在するデータからの有益な情報抽出に対応すべく新たな手法が次々と開発されている.

　本章では回帰モデルとよばれる手法を入門的な観点から眺めてきた．さらにその先の奥深い統計学の世界への誘いとなれば幸いである.

章末問題

11.1　与えられたデータ (x_i, y_i) に対して，x を説明変数，y を目的変数とする，最小二乗法による線形回帰式は

$$\frac{y - \bar{y}}{s_y} = r_{xy} \frac{x - \bar{x}}{s_x}$$

を満たすことを示せ．さらに，y を説明変数，x を目的変数とする線形回帰式は上とは一般に異なることを示せ.

11.2　総平方和 TSS, 残差平方和 RSS, 回帰平方和 ESS に関する等式 (11.17) を示せ.

11.3　次の表は，スウェーデンにおけるヘラジカの生息地（北緯）と雌雄の成体量を示したものである．雌雄別に単回帰モデルを求めて，散布図（図 11.1）と回帰直線を描画せよ．さらに，回帰直線の傾き $\hat{\beta}_1$ の 95% 信頼区間を求めよ.

---

35)　巻末の参考文献 [34] と次の論文が基本的である.

　F. Yao, H. Muller and J. Wang: Functional data analysis for sparse longitudinal data, Journal of the American Statistical Association 100 (2005), 577-590.

　Y. Araki, S. Konishi, S. Kawano and H. Matsui: Functional regression modeling via regularized Gaussian basis expansions, Annals of the Institute of Statistical Mathematics 61(2009), 811-833.

latitude	BM_fem	BM_mal	latitude	BM_fem	BM_mal
58.0	180.9	214.5	62.7	188.8	235.2
57.7	174.9	216.3	64.0	204.8	259.2
58.0	184.9	217.8	63.0	186.6	
57.9	177.7	214.0	63.5	188.2	
59.8	164.8	215.1	65.5	194.2	250.0
61.6	180.0	241.9	66.0	198.1	246.4
62.0	196.3	247.8	66.0	200.1	262.2

11.4 母集団分布が $y = \beta_0 + \beta_1 x + \varepsilon$, $\varepsilon \sim N(0, \sigma^2)$ に従い，母数 $\beta_0, \beta_1, \sigma^2$ が未知であるものとする．このとき，単回帰モデルの回帰係数 β_0, β_1 の最尤推定量を求め，最小二乗推定量と一致することを示せ．（重回帰モデルの場合に証明済みであるが，単回帰モデルの最初の式に戻って導出せよ．）

参考文献

　本書の執筆にあたり，参照した書籍や論文は多数に上る．そのすべての著者と出版社に感謝申し上げるとともに，読者の便宜を念頭に極く少数を紹介するにとどめざるを得ないことをご容赦願いたい．最近のデータ科学の急速な広まりとともに，優れた書籍が次々に出版されているので，自分にあったものを見つけて学習を進めていただきたい．

[1] P. G. ホーエル（浅井 晃・村上正康訳）：初等統計学（第 4 版），培風館，1981. 325 ページ
[2] 浜田悦生・狩野裕：データサイエンスの基礎，講談社，2019. 192 ページ
[3] 尾畑伸明：データサイエンスのための確率統計，共立出版，2021. 247 ページ
[4] 東京大学教養学部統計学教室（編集）：統計学入門（基礎統計学 I），東京大学出版会，1991. 328 ページ
[5] E. クライツィグ（田栗正章訳）：確率と統計（原著第 8 版），培風館，2004. 170 ページ
[6] 柳川堯・荒木由布子：バイオ統計の基礎（第 7 版），近代科学社，2020. 278 ページ
[7] 丹後俊郎：統計モデル入門，朝倉書店，2000. 246 ページ
[8] 久保川達也・国友直人：統計学，東京大学出版会，2016. 352 ページ
[9] 東京大学教養学部統計学教室（編集）：人文・社会科学の統計学（基礎統計学 II），東京大学出版会，1994. 404 ページ
[10] 東京大学教養学部統計学教室（編集）：自然科学の統計学（基礎統計学 III），東京大学出版会，1992. 366 ページ

　[1-8] は標準的な内容をまとめた統計学の入門書である．[5] は工学系，[6,7] は医学系，[8] は社会経済系を意識した題材を選んであり，高度すぎない記述で読みやすい．[9,10] にはやや高度な題材も取り上げられている．

[11] P. G. ホーエル（浅井晃・村上正康訳）：入門数理統計学，培風館，1978. 404 ページ
[12] 竹村彰通：現代数理統計学，学術図書出版社，新装改訂版，2020. 348 ページ
[13] 尾畑伸明：数理統計学の基礎，共立出版，2014. 290 ページ

[14] 栗原伸一：入門統計学—検定から多変量解析・実験計画法まで，オーム社，2011. 336 ページ

[15] 田中 豊・脇本和昌：多変量統計解析法，現代数学社，1983. 296 ページ

[16] 小西貞則：多変量解析入門—線形から非線形へ，岩波書店，2010. 320 ページ

[17] 鈴木武・山田作太郎：数理統計学—基礎から学ぶデータ解析，内田老鶴圃，1996，406 ページ

[18] J. S. シモノフ（竹沢邦夫・大森宏訳）：平滑化とノンパラメトリック回帰への招待，農林統計協会，1999. 389 ページ

[19] 小西貞則・北川源四郎：情報量規準，朝倉書店，2004. 194 ページ

　本書では扱いきれなかった統計学の数学的基礎については [11-13] が参考になる．[14,15] は多変量解析の入門書である．[16,17] は多変量解析の数理について詳しく述べられている．やや進んだノンパラメトリック回帰については [18] が参考になる．また，モデルの評価は重要な課題であり，本書では回帰モデルに対して赤池情報量規準（AIC）を述べた．さらに進んで，さまざまなモデルの評価基準の基本的な考え方と理論に関する専門書として [19] がある．

[20] 渡辺宙志：ゼロから学ぶ Python プログラミング，講談社，2020. 245 ページ

[21] 岡嶋裕史・吉田雅裕：はじめての AI リテラシー（基礎テキスト），技術評論社，2021. 240 ページ

[22] 陶山嶺：Python 実践入門，技術評論社，2020. 349 ページ

[23] W. マッキニー（瀬戸山雅人・小林儀匡・滝口開資訳）：Python によるデータ分析入門，オライリー・ジャパン，2021. 572 ページ

[24] 鈴木顕：機械学習アルゴリズム，共立出版，2021. 189 ページ

[25] 前田圭介・室谷健太（編）：臨床研究アウトプット術，中外医学社，2020. 386 ページ

　Python の普及とともに，その入門書や解説書はたくさん出版されている．入門レベルで読みやすいものとして [20,21] がある．一方，[22,23] は大部であり辞書のように使うとよいだろう．また，回帰分析の発展として機械学習に進むのなら，[24] はその概要をつかむのによいだろう．[25] は臨床研究に際して，研究の発想からデータの扱い（データマネジメント），論文執筆のコツまでを易しく説明した珍しい書籍である．

[26] L. J. Bain and M. Engelhardt: Introduction to Probability and Mathematical Statistics, Cengage Learning; 2nd edition., 2000. 656 ページ

[27] R. Hogg and A. Craig: Introduction to Mathematical Statistics, Prentice Hall, 1994. 576 ページ

[28] R. Johnson and D. Wichern：Applied Multivariate Statistical Analysis,

Prentice Hall, 2002. 767 ページ

[29] K. Mardia, J. T. Kent and J. M. Bibby: Multivariate Analysis, Academic Press, 1980. 521 ページ

[30] D. Wackerly, W. Mendenhall and R. Scheaffer: Mathematical Statistics With Applications, Duxbury Press, 1995. 816 ページ

[31] P. J. Green and B. W. Silverman: Nonparametric Regression and Generalized Linear Models, Chapman and Hall/CRC, 1993. 184 ページ

[32] T. Hastie, R. Tibshirani and J. Friedman: The Elements of Statistical Learning, Sprinter, 2009, 767 ページ

[33] S. N. Wood: Generalized Additive Models, Chapman and Hall/CRC, 2017. 496 ページ

[34] J. Ramsay and B. W. Silverman: Functional Data Analysis, Springer, 2005, 448 ページ

多変量解析に関しては洋書が充実している．大部であるが，[26-30] は標準的であり広く読まれている．[31-34] は回帰モデルの広がり（第 11.6 節）で述べた発展的な内容が書かれている．

[35] C. R. ラオ（藤越康祝・柳井晴夫・田栗正章訳）：統計学とは何か—偶然を生かす，ちくま学芸文庫，筑摩書房，2010. 321 ページ

[36] E. ソーバー（松王政浩訳）：科学と証拠，名古屋大学出版会，2012. 256 ページ

[37] I. ハッキング（石原英樹・重田園江訳）：偶然を飼いならす—統計学と第二次科学革命，木鐸社，1999. 353 ページ

[38] 小杉 肇：統計学史，恒星社厚生閣，1974. 338 ページ

[35] は現代統計学の第一人者による統計学の啓蒙書であり，豊富な具体例がさまざまなエピソードとともに描かれている．[36] は統計的推論の意味を科学哲学の立場から論じている統計学の哲学書である．[37,38] は歴史的な視点から興味深いことがたくさん書かれている．

略　　解

第 4 章

4.1 $z_i = (x_i - \bar{x})/\sigma$ の両辺の和をとるとき，$\sum (x_i - \bar{x}) = n\bar{x} - n\bar{x} = 0$ に注意すれば，$\bar{z} = 0$ が従う．分散は $\sigma_z^2 = (1/n) \sum (z_i - \bar{z})^2 = (1/n) \sum z_i^2$ を用いればよい．

4.2 階級幅を d，階級値を $a_1, a_2, \ldots$ とする．階級値 a_i の階級に落ちるデータの個数を k_i とする．度数データから計算される平均値は $a = (1/n) \sum_i k_i a_i$ となる．さて，階級値 a_i の階級に落ちる x は $a_i - d/2 \leq x \leq a_i + d/2$ を満たす．この階級に落ちるデータの総和を S_i とすれば，$|S_i - k_i a_i| \leq (d/2) k_i$ がわかる．そうすると，

$$|\bar{x} - a| = \left| \frac{1}{n} \sum_i S_i - \frac{1}{n} \sum_i k_i a_i \right| \leq \frac{1}{n} \sum_i |S_i - k_i a_i| \leq \frac{1}{n} \sum_i \frac{d}{2} k_i = \frac{d}{2}.$$

4.3 実際，平均値 < メディアン < モード をはじめ可能な大小関係は 6 通りあり，それぞれを与えるような度数データの例を作ればよい．

4.4 (1) 直接計算することで示される．(2) 任意の定数 t に対して，

$$\frac{1}{n} \sum \{(y_i - \bar{y}) + t(x_i - \bar{x})\}^2 = \sigma_y^2 + 2t\sigma_{xy} + t^2 \sigma_x^2$$

が成り立つ．もし $r_{xy} = 1$ であれば $\sigma_{xy} = \sigma_x \sigma_y$ であるから，右辺は $(\sigma_y + t\sigma_x)^2$ となる．$t = -\sigma_y/\sigma_x$ とおくと，

$$\frac{1}{n} \sum \left\{ (y_i - \bar{y}) - \frac{\sigma_y}{\sigma_x}(x_i - \bar{x}) \right\}^2 = 0$$

が成り立つ．2 乗和がゼロであるから，すべての $i = 1, 2, \ldots, n$ に対して

$$(y_i - \bar{y}) - \frac{\sigma_y}{\sigma_x}(x_i - \bar{x}) = 0$$

が成り立つ．したがって，$a = \sigma_y/\sigma_x > 0$，$b = \bar{y} - (\sigma_y/\sigma_x)\bar{x}$ とおけば，$y_i = ax_i + b$ となる．これは，$a > 0$ から右上がりの直線である．（同様にして，$r_{xy} = -1$ のときは，すべての点は右下がりの直線上に乗ることがわかる．）

4.5 (1) $n = 71$, max $= 100$, min $= 8$, median $= 56$. (2) $\mu = 54.8$, $\sigma = 22.2$. (3) $0 - 10$, $10 - 20$ のように階級を定めると，度数は順に $1, 4, 6, 11, 8, 9, 12, 10, 7, 3$ となる．ヒストグラムは略．(4) 平均値 54.4，標準偏差 22.4.

4.6　(1) 略.　(2) 中間試験を x, 期末試験を y とおく.　平均値：$\mu_x = 58.7$, $\mu_y = 64.9$, 標準偏差：$\sigma_x = 16.7$, $\sigma_y = 11.3$.　(3) $r_{xy} = 0.67$.

第5章

5.1　ポーカーの役すべてについて確率を求めておこう.　5枚のカードの選び方は $\binom{52}{5} = 2598960$ 通りある.　それぞれの役ができる組合せが何通りあるかを数えればよい.　なお, 事象 A は (3), 事象 B は (9) を見よ.

(1) ロイヤル・ストレート・フラッシュ：その5枚が同じスートの A,K,Q,J,10 であるのはスートの選び方の4通りだけ.　確率は $4/2598960 = 1/649740$ となり, 1日に20ゲームするとして, 約89年に1回の割合という僅少な確率である.

(2) ストレート・フラッシュ：同じスートで数字が順番に並ぶ.　数字の始まりは 1, 2,...,9 のいずれかであるから $4 \times 9 = 36$ 通り.　10で始まるものは (1) に含まれるから除外.

(3) フォー・カード：同じ数字のカードが4枚そろうのは $13 \times 48 = 624$ 通り.

(4) フル・ハウス：同じ数字のカードが3枚と別の数字のカード2枚.　$13\binom{4}{3} \times 12\binom{4}{2} = 3744$ 通り.

(5) フラッシュ：5枚のカードが全部同じスート.（上位の役である (1)(2) を除外することを忘れずに.）$4\binom{13}{5} - 40 = 5148$ 通り.

(6) ストレート：スートに関係なく5つの数字が順に並ぶ.　これも上位の役である (1)(2) を除外しなければならない.　数字の始まりは 1,2,...,10 のいずれかであるから $10 \times 4^5 - 40 = 10200$ 通り.

(7) スリーカード：同じ数字のカードを丁度3枚含む.　上位の役である (4) を除く.　$13\binom{4}{3}\binom{48}{2} - 3744 = 54912$ 通り.

(8) ツー・ペア：同じ数字のカードのペアが2組.　$\binom{13}{2}\binom{4}{2}\binom{4}{2} \times 44 = 123552$ 通り.

(9) ワン・ペア：同じ数字のペアが1組だけ.　$13\binom{4}{2}48 \cdot 44 \cdot 40/3! = 1098240$ 通り.

(10) 役なし：(1)-(9) の余事象である.　$2598960 - 1286904 = 1312056$ 通り.

役	(1)	(2)	(3)	(4)	(5)
組合せ数	4	36	624	3744	5148
確率の逆数	649740	≈ 72193.3	4165	≈ 694.1	≈ 504.8
	(6)	(7)	(8)	(9)	(10)
	10200	54912	123552	1098240	1312056
	254.8	≈ 47.3	≈ 21.0	≈ 2.36	≈ 1.98

5.2　$\Omega = [0, L]$, $A = [0, L/4] \cup [3L/4, L]$ とすれば, 求める確率は $|A|/|\Omega| = 1/2$.

5.3　周辺部分の面積と全面積の比をとって, $(30 \times 40 - 20 \times 30)/(30 \times 40) = 1/2$.

5.4　略.

5.5 略.

5.6 $F_X(x) = 0(x < 0)$；$F_X(x) = 1/8(0 \leq x < 1)$；$F_X(x) = 4/8(1 \leq x < 2)$；$F_X(x) = 7/8(2 \leq x < 3)$；$F_X(x) = 1(x \geq 3)$. グラフの概形は略（右半連続性に注意せよ）.

5.7 密度関数の条件：

$$\int_2^7 f(x)dx = 1, \qquad f(x) \geq 0$$

を満たすように k を定めればよい. $k = 1/50$. 平均値は

$$\int_2^7 x\left(\frac{x}{25} + \frac{1}{50}\right)dx = \frac{59}{12}.$$

5.8 $A \cup B \cup C = A \cup (B \cup C)$ として，2 つの事象に対する包除原理を繰り返し適用する.

5.9 $A \cup F = A \cup (F\backslash A)$ は排反事象の和なので，$P(A \cup F) = P(A) + P(F\backslash A)$. ここで，$F\backslash A \subset F$ より $P(F\backslash A) \leq P(F)$ となるが，仮定から $P(F) = 0$ なので，$P(F\backslash A) = 0$. したがって，$P(A \cup F) = P(A) + 0 = P(A)$ である. $P(A \cap E) = P(A)$ は，同様の考察または余事象を用いて $P(A \cup F) = P(A)$ に帰着する.

5.10 $\sigma^2 + \mu^2 + \mu - 6$.

5.11 $\mathbf{E}[(X - a)^2]$ を展開して a の 2 次式として考察する. $a = \mathbf{E}[X]$ のとき最小値 $\mathbf{E}[X^2] - \mathbf{E}[X]^2 = \mathbf{V}[X]$ をとる.

5.12 $\mathbf{E}[(t + X)^2] = t^2 + 2t\mathbf{E}[X] + \mathbf{E}[X^2] = t^2 + 2t\mathbf{E}[X]$ はすべての実数 t に対して ≥ 0 である. 2 次式の判別式を使うと，$D/4 = \mathbf{E}[X]^2 \leq 0$. したがって，$\mathbf{E}[X] = 0$. 分散公式によって $\mathbf{V}[X] = 0$.

5.13 Y の確率分布は次の表にまとめられる.

k	1	2	3	4	5	6
$P(Y = k)$	11/36	9/36	7/36	5/36	3/36	1/36

これを用いて，$\mathbf{E}[Y] = 91/36$, $\mathbf{E}[Y^2] = 301/36$, $\mathbf{V}[Y] = 2555/36^2$ となる.

5.14 X の分布関数 $F_X(x)$ は，$L/2 \leq x \leq L$ のとき，

$$F_X(x) = P(X \leq x) = \frac{2(x - L/2)}{L} = \frac{2}{L}x - 1$$

となり，$x < L/2$ では $F_X(x) = 0$, $x > L$ では $F_X(x) = 1$ である. したがって，密度関数 $f_X(x)$ は，$L/2 \leq x \leq L$ のとき $f_X(x) = 2/L$, その他のときは $f_X(x) = 0$ となる. これを用いて，

$$\mathbf{E}[X] = \int_{-\infty}^{+\infty} x f_X(x)\,dx = \frac{2}{L}\int_{L/2}^{L} x\,dx = \frac{3}{4}L,$$

$$\mathbf{E}[X^2] = \int_{-\infty}^{+\infty} x^2 f_X(x)\,dx = \frac{2}{L}\int_{L/2}^{L} x^2\,dx = \frac{7}{12}L^2,$$

$$\mathbf{V}[X] = \mathbf{E}[X^2] - \mathbf{E}[X]^2 = \frac{7}{12}L^2 - \left(\frac{3}{4}L\right)^2 = \frac{L^2}{48}.$$

同様にして，$\mathbf{E}[Y] = L/4$，$\mathbf{V}[Y] = L^2/48$.

5.15　$\sum_{n=1}^{\infty} P(X \geq n) = \sum_{n=1}^{\infty}\sum_{k=n}^{\infty} P(X = k) = \sum_{k=1}^{\infty}\sum_{n=1}^{k} P(X = k) = \sum_{k=1}^{\infty} kP(X = k)$ となる．これに $k = 0$ 対応する項を加えても変わらないから，$\sum_{n=1}^{\infty} P(X \geq n) = \mathbf{E}[X]$.

第 6 章
6.1

$$P(X \leq 4 | Y = 2) = \frac{P(X \leq 4, Y = 2)}{P(Y = 2)} = \frac{5/36}{9/36} = \frac{5}{9},$$

$$P(X + Y \geq 8 | X \geq 5) = \frac{P(X + Y \geq 8, X \geq 5)}{P(X \geq 5)} = \frac{14/36}{20/36} = \frac{7}{10}.$$

6.2　1 回目の取り出しで白玉を取り出す事象を W_1，黒玉を取り出す事象を B_1，2 回目の取り出しで白玉を取り出す事象を W_2 とする．全確率の公式によって，

$$P(W_2) = P(W_1)P(W_2|W_1) + P(B_1)P(W_2|B_1)$$
$$= \frac{a}{a+b}\frac{a+c}{a+b+c} + \frac{b}{a+b}\frac{a}{a+b+c} = \frac{a}{a+b}.$$

$P(W_1) = P(W_2)$ が成り立つところが面白い．

6.3　乗法定理を繰り返し用いて，$P((A \cap B) \cap C) = P(A \cap B)P(C|A \cap B) = P(A)P(B|A)P(C|A \cap B)$

6.4　$P(C|A \cap B) = P(C|B)$ から $P(A \cap B \cap C)/P(A \cap B) = P(B \cap C)/P(B)$. $P(A \cap B \cap C) \neq 0$ なので，ここに現れた 4 つの集合はいずれも $\neq 0$. 比をとり直して，$P(A \cap B \cap C)/P(B \cap C) = P(A \cap B)/P(B)$ となり，$P(A|B \cap C) = P(A|B)$.

6.5　U_1 から取り出された球が赤玉である事象を R_1，白玉である事象を W_1，黒玉である事象を B_1，U_2 から取り出された玉が黒玉である事象を B_2 とする．$P(R_1) = P(B_1) = 4/10$, $P(W_1) = 2/10$, $P(B_2|R_1) = P(B_2|W_1) = 2/11$, $P(B_2|B_1) = 3/11$ となる．ベイズの公式で，

$$P(R_1|B_2) = \frac{P(B_2|R_1)P(R_1)}{P(B_2|R_1)P(R_1) + P(B_2|W_1)P(W_1) + P(B_2|B_1)P(B_1)} = \frac{1}{3}.$$

同様に，$P(W_1|B_2) = 1/6$, $P(B_1|B_2) = 1/2$.

6.6　感染している事象を A，感染していない事象を A^c，陽性反応が出る事象を T^+，陰性反応が出る事象を T^- とする．$P(A) = 0.002$, $P(A^c) = 0.998$, $P(T^+|A) = 0.8$, $P(T^+|A^c) = 0.005$ となる．

(1) $P(A|T^+) = \dfrac{P(T^+|A)P(A)}{P(T^+|A)P(A) + P(T^+|A^c)P(A^c)} = \dfrac{160}{659} = 0.140$.

(2) $P(A^c|T^-) = \dfrac{P(T^-|A^c)P(A^c)}{P(T^-|A)P(A) + P(T^-|A^c)P(A^c)} = \dfrac{99301}{99341} = 0.9996$.

6.7　$P(A \cap B^c) = P(A) - P(A \cap B) = P(A) - P(A)P(B) = a - ab$. 同様に，$P(A \cup B \cup C) = a + b + c - ab - bc - ca + abc$, $P(A \cup (B \cap C)) = a + bc - abc$, $P(A|B \cup C) = a$.

6.8　$P(A|B) = P(A|B^c)$ から $P(A \cap B)/P(B) = P(A \cap B^c)/P(B^c)$. したがって，$P(A \cap B)P(B^c) = P(A \cap B^c)P(B)$. さらに，$P(A \cap B)(1 - P(B)) = (P(A) - P(A \cap B))P(B)$ として，式を整理すれば，$P(A \cap B) = P(A)P(B)$. つまり，A と B は独立である．

6.9　平均値の線形性から $\mathbf{E}[X + Y] = \mu_1 + \mu_2$. X, Y は独立だから，平均値の乗法性から $\mathbf{E}[XY] = \mathbf{E}[X]\mathbf{E}[Y] = \mu_1\mu_2$. 分散の加法性から $\mathbf{V}[X + Y] = \mathbf{V}[X] + \mathbf{V}[Y] = \sigma_1^2 + \sigma_2^2$. 分散公式によって，$\mathbf{V}[XY] = \mathbf{E}[(XY)^2] - \mathbf{E}[XY]^2$. ここで，$X^2$ と Y^2 も独立なので，$\mathbf{E}[(XY)^2] = \mathbf{E}[X^2]\mathbf{E}[Y^2] = (\sigma_1^2 + \mu_1^2)(\sigma_2^2 + \mu_2^2)$. したがって，$\mathbf{V}[XY] = (\sigma_1^2 + \mu_1^2)(\sigma_2^2 + \mu_2^2) - (\mu_1\mu_2)^2 = \sigma_1^2\sigma_2^2 + \sigma_1^2\mu_2^2 + \sigma_2^2\mu_1^2$.

6.10　計算によって，$\mathbf{Cov}(X + Y, Z) = \mathbf{Cov}(X, Z) + \mathbf{Cov}(Y, Z)$ が示される．

第 7 章

7.1　事象 $\{N = k\}$ は連続して $k - 1$ 回白玉が出て，その後の k 回目に赤玉が出ることを意味する．(1)(2) の数値的な比較は略．

(1) 毎回，箱の中は同じ状況であるから，

$$P(N = k) = \left(\frac{8}{12}\right)^{k-1}\left(\frac{4}{12}\right), \quad k = 1, 2, \ldots.$$

(2) 1 回取り出すごとに箱の中の玉数が減ることに注意する．

$$P(N = k) = \underbrace{\frac{8}{12} \cdot \frac{7}{11} \cdots \frac{10 - k}{14 - k}}_{k-1} \cdot \frac{4}{13 - k}, \quad k = 1, 2, \ldots, 9.$$

また，$k \geq 10$ のときは $P(N = k) = 0$.

7.2　(1) 略．(2) $P(T \geq a) \leq 0.01$ は余事象で書き直して，$P(T < a) \geq 0.99$ と同値である．T と a は整数しかとらないので，さらに $P(T \leq a-1) \geq 0.99$ と同値である．T の分布関数を調べて，$P(T \leq 9) < 0.99$，$P(T \leq 10) \geq 0.99$ がわかる．したがって，求める a は $a = 11$．

7.3　成功確率 p の幾何分布の母関数は，

$$G(z) = \sum_{k=1}^{\infty} (1-p)^{k-1} p z^k = pz \sum_{k=1}^{\infty} ((1-p)z)^{k-1} = \frac{pz}{1-(1-p)z}.$$

微分して，

$$G'(z) = \frac{p}{(1-(1-p)z)^2}, \qquad G''(z) = \frac{2p(1-p)}{(1-(1-p)z)^3}.$$

平均値は $\mu = G'(1) = 1/p$．分散は $\sigma^2 = G'(1) + G''(1) - G'(1)^2 = 1/p + 2(1-p)/p^2 - 1/p^2 = (1-p)/p^2$．パラメータ λ のポアソン分布の母関数は，

$$G(z) = \sum_{n=0}^{\infty} e^{-\lambda} \frac{\lambda^n}{n!} z^n = e^{-\lambda} \sum_{n=0}^{\infty} \frac{(\lambda z)^n}{n!} = e^{-\lambda} e^{\lambda z}.$$

微分して，

$$G'(z) = \lambda e^{-\lambda} e^{\lambda z}, \qquad G''(z) = \lambda^2 e^{-\lambda} e^{\lambda z}.$$

したがって，$\mu = G'(1) = \lambda$，$\sigma^2 = G'(1) + G''(1) - G'(1)^2 = \lambda + \lambda^2 - \lambda^2 = \lambda$．

7.4　略．

7.5　$X+Y$ の分布を直接計算する．

$$P(X+Y = n) = \sum_{k=0}^{n} P(X=k, Y=n-k)$$

$$= \sum_{k=0}^{n} P(X=k) P(Y=n-k) = \sum_{k=0}^{n} \frac{\lambda_1^k}{k!} e^{-\lambda_1} \times \frac{\lambda_2^{n-k}}{(n-k)!} e^{-\lambda_2}$$

$$= e^{-(\lambda_1+\lambda_2)} \frac{1}{n!} \sum_{k=0}^{n} \binom{n}{k} \lambda_1^k \lambda_2^{n-k} = e^{-(\lambda_1+\lambda_2)} \frac{(\lambda_1+\lambda_2)^n}{n!}$$

から，$X+Y$ がパラメータ $\lambda_1 + \lambda_2$ のポアソン分布に従うことがわかる．

7.6

$$P(X > 1.5 | X \leq 3.5) = \frac{P(1.5 < X \leq 3.5)}{P(X \leq 3.5)} = \frac{(2/5)}{(3.5/5)} = \frac{4}{7}.$$

7.7　T はパラメータ $\lambda = 1/6$ の指数分布に従う．求める確率は

$$P(T \geq 12) = \int_{12}^{\infty} \frac{1}{6} e^{-x/6} dx = \left[- e^{-x/6} \right]_{12}^{\infty} = e^{-2} = 0.135.$$

7.8　まず，$a \geq 0$ に対して，

$$P(X \geq a) = 1 - P(X < a) = 1 - \int_0^a \lambda e^{-\lambda x} dx = 1 - (1 - e^{-\lambda a}) = e^{-\lambda a}.$$

$\{X \geq a + b, \ X \geq a\} = \{X \geq a + b\}$ に注意して，

$$P(X \geq a + b | X \geq a) = \frac{P(X \geq a + b, \ X \geq a)}{P(X \geq a)} = \frac{P(X \geq a + b)}{P(X \geq a)}$$
$$= \frac{e^{-\lambda(a+b)}}{e^{-\lambda a}} = e^{-\lambda b} = P(X \geq b).$$

7.9　$P(X \leq a) = 0.85$ より $P(X \geq a) = 0.15$ となる．したがって，a は $N(-2.8, 4.5^2)$ の上側 15% 点である．$a = 1.864$.

7.10　$Y \sim N(50, 10^2)$ となる．求める確率は $P(Y \geq 58) = 1 - P(Y \leq 58) = 0.212$, $P(Y \leq 24) = 0.0047$.

7.11　自由度 n は適当に固定する．t 分布 t_n に従う乱数の 2 乗を大量に収集して，その分布をヒストグラムに描き，F 分布 F_n^1 の密度関数と比較する．定理 7.13 の確認の項 (p.144) を参考にされたい．

第 8 章

8.1　略．

8.2　来客数を X とすれば $X \sim B(1230, 0.97)$ となり，求める確率は $P(X \geq 1201)$ である．厳密値は 0.1050 となる．X の平均値と分散は $\mu = 1193.1$ と $\sigma^2 = 5.983^2$ であり，$B(1230, 0.97) \approx N(\mu, \sigma^2)$ となる．さらに，$P(X \geq 1201) = P(X \geq 1200.5)$ として（連続補正という），標準化する方が精度が高くなる．$P(Z \geq 1.237) = 0.1081$ が得られる．

8.3　略．

8.4　本文にあるシミュレーションを n を大きくしながら，繰り返し実行して変化を考察せよ．詳細は略．

8.5　略．

第 9 章

9.1　X, Y は $[0, 2]$ 上の一様分布に従うから，

$$\mathbf{E}[\sqrt{X}] = \mathbf{E}[\sqrt{Y}] = \frac{1}{2}\int_0^2 \sqrt{x}\,dx = \frac{2\sqrt{2}}{3}.$$

X と Y は独立であるから，$\mathbf{E}[\sqrt{XY}] = \mathbf{E}[\sqrt{X}]\mathbf{E}[\sqrt{Y}] = (2\sqrt{2}/3)^2 = 8/9$ となり，母平均 1 に一致しない．

9.2　$P(M \le x) = P(X_1 \le x, X_2 \le x, \ldots, X_n \le x) = \prod_{k=1}^n P(X_k \le x)$ となる．$0 \le x \le L$ に対して，$P(X_i \le x) = x/L$ であるから，$P(M \le x) = (x/L)^n$ が得られる．したがって，M の密度関数 $f_M(x) = n(x/L)^{n-1}/L$ となる．ただし，$x < 0$ または $x > L$ では $f_M(x) = 0$ である．これを用いて，

$$\mathbf{E}[M] = \int_0^L x f_M(x)dx = \frac{n}{L}\int_0^L x\left(\frac{x}{L}\right)^{n-1}dx = \frac{n}{n+1}L.$$

したがって，$\mathbf{E}[(n+1)M/n] = L$ であり，$(1 + 1/n)M$ は L の不偏推定量になる．

9.3　パラメータ λ の指数分布の密度関数 $\lambda e^{-\lambda x}$ を用いて，尤度関数

$$L = L(x_1, \ldots, x_n; \lambda) = \prod_{k=1}^n \lambda e^{-\lambda x_k}$$

が定義される．これを最大にする λ を求めればよい．実際，

$$\frac{d}{d\lambda}\log L = \frac{d}{d\lambda}\sum_{k=1}^n (\log\lambda - \lambda x_k) = \sum_{k=1}^n \left(\frac{1}{\lambda} - x_k\right) = \frac{n}{\lambda} - \sum_{k=1}^n x_k$$

となるから，L は $\lambda = \left(\frac{1}{n}\sum_{k=1}^n x_k\right)^{-1}$ のときに最大値をとる．したがって，λ の最尤推定量は $\left(\frac{1}{n}\sum_{k=1}^n X_k\right)^{-1}$ である．

9.4　95% 信頼区間：16.38 ± 0.21，90% 信頼区間：16.38 ± 0.18．

9.5　95% 信頼区間：0.184 ± 0.045，90% 信頼区間：0.184 ± 0.038．

9.6　母比率の 90% 信頼区間は

$$\hat{p} \pm z_{0.05}\sqrt{\frac{\hat{p}(1-\hat{p})}{n}} = \hat{p} \pm 1.64\sqrt{\frac{\hat{p}(1-\hat{p})}{n}}$$

である．$0 \le \hat{p} \le 1$ から $\hat{p}(1-\hat{p})$ の最大値は $1/4$ である．したがって，90% 信頼区間の幅が 1% 以下ということは

$$2 \times 1.64\sqrt{\frac{1}{4n}} \le 0.01$$

ということである．これを解いて，$n \ge 26896$．

9.7　計算によって平均値 $\bar{x} = 148.75$ と不偏分散 $u^2 = 97.64 = 9.88^2$ が得られる．
　(1)　$t_7(0.05) = 1.895$ に注意して，90% 信頼区間 $\bar{x} \pm t_7(0.05) \times u/\sqrt{8} = 148.75 \pm$

6.62 が得られる.

(2) $\chi_7^2(0.05) = 14.067$, $\chi_7^2(0.95) = 2.167$ に注意する. 90% 信頼区間の下限は $7u^2/\chi_7^2(0.05) = 48.588$, 上限は $7u^2/\chi_7^2(0.95) = 315.362$ となる.

第 10 章

10.1 $\bar{x} = 53.75$, $z = 1.061$ となり, $|z| < z_{0.025} = 1.96$. 有意水準 $\alpha = 0.05$ の両側検定で $H_0 : \mu = 50$ は棄却されない. なお, P 値は $P = 0.289$.

10.2 $H_0 : p = 0.5$, $H_1 : p = 0.6$ とする. 有意水準 $\alpha = 0.05$ の片側検定をしよう. H_0 の下で表の回数 $X \sim B(150, 0.5) = N(75, 6.124^2)$. 棄却域は $x \geq 75 + 1.64 \times 6.124 = 85.07$ であり, 実現値 84 は棄却域に落ちない. したがって, H_0 は棄却されず, 公平なコインであると判断される. この判断を間違える確率が第 2 種誤り確率である. H_1 の下で表の回数 $Y \sim B(150, 0.6) = N(90, 6^2)$. したがって, $\beta = P(Y \leq 85.07) = 0.206$.

10.3 $H_0 : \mu = 69$, $H_1 : \mu > 69$ として有意水準 $\alpha = 0.05$ の片側検定をしよう. $n = 7$, $\bar{x} = 76.43$, $u^2 = 8.34^2$ から $t = 2.356 > t_6(0.05) = 1.943$ となる. したがって, 有意水準 $\alpha = 0.05$ の片側検定によって, H_0 は棄却される. なお, P 値は $P = 0.028$.

10.4 A 組, B 組の母集団分布を $N(\mu_A, 7.3^2)$, $N(\mu_B, 8.6^2)$ とする. $H_0 : \mu_A = \mu_B$ を $H_1 : \mu_A \neq \mu_B$ に対して検定する. A 組 24 名の標本平均を $\bar{X}_A$, B 組 30 名の標本平均を $\bar{X}_B$ とすると, 検定統計量は $Z = (\bar{X}_A - \bar{X}_B)/\sqrt{7.3^2/24 + 8.6^2/30} = (\bar{X}_A - \bar{X}_B)/2.165 \sim N(0, 1)$ であり, その実現値は $z = 1.571$ となる. 有意水準を 5% とすると棄却域は $|z| \geq 1.96$ であるから, 実現値は棄却域に落ちない. したがって, 有意水準 5% の両側検定で H_0 は棄却されず, 両組の達成度に有意差は認められない. なお, P 値は $P = 0.127$ である.

10.5 薬治療に対応する母集団を母集団 1, リラックス治療に対応する方を母集団 2 とする. まず, $H_0 : \sigma_1 = \sigma_2$, $H_1 : \sigma_1 \neq \sigma_2$ として, 等分散の検定を行う. 不偏分散の比は $f = u_1^2/u_2^2 = 0.731$ となる. 一方, F_{14}^{14} 分布の下側および上側 0.025 点は 0.336 と 2.979 である. 実現値は棄却域に落ちないので, H_0 は棄却されず, 等分散を認める. 次に母平均の差の検定を行う. $H_0 : \mu_1 = \mu_2$, $H_1 : \mu_1 \neq \mu_2$ として, 検定統計量は (10.10) の T を用いる. T の実現値は, $t = 10.459$. 有意水準を $\alpha = 0.01$ とすれば, 棄却域は $|t| \geq t_{28}(0.005) = 2.763$ となる. 実現値は棄却域に落ちて, 帰無仮説 H_0 は棄却される. なお, P 値は $P = 1.77 \times 10^{-11}$ という僅少な確率になる.

10.6 療法前と療法後の血圧をそれぞれ b_i, a_i としてそれらの差 $x_i = a_i - b_i$ について, 平均値 $\bar{x} = -3.0$, 不偏分散 $u^2 = 7.188^2$ となる. 各被験者に対して, 療法前後の血圧の差は同一の正規分布 $N(\mu, \sigma^2)$ に従うと仮定する. 帰無仮説と対立仮説を $H_0 : \mu = 0$, $H_1 : \mu < 0$ として, 有意水準 $\alpha = 0.05$ で片側検定する. 検定統計量

は $T = (\bar{X} - \mu)/(U/\sqrt{n}) \sim t_{n-1}$ とする．実現値 $t = -1.180$ は t_7 の下側 0.05 点 $-t_7(0.05) = t_7(0.95) = -1.895$ を下回らないので，棄却域に落ちない．よって，有意水準 5% の片側検定に行って H_0 は棄却されず，この運動療法の効果を認めない．なお，P 値は $P = 0.138$ である．

10.7　左利きの群の順位和は 37，右利きの群では 99 である．P 値は $P(W^+ \leq 37)$ であり，37 を異なる自然数の和で表す組合せ数を 2^{16} で割ればよい．Python の `mannwhitneyu()` 関数を用いると，$P = 0.0172$ が得られる．したがって，有意水準 5% によって両群の能力差を認める．

10.8　ピアソンのカイ二乗値は $\chi^2 = 6.121$ であり，これが自由度 $4 - 1 = 3$ のカイ二乗分布の実現値であることを使う．P 値は $P(\chi_3^2 \geq 6.121) = 0.106$ となる．したがって，有意水準 $\alpha = 0.05$ で帰無仮説 H_0:「この町の血液型分布は全国の分布に一致する」は棄却されない．

10.9　ピアソンのカイ二乗値は $\chi^2 = 17.251$ であり，これが自由度 $(3-1)(3-1) = 4$ のカイ二乗分布の実現値であることを使う．P 値は $P(\chi_4^2 \geq 17.251) = 0.0017$ である．したがって，有意水準 $\alpha = 0.01$ で帰無仮説 H_0:「年齢と事故数は独立である」は棄却される．つまり，年齢と事故数には関係があるといえる．

10.10　この映画を見ているすべての人を母集団として，そのうち女性の割合を母比率 p とする．帰無仮説を $H_0 : p = 0.5$ とする．

　(1) 対立仮説 $H_1 : p \neq 0.5$ に対して検定する．サンプルサイズ 146 の標本の標本比率を $\hat{p}$ とする．H_0 の下で $Z = (\hat{p} - 0.5)/\sqrt{0.5 \times 0.5/146} \sim N(0, 1)$ となる．実現値 $z = 0.0890/0.414 = 2.15$ は有意水準 5% の棄却域 $|z| \geq 1.96$ に落ちる．したがって，有意水準 5% の両側検定で H_0 は棄却されるので男女差を認める．

　(2) $H_0 : p = 0.5$ の下で，理論度数は男女とも 73 となる．ピアソンのカイ二乗値は $\chi^2 = (60 - 73)^2/73 + (86 - 73)^2/73 = 4.63$ となる．これは有意水準 5% の棄却域 $\chi^2 \geq \chi_1^2(0.05) = 3.84$ に落ちる．したがって，有意水準 5% の両側検定で H_0 は棄却され，男女差を認める．なお，(1) と (2) の z 値と χ^2 値には，数値計算上の誤差が含まれるが，理論的な等式 $z^2 = \chi^2$ が成り立つことが確認される．

第 11 章

11.1　前半は容易．後半は，本題に示されている式で x, y を入れ替えれば，異なる直線となる．実際，ともに $(\bar{x}, \bar{y})$ を通るが，傾きの比が r_{xy}^2 となるから傾きは一般には一致しない．

11.2　$(y_i - \bar{y})^2 = (y_i - \hat{y}_i + \hat{y}_i - \bar{y})^2 = (y_i - \hat{y}_i)^2 + 2(y_i - \hat{y}_i)(\hat{y}_i - \bar{y}) + (\hat{y}_i - \bar{y})^2$ であるから，$I = \sum(y_i - \hat{y}_i)(\hat{y}_i - \bar{y})$ とおいて $I = 0$ を示せばよい．まず，回帰式を用いて $\hat{y}_i = \hat{\beta}_0 + \hat{\beta}_1 x_i = (\bar{y} - \hat{\beta}_1 \bar{x}) + \hat{\beta}_1 x_i = \bar{y} + \hat{\beta}_1(x_i - \bar{x})$ に注意する．そうすると，$I = \sum(y_i - \bar{y} - \hat{\beta}_1(x_i - \bar{x}))\hat{\beta}_1(x_i - \bar{x}) = \hat{\beta}_1 n(s_{xy} - \hat{\beta}_1 s_x^2)$ が得られる．最後に，

$\hat{\beta}_1 = s_{xy}/s_x^2$ を用いれば $I = 0$ が出る.

11.3 第 11.3 節の方法を参考にせよ. 雌については 14 個のデータを用いて回帰分析を行う. 回帰直線は $y = 2.705x + 19.871$, その傾きの 95% 信頼区間は $[1.250, 4.161]$ である. 雄のデータには欠損値があるので, それを除外した 12 個のデータについて回帰分析を行う. 回帰直線は $y = 5.154x - 82.446$, その傾きの 95% 信頼区間は $[3.533, 6.775]$ である. 描画は略.

11.4 $\varepsilon = y - \beta_0 - \beta_1 x$ が $N(0, \sigma^2)$ に従うので, 尤度関数 $L(\beta_0, \beta_1, \sigma^2)$ は各データ (x_i, y_i) に対応する ε の確率密度関数の値の積である. したがって, 対数尤度関数が

$$l(\beta_0, \beta_1, \sigma^2) = -\frac{n}{2} \log(2\pi\sigma^2) - \frac{1}{2\sigma^2} \sum (y_i - \beta_0 - \beta_1 x_i)^2$$

で与えられる. 尤度関数の最大化のために, $\partial l/\partial\beta_0 = \partial l/\partial\beta_1 = \partial l/\partial\sigma^2 = 0$ を解けばよい. 実際, $\partial l/\partial\beta_0 = \partial l/\partial\beta_1 = 0$ は最小二乗法推定量と同じ方程式であるから, β_0, β_1 の最尤推定量は最小二乗法推定量に一致する. それらを用いて, σ^2 の最尤推定量は, $\hat{\sigma}^2 = (1/n) \sum (y_i - \hat{\beta}_0 - \hat{\beta}_1 x_i)^2 = (1/n) \sum (y_i - \hat{y}_i)^2 = \text{RSS}/n$ となる.

索　引

〈著者紹介〉

尾畑伸明（おばた のぶあき）

1984 年　京都大学大学院理学研究科修士課程修了
現　　在　東北大学データ駆動科学・AI 教育研究センター 特任教授，理学博士
専　　門　量子確率解析，関数解析，数理統計学
主　　著　「Spectral Analysis of Growing Graphs」(Springer, 2017)
　　　　　「Quantum Probability and Spectral Analysis of Graphs」(共著，Springer, 2007)
　　　　　「White Noise Calculus and Fock Space」(Springer, 1994)
　　　　　「量子確率論の基礎」(オーム社，2021)
　　　　　「データサイエンスのための確率統計」(共立出版，2021)
　　　　　「集合・写像・数の体系—数学リテラシーとして」(牧野書店，2019)
　　　　　「数理統計学の基礎」(共立出版，2014)
　　　　　「確率モデル要論」(牧野書店，2012)
　　　　　「情報数理の基礎と応用」(サイエンス社，2008)

荒木由布子（あらき ゆうこ）

2005 年　九州大学大学院数理学府博士後期課程修了
現　　在　東北大学大学院情報科学研究科 教授，博士（数理学）
専　　門　統計科学，数理統計学，バイオ統計学
主　　著　「バイオ統計学の基礎—医薬統計入門」(共著，近代科学社，2010)

探検データサイエンス
Python で学ぶ確率統計
Journey into Probability and
Statistics with Python

2023 年 10 月 10 日　初版 1 刷発行

著　者　尾畑伸明　　© 2023
　　　　荒木由布子

発行者　南條光章

発行所　共立出版株式会社

〒112-0006
東京都文京区小日向 4-6-19
電話番号　03-3947-2511（代表）
振替口座　00110-2-57035
www.kyoritsu-pub.co.jp

印　刷　大日本法令印刷
製　本　協栄製本

検印廃止
NDC 007.64, 417
ISBN 978-4-320-12521-6

一般社団法人
自然科学書協会
会員

Printed in Japan